普通高等教育"十二五"规划教材

水利水电建设项目 管理与评估 （第二版）

主　编　徐存东

副主编　樊建领　侯慧敏

U0294086

中国水利水电出版社
www.waterpub.com.cn

内 容 提 要

　　本书按照水利水电工程的建设程序，系统地介绍了项目管理的基本概念以及工程建设过程中各阶段的项目管理。重点介绍了水利水电工程建设项目的策划与投资决策，招标与投标，工程造价管理，建设项目合同管理，施工阶段工程项目管理，工程竣工验收，文档管理，以及水利水电建设项目的前评估与后评价。

　　本书可作为高等院校水利水电工程及其相关专业的教材，也可供从事水利水电工程建设的业主、监理、设计和施工单位管理工作的有关人员学习和参考使用。

图书在版编目（ＣＩＰ）数据

水利水电建设项目管理与评估 / 徐存东主编. -- 2
版. -- 北京：中国水利水电出版社，2013.11
　普通高等教育"十二五"规划教材
　ISBN 978-7-5170-1542-0

　Ⅰ. ①水… Ⅱ. ①徐… Ⅲ. ①水利水电工程－项目管
理－高等学校－教材②水利水电工程－项目评价－高等学
校－教材 Ⅳ. ①TV512

中国版本图书馆CIP数据核字(2013)第305282号

书　　名	普通高等教育"十二五"规划教材
	水利水电建设项目管理与评估（第二版）
作　　者	主编　徐存东　　副主编　樊建领　侯慧敏
出版发行	中国水利水电出版社
	（北京市海淀区玉渊潭南路1号D座　100038）
	网址：www.waterpub.com.cn
	E-mail：sales@waterpub.com.cn
	电话：（010）68367658（发行部）
经　　售	北京科水图书销售中心（零售）
	电话：（010）88383994、63202643、68545874
	全国各地新华书店和相关出版物销售网点
排　　版	中国水利水电出版社微机排版中心
印　　刷	北京市北中印刷厂
规　　格	184mm×260mm　16开本　18.25印张　433千字
版　　次	2006年12月第1版　2006年12月第1次印刷
	2013年11月第2版　2013年11月第1次印刷
印　　数	0001—3000册
定　　价	**38.00元**

前　言

当前，我国水利水电工程建设正处于高速发展时期，随着国家对水利水电行业的重视和相关政策的提供与资金的支持，水利水电建设事业正面临着许多良好的发展机遇。与此同时，人们也越来越重视对水利水电建设项目规范的管理和科学的评估。

近几十年来，工程项目管理在我国水利水电建设领域得到了广泛应用。特别是大中型水利水电建设项目，工程量大、参与单位较多、工程实施情况复杂。低水平的管理往往会造成财力、物力、人力的巨大浪费，使工程进度缓慢且质量得不到保证。因此，对项目实行科学规范的管理显得尤为重要。从而也就要求业主、承包人（包括勘察设计单位）和监理单位的管理人员具有更高更专业的管理水平。所以，与之相适应的水利水电建设项目的管理理论及其实施方法也要求更全面、更详尽、更规范。

建设项目评估具有非常重要的理论和实践意义，其工作方法正确与否直接影响到投资决策的制定与实施。尽管建设项目评估在我国尚处于初级阶段，但建设项目评估理论体系随着建设体制的深入发展得到不断发展，并日趋完善。通过系统、全面地学习项目评估方面的理论，可以不断提高水利水电工作者对项目的实际评估操作水平，推动水电建设事业的快速发展。

本书就是为了适应水利水电工程项目管理及评估这种发展需求而编写的。本书紧扣水利水电工程的建设程序，有针对性地介绍工程各阶段的项目管理内容，并详细介绍了水利水电工程的前期评估与后期评价的工作内容及实施方法。

本书是在第一版的基础上修订的对书中旧的规范、规定、管理办法等进行了相应的更新替换。全书共分为三篇。第一篇：总论，包括第一章至第四章，介绍了建设项目管理的基本概念和内容以及工程项目的承发包模式。第二篇：水利水电建设项目管理与控制，包括第五章至第十一章，结合水利水电工程的建设程序，分别介绍了水利水电工程建设项目的策划与投资决策、招标与投标、建设项目合同管理、实施阶段工程项目管理、工程竣工验收以及文档管理。第三篇：水利水电建设项目评估，包括第十二章和第十三章，介绍水利水电建设项目的前评估与后评价。附录：汇编了部分水利水电工程建设管理法规。

本书由华北水利水电大学除存东主编，由兰州理工大学樊建领、侯慧敏担任副主编。华北水利水电大学王燕、韩立炜、张宏洋、张先起参与了编写。具体分工如下：第一篇由侯慧敏、韩立炜、张宏洋编写；第二篇由徐存东、樊建领、王燕编写；第三篇由樊建领、侯慧敏编写；附录由徐存东、张先起负责汇编。

本书在编写过程中参考和引用了许多专业书籍、教材的论述，同时得到了诸多专家、教授的指导，他们对本书的编写提出了许多宝贵的意见和建议，在此一并表示衷心地感谢。

因编者水平有限，缺点和疏误在所难免，恳请读者批评指正。

编者

2013 年 5 月

目 录

第一篇 总 论

第一章 项目管理概述

第一节 项 目

一、项目的涵义

项目就是作为管理对象，在一定的约束条件下（主要是限定时间、限定资源），具有明确目标的一次性任务。目前，国内外对有关项目概念和特征的认识，有几种较具代表性的观点。

1. 世界银行有关著作的观点

世界银行在其《开发投资——世界银行的经验教训》、《农业项目的经济分析》等著作中，对项目的观点可以归纳为以下几点：

（1）项目是一次性的投资方案或执行方案。

（2）项目是一个系统的有机整体。

（3）项目是一种规范化、系统化的管理方法。

（4）项目有明确的起点和终点。

（5）项目有明确的目标。

2. 美国《管理手册》作者的观点

美国一部有代表性的《管理手册》的作者认为，项目是有明确的目标、时间规划和预算约束的复杂活动（effort），其特征包括：

（1）为了达到一定的目标，有明确的时间和预算约束的复杂活动，且这种活动需要多方面相互协作方能实现。

（2）一项独特的、不是完全重复以前的活动。

（3）有确定的寿命期，通常包括 6 个阶段——构想、评价、设计、开发或建造、应用、后评价。

3. 美国项目管理协会的观点

美国项目管理协会在其《项目管理知识体系》（《Project Body of Knowledge》）文献中

称："项目是可以按照明确的起点和目标进行监督的任务。现实中多数项目目标的完成都有明确的资源约束。"

4. 美国专家约翰·宾的观点

美国专家约翰·宾（John Ben）在中国科技管理大连培训中心提出的，在我国被广泛引用的观点是："项目是要在一定时间、在预算规定范围内，达到预定质量水平的一项一次性任务。"

综上所述，可以发现，有关项目定义的表述形式虽有所不同，但其本质内容基本相同，区别仅在于对具体特征的认识。项目包括许多内容，可以是建设一项工程，如建造一栋大楼、一座饭店、一座工厂、一座电站、一条铁路；也可以是完成某项科研课题，或研制一台设备，甚至是写一篇论文。这些都是一个项目，都有一定的时间、质量要求，也都是一次性任务。

二、项目的特征

项目作为被管理的对象，具有以下主要特征。

1. 项目的单件性或一次性

这是项目的最主要特征。所谓单件性或一次性，是指就任务本身和最终成果而言，没有与这项任务完全相同的另一项任务。例如，建设一项工程或一项新产品的开发，不同于其他工业产品的批量性，也不同于其他生产过程的重复性。又如，一项新的管理办法的制定，也不同于其他管理，如财务管理的重复性和经常性等。只有认识项目的一次性，才能有针对性地根据项目的特殊情况和要求进行科学的、有效的管理。

2. 项目具有一定的约束条件

凡是项目，都有一定的约束条件，项目只有在满足约束条件下才能获得成功。因此，约束条件是项目目标完成的前提。在一般情况下，项目的约束条件为限定的质量、限定的时间和限定的投资，通常称之为项目的三大目标。对一个项目而言，这些目标应是具体的、可检查的，实现目标的措施也应该是明确的、可操作的。因此，合理、科学地确定项目的条件，对保证项目的完成十分重要。

3. 项目具有生命周期

项目的单件性和项目过程的一次性决定了每个项目都具有生命周期。任何项目都有其产生时间、发展时间和结束时间，在不同阶段都有特定的任务、程序和工作内容。掌握了解项目的生命周期，就可以有效地对项目实施科学的管理和控制。成功的项目管理是对项目全过程的管理和控制，是对整个项目生命周期的管理。

只有同时具备上述三项特征的任务才称得上项目。与此相对应，大批量的、重复进行的、目标不明确的、局部性的任务，不能称作项目。

第二节 建 设 项 目

一、建设项目的涵义

建设项目是指需要一定量的投资，经过决策和实施（设计、施工等）的一系列程序，在一定的约束条件下，以形成固定资产为明确目标的一次性活动。

建设项目是以实物形态表示的具体项目，如建造一栋大楼或公共游乐场，建造一条道路或输油管道，建造一座大坝等。在我国，建设项目是固定资产投资项目的简称，它包括基本建设项目（新建、扩建等扩大生产能力的项目）和更新改造项目（以改进技术、增加产品品种、提高质量、治理"三废"、劳动安全、节约资源为主要目的的项目）。

基本建设项目一般指在一个总体设计或初步设计范围内，由一个或几个单项工程组成，在经济上进行统一核算，行政上有独立组织形式，实行统一管理的建设单位。

更新改造项目是指经批准，具有独立设计文件（或项目建议书）的技术改造工程，或企业、事业单位及其主管部门制定的技术改造计划方案中能独立发挥效益的工程。

二、水利水电建设项目的组成

建设项目可分为单项工程、单位工程、分部工程和分项工程。

1. 单项工程

单项工程一般是指有独立设计文件，建成后可以独立发挥生产能力或效益的一组配套齐全的工程项目。从施工的角度看，单项工程也就是一个独立的交工系统，它在建设总体施工部署管理目标的指导下，形成自身的项目管理方案和目标，按其投资和质量的要求，如期建成交付生产和使用。水电站工程的单项工程是指拦河坝工程、泄洪工程、引水工程、发电厂房工程、变电工程。

单项工程是建设项目的组成部分，一个建设项目有时可以仅包括一个单项工程，也可以包括许多单项工程。生产性建设项目的单项工程，一般是指能独立生产的车间，包括厂房建筑、设备的安装及设备、工具、器具、仪器的购置等。非生产性建设项目的单项工程，如一座电站的办公楼、食堂、宿舍等。

单项工程的施工条件往往具有相对的独立性，因此，一般单独组织施工和竣工验收的单项工程体现了建设项目的主要建设内容，是新增生产能力或工程效益的基础。

2. 单位工程

单位工程是单项工程的组成部分，一般是指不能独立发挥生产能力，但具有独立设计图纸和独立施工条件的工程，通常指一个单体建筑物或构筑物。又如水电站中引水隧洞工程可以划分为进水口工程、隧洞工程、调压井工程、压力管道工程等单位工程。并将其划分为建筑工程和安装工程两个部分。

一个单位工程往往不能单独形成生产能力或发挥工程效益，只有在几个有机联系、互为配套的单位工程全部建成竣工后才能提供生产和使用。例如，民用建筑物单位工程必须与室外各单位工程构成一个单项工程系统；工业车间厂房必须与工业设备安装单位工程以及室外各单位工程配套完成，形成一个单项工程交工系统才能具有生产能力。

3. 分部工程

分部工程是建筑物按单位工程的部位划分的，亦即单位工程的进一步分解。水利水电工程，例如溢流坝的基础开挖工程、混凝土浇筑工程、隧洞的开挖工程、混凝土衬砌工程、灌浆工程等都属于分部工程。

4. 分项工程

分项工程是分部工程的组成部分，一般是按工种划分，也是形成建筑产品基本构件的施工过程，如溢流坝的混凝土工程，就可分为坝身混凝土、闸墩、胸墙、工作桥等分项工程；隧洞混凝土衬砌也可分为底拱、边墙、顶拱混凝土工程。分项工程是建筑施工生产活动的基础，也是计量工程用工用料和机械台班消耗的基本单元，同时，又是工程质量形成的直接过程。分项工程既有其作业活动的独立性，又有相互联系、相互制约的整体性（见图1-1和图1-2）。

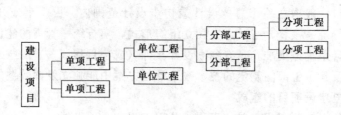

图1-1 建设项目分解示意图

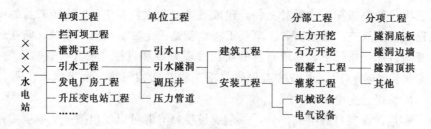

图1-2 ×××水电站工程建设项目分解示意图

三、建设产品的特点

1. 总体性

这意味着：①它是由许多材料、半成品和成品加工装配组成的综合物；②它是由许多个人和单位分工协作、共同劳动的总成果；③它是由许多不同部分有机结合成的完整体系。例如一座水电站，不仅要有发电、输电系统，而且要有引水系统、水库等有关建筑物；不仅要有生产设施，还要有相应的生活、后勤服务设施。只有这样，建成之后才能形成生产能力，否则就不能投产使用。

2. 固定性

建筑产品体型庞大，建造在某一固定地方，与土地连成一体，不能移动，只能在建造的地方作固定资产使用。而一般工农业产品可以流动，消费空间不受限制。

3. 单件性

建设产品不仅体型庞大、结构复杂，而且由于建造时间、地点、地形地质和水文条件、材料来源、使用目标，以及达到目标要求的手段等各不相同，建设产品存在着千差万别的单件性。它的单件性还表现在生产上也属一次性生产过程，产品也很少能原版复制。

四、水利水电建设项目的特点

水利水电建设项目除具备一般项目的特征之外，还具有以下特点。

1. 投资额巨大、建设周期长

由于建设项目规模大、技术复杂、涉及的专业面宽，因此，从项目设想到施工、投入使用，少则需要几年，多则需要十几年。同时，由于投资额巨大，这就要求项目建设只能成功，不能失败，否则将造成严重后果，甚至影响国民经济发展。

2. 整体性强

建设项目是按照一个总体设计建设的，是可以形成生产能力或使用价值的若干单项工程的总体。

3. 具有固定性

建设产品的固定性，使其设计单一，不能成批生产（建设），也给实施带来难度，且受环境影响大，管理复杂。

4. 建设过程的连续性和协作性

建设过程的连续性、协作性意味着建设各阶段、各环节、各协作单位、各项工作必须按照统一的建设计划，有机地组织起来，在时间上不间断，在空间上不脱节，使建设工作有条不紊地顺利进行。如果某个过程受到破坏和中断，就会导致停工，造成人力、物力、财力的积压，可能使工程拖期，不能按时投产使用。

5. 施工的流动性

这是由建设产品的固定性决定的。劳动对象固定在一定地点不能移动，那么劳动者和劳动工具就必然要经常流动转移。一个项目建成后，建设者和施工机具就得转移至另一个项目工地上去。在这个大流动之中，还包含着许多小流动。在同一个工地上，一个工种完成作业撤退下来，转移到另一个工作地点，后续工种的工人就应接上去工作。建筑生产工业化、装配式施工，可以减少施工的流动程度。

施工流动性给管理工作和职工生活安排带来很大的影响。它涉及建设队伍的建制、职工生活和施工附属企业的安排、当地材料的开采利用、交通运输及工地各种临时设施的节约和使用等问题。

6. 受自然和社会条件的制约性强

由于建设产品的体型高大和固定不动，以及不少水利工程处在水域、地下，所以水利水电工程施工的露天、水下、地下、高空作业多受地形、地质、水文、气象等自然条件以及材料、水电、交通、生活等社会条件的影响很大，因此，安全生产成为首要问题。

五、建设项目的分类

由于建设项目种类繁多，为了适应科学管理的需要，从不同角度反映建设项目的性质、行业结构、有关比例关系，国家规定了建设项目的分类标准。

（一）按建设性质划分

1. 新建项目

新建项目是指根据国民经济和社会发展的近远期规划，按照规定的程序立项，从无到有、"平地起家"的建设项目。有的单位如果原有基础薄弱需要再兴建的项目，其新增加的固定资产价值超过原有全部固定资产价值（原值）3 倍以上时，才可算新建项目。

2. 扩建项目

扩建项目是指现有企业、事业单位在原有场地内或其他地点，为扩大产品的生产能力或增加经济效益而增建的主要生产车间、独立的生产线或分厂的项目；事业和行政单位在原有业务系统的基础上，为扩充规模而进行的新增固定资产投资项目。

3. 改建项目

改建项目是指现有企业、事业单位为调整产品结构、改革生产技术工艺、改善生产条件或生活福利条件，而对原有设施进行技术改造或更新的辅助性生产项目和生活福利设施项目的建设。

4. 迁建项目

迁建项目是指原有企业、事业单位，根据自身生产经营和事业发展的要求，按照国家调整生产力布局的经济发展战略的需要或出于环境保护等其他特殊要求，搬迁到异地而建设的项目。移地建设，不论其建设规模，都属于迁建项目。

5. 恢复项目

恢复项目是指原有企业、事业和行政单位，因自然灾害或战争，使原有固定资产造成全部或部分报废，需要进行投资重建来恢复生产能力和业务工作条件、生活福利设施等的建设项目。这类项目，不论是按原有规模恢复建设，还是在恢复过程中同时进行扩建，都属于恢复项目。但对尚未建成投产或交付使用的项目，受到破坏后，若仍按原设计重建的，原建设性质不变；如果按新设计重建，则根据新设计内容来确定其性质。

建设项目按其性质分为上述五类，一个建设项目只能有一种性质，在项目按总体设计全部建成以前，其建设性质是始终不变的。

（二）按建设规模划分

为正确反映建设项目的规模，适应对建设项目分级管理的需要，国家规定基本建设项目可分为大型、中型、小型三类，例如电站按装机容量分，25 万 kW 以上为大型，25 万～2.5 万 kW 为中型，2.5 万 kW 以下为小型；水库以库容量分，1 亿 m^3 以上库容为大型，1 亿～1000 万 m^3 库容为中型，1000 万 m^3 以下库容为小型。更新改造项目可分为限额以上项目和限额以下项目两类。

（三）按建设阶段划分

建设项目按建设阶段分为预备项目、筹建项目、施工项目、建成投产项目、收尾项目和竣工项目等。

（1）预备项目（或探讨项目）。指按照中长期投资计划拟建而又未立项的建设项目，只作初步可行性研究或提出设想方案供参考，不进行建设的实际准备工作。

（2）筹建项目（或前期工作项目）。指经批准立项、正在进行建设前期准备工作而尚未开始施工的项目。

（3）施工项目。指本年度计划内进行建筑或安装施工活动的项目。包括新开工项目和续建项目。

（4）建成投产项目。指年内按设计文件规定建成主体工程和相应配套的辅助设施，形成生产能力或发挥工程效益，经验收合格并正式投入生产或交付使用的建设项目。包括全部投产项目、部分投产项目和建成投产单项工程。

（5）收尾项目。指以前年度已经全部建成投产，但尚有少量不影响正常生产使用的辅助工程或非生产性工程在本年度继续施工的项目。

（四）按国民经济各行业性质和特点划分

根据建设项目的经济效益、社会效益和市场需求等基本特性，可将建设项目划分为竞争性项目、基础性项目和公益性项目三种。

1. 竞争性项目

竞争性项目主要是指投资效益比较高、竞争性比较强的一般性建设项目。这类建设项目应以企业作为基本投资主体，由企业自主决策、自担投资风险。

2. 基础性项目

基础性项目主要是指具有自然垄断性、建设周期长、投资额大而收益低的基础设施和需要政府重点扶持的一部分基础工业项目，以及直接增强国力的符合经济规模的支柱产业项目。对于这类项目，主要应由政府集中必要的财力、物力，通过经济实体进行投资。同时，还应广泛吸收地方、企业参与投资，有时还可吸收外商直接投资。

3. 公益性项目

公益性项目主要包括科技、文教、卫生、体育和环保等设施，公、检、法等政权机关以及政府机关、社会团体办公设施、国防建设等。公益性项目的投资主要由政府用财政资金安排。

（五）按行业投资用途分

按 1985 年国家计委、国家经委、国家统计局、国家标准局的《关于发布〈国民经济行业分类和代码〉国家标准通知》的有关规定，将基本建设项目划分为若干个大门类。

（1）生产性基本建设项目，指直接用于物质生产和满足物质生产需要的建设项目。

（2）非生产性基本建设项目，指用于满足人民物质和文化生活需要的建设项目以及其他非物质生产的建设项目。

（3）按三次产业划分，分为第一产业（农业）项目、第二产业（工业、建筑业和地质勘探）项目和第三产业项目。

（六）按管理需要划分

按照国家规定，在实际工作中将建设项目划分为基本建设项目和更新改造项目，划分建设项目主要考虑以下几个方面。

1. 以工程建设的内容、主要目的来划分

一般把以扩大生产能力（或新增工程效益）为主要建设内容和目的的建设项目作为基本建设项目，把以节约、增加产品品种、提高质量、治理"三废"、劳保安全为主要目的的建设项目作为更新改造项目。

2. 以投资来源划分

以利用国家预算内拨款（基本建设基金）、银行基本建设贷款为主的建设项目作为基本建设项目，以利用企业基本折旧基金、企业自有资金和银行技术改造贷款为主的建设项目作为更新改造项目。

3. 以土建工作量划分

凡是项目土建工作量投资占整个项目投资 30％以上的建设项目作为基本建设项目。

4. 按项目所列计划划分

这是目前通常的做法。凡列入基本建设计划的项目一律按基本建设项目处理，凡列入更新改造计划的项目按更新改造项目处理。

需要说明的是，划分基本建设项目和更新改造项目，只限于国有企业单位的建设项

目，对于非国有单位、所有非生产性部门的建设项目，一般不作这种划分。

国家根据不同时期国民经济发展的目标结构调整任务和其他一些需要，对以上各类建设项目制定不同的调控和管理政策、法规、办法。因此，系统地了解上述建设项目各种分类对建设项目的管理具有重要意义。

第三节 基 本 建 设

一、基本建设的涵义

基本建设是固定资产的再生产活动。固定资产是人们生产和生活的必要物质条件。固定资产是指在其有效使用期内在生产或生活中重复使用而不改变其实物形态的主要劳动资料。生产性固定资产包括工厂、矿山、油田、电站、铁路、水库、码头等的生产设备、厂房、建筑物和构筑物。非生产性固定资产包括住宅、学校、医院和其他生活福利设施中的设备、房屋建筑和其他构筑物等。固定资产的不断增加，能够不断地增加生产，增加国民收入并提高人民生活和文化福利水平。换言之，基本建设就是指固定资产的建设，即建筑、安装和购置固定资产的活动及其与之相关的工作。

基本建设是发展社会生产、增强国民经济实力的物质技术基础，是改善和提高人民群众物质生活水平和文化水平的重要手段，是实现社会扩大再生产的必要条件。维持和发展社会生产以保证社会生活的正常需要，必须进行固定资产的简单再生产和扩大再生产。简单再生产是指对原有固定资产的更新和替换，它只能维持原有生产能力和工程效益；扩大再生产是指通过新建、扩建在原有固定资产规模上增加新的固定资产来增加生产能力和工程效益。但是用购置和建造新的固定资产来替换已经丧失使用价值的原有固定资产时，新建的项目也只是起到补缺作用，就社会总体来说，不能说是扩大再生产，反过来在技术不断进步的情况下，固定资产的更新改造，通常也不是一成不变按原样重置或重建，而是以技术水平更高、生产能力更大、效益更好的固定资产来替换原有的固定资产，因而在简单再生产中包含有扩大再生产的成分。

如上所述，新建、扩建、改建并不都是固定资产的扩大再生产，确切地说，它主要是外延扩大再生产，也可能是简单再生产。更新改造也不单纯是固定资产的简单再生产，应该说它首先是简单再生产，同时也可能含有内涵扩大再生产的成分。

按照我国现行规定，凡利用国家预算内基建拨款、自筹资金、国内外基建信贷以及其他专项资金进行的以扩大生产能力或新增工程效益为目的的新建、扩建工程及有关工作，属于基本建设。凡利用企业折旧基金、企业自有资金、国内外技术改造信用贷款等资金，对现有企事业的原有设施进行技术改造（包括固定资产更新）以及建设相应配套的辅助生产、生活福利设施等工程和有关工作，属于更新改造。以上基本建设与更新改造虽然计划分列，但均属于固定资产投资活动，都有建筑安装活动。在国家计划中对财力、物资、劳力方面应该统一综合平衡。

"基本建设"一词是20世纪50年代我国从俄文翻译过来的，西方国家称之为固定资本投资，日本叫建设投资。需要指出的是，对于基本建设的涵义，我国学术界历来有所争议。一种观点认为，基本建设是指固定资产的扩大再生产，不包括固定资产的恢复、更新和技术改造，即将固定资产的投资分为基本建设投资和更新改造投资。另一种观点认为，基本建设就是固定资产的再生产，既包括固定资产的扩大再生产，又包括固定资产的简单再生产，即基本建设投资就是通常所说的固定资产投资。此外，还存在介于上述两种观点之间的观点，认为基本建设是指固定资产扩大再生产和部分简单再生产。在实际工作中，要区分基本建设投资和更新改造投资是困难的，加上资金分散管理，硬性划分它们反而给计划统计工作增加很多困难。因此，用固定资产投资代替基建投资，概念上比较明确，范围亦更清楚，不仅可以清除计划统计工作中的许多困难，而且与国外的固定资本投资统计资料进行对比分析时，口径上更为一致。

二、基本建设的内容

1. 建筑安装工程

建筑安装工程这是基本建设的重要组成部分，是建筑行业通过勘测、设计、施工等生产性活动创造的建筑产品。建筑安装工程包括建筑工程和设备安装工程两个部分。建筑工程包括各种建筑物和房屋的修建、金属结构的安装、安装设备的基础建造等工作。设备安装工程包括生产、动力、起重、运输、输配电等需要安装的各种机电设备的装配、安装、试车等工作。

2. 设备、工具、器具的购置

设备、工具、器具的购置是指由建设单位为建设项目需要向制造行业采购或自制达到固定资产标准（使用年限一年以上和单件价值在规定限额以上）的机电设备、工具、器具等的购置工作。

3. 其他基建工作

凡不同于上述两项的基建工作，如勘测、设计、科学试验、迁移赔偿、水库清理、施工队伍转移、生产准备等，都属于其他基建工作。

三、基本建设程序

基本建设的特点是投资多，建设周期长，涉及的专业和部门多，工作环节错综复杂。为了保证工程建设顺利进行，达到预期的目的，在基本建设的实践中，逐渐总结出一套大家共同遵守的工作顺序，这就是基本建设程序。基本建设程序是基本建设全过程中各项工作的先后顺序和工作内容及要求。

基本建设程序是客观存在的规律性反映，不按基本建设程序办事，就会受到客观规律的惩罚，给国民经济造成严重损失。严格遵守基本建设程序是进行基本建设工作的一项重要原则。

我国的基本建设程序，最初是1952年由政务院颁布实施。50多年来，随着各项建设的不断发展，特别是20世纪80年代以来建设管理所进行的一系列改革，基本建设程序也得到进一步完善。现行的基本建设程序可分为项目建议书阶段、可行性研究阶段、设计阶段、开工准备阶段、施工阶段、生产准备阶段、竣工投产阶段、后评价阶段等8个阶段。

鉴于水利水电基本建设较其他部门的基本建设有一定的特殊性，工程失事后危害性也比较大，因此，水利水电基本建设程序较其他部门更为严格。现以水利系统为例，来简介基本建设程序。

（一）流域（或区域）规划阶段

流域（或区域）规划就是根据流域（或区域）的水资源条件和防洪状况以及国家长远计划对该地区水利水电建设发展的要求，提出该流域（或区域）水资源的梯级开发和综合利用的方案及消除水害的方案。因此，进行流域（或区域）规划必须对流域（或区域）的自然地理、经济状况等进行全面的系统的调查研究，初步确定流域（或区域）内可能的工程位置和工程规模，并进行多方案的分析比较，选定合理的建设方案，并推荐近期建设的工程项目。

（二）项目建议书阶段

项目建议书是在流域（或区域）规划的基础上，由主管部门（或投资者）对准备建设的项目作出大体轮廓性设想和建议，为确定拟建项目是否有必要建设、是否具备建设的基本条件、是否值得投入资金和人力、是否需要再作进一步的研究论证工作提供依据。

项目建议书编制一般委托有相应资格的设计单位承担，并按国家规定权限向上级主管部门申报审批。项目建议书被批准后由政府向社会公布，若有投资建设意向，应及时组建项目法人筹备机构，开展下一建设程序工作。

（三）可行性研究阶段

可行性研究应对项目进行方案比较，在技术上是否可行和经济上是否合理进行科学的分析和论证。经过批准的可行性研究报告，是项目决策和进行初步设计的依据。可行性研究报告，由项目法人（或筹备机构）组织编制。

这一阶段的工作主要是对项目在技术上和经济上是否可行进行综合的、科学的分析和论证。可行性研究应对项目在技术上是否先进、适用、可靠，在经济上是否合理可行，在财务上是否盈利作出多方案比较，提出评价意见，推荐最佳方案。可行性研究报告是建设项目立项决策的依据，也是项目办理资金筹措、签订合作协议、进行初步设计等工作的依据和基础。

可行性研究报告，按国家现行规定的审批权限报批。申请项目可行性研究报告，必须同时提出项目法人组建方案及运行机制、资金筹措方案、资金结构及回收资金办法，并依照有关规定附具有管辖权的水行政主管部门或流域机构签署的规划同意书，对取水许可预申请的书面审查意见，审批部门要委托有项目相应资质的工程咨询机构对可行性研究报告进行评估，并综合行业归口主管部门、投资机构（公司）、项目法人（或项目法人筹备机构）等方面的意见进行审批。项目可行性研究报告批准后，应正式成立项目法人，并按项目法人责任制进行管理。

（四）设计阶段

可行性研究报告批准以后，项目法人应择优选择有项目相应资质的勘测设计单位进行勘测设计。

承担设计的单位在进行设计以前，要认真研究可行性研究报告，并进行勘测、调查和试验研究工作。对水利水电工程来说，要全面收集建设地区的工农业生产、社会经济、自然条件，包括水文、地质、气象等资料；要对坝址、库区的地形、地质进行勘测、勘探；对岩土地基进行分析试验；对于建设区的建筑材料的分布、储量、运输方式、单价等要调查、勘测。总之，设计是复杂的、综合性很强的技术经济工作，它建立在全面正确的勘测、调查工作之上。不仅设计前要有大量的勘测、调查、试验工作，在设计中以及工程施工中都要有相当细致的勘测、调查、试验工作。

设计工作是分阶段进行的，一般采用两阶段进行，即初步设计与施工图设计。对于某些大型工程和重要的中型工程一般要采用三阶段设计，即初步设计、技术设计及施工图设计。

1. 初步设计

它是解决建设项目的技术可靠性和经济合理性问题。因此，初步设计具有一定程度的规划性质，是建设项目的"纲要"设计。

初步设计要提出设计报告、初步概算和经济评价三项资料。主要内容包括：工程的总体规划布置，工程规模（包括装机容量、水库的特征水位等），地质条件，主要建筑物的位置、结构形式和尺寸，主要建筑物的施工方法，施工导流方案，消防设施、环境保护、水库淹没、工程占地、水利工程管理机构等。对灌区工程来说，还要确定灌区的范围，主要干支渠道的规划布置，渠道的初步定线、断面设计和土石方量的估计等。还应包括各种建筑材料的用量，主要技术经济指标，建设工期，设计总概算等。

对大中型水利水电工程中一些水工施工中的重大问题，如新坝型、泄洪方式、施工导流、截流等，应进行相应深度的科学研究，必要时应有模型试验成果的论证。

初步设计报批前，一般由项目法人委托有相应资格的工程咨询机构或组织专家，对初步设计中的重大问题进行咨询论证。设计单位根据咨询论证意见，对初步设计文件进行补充、修改和优化。初步设计由项目法人组织审查后，按国家现行规定权限向主管部门申报审批。

2. 技术设计

它是根据初步设计和更详细的调查研究资料编制的，进一步解决初步设计中的重大技术问题，工艺流程、建筑结构、设备选型及数量的确定等，以便建设项目的设计更具体，更完善，技术经济指标更好。

技术设计要完成下列内容。

（1）落实各项设备选型方案，关键设备可以根据提供的规格、型号、数量进行订货。

（2）对建筑和安装工程提供必要的技术数据，从而可以编制施工组织总设计。

（3）编制、修改总概算，并提出符合建设总进度的分年度所需资金的数额。修改总概算金额应控制在设计总概算金额之内。

（4）列举配套工程项目、内容、规模和要求配合建成的期限。

（5）为工程施工所进行的组织准备和技术准备提供必要的数据。

3. 施工图设计

它是在初步设计和技术设计的基础上，根据建筑安装工作的需要，针对各项工程的具体施工，绘制施工详图。施工图纸一般包括：施工总平面图，建筑物的平面、立面、剖面图，结构详图（包括配筋图），设备安装详图，各种材料、设备明细表，施工说明书。根据施工图设计，提出施工图预算及预算书。

设计文件编好以后，必须按规定进行审核和批准。施工图设计文件是已定方案的具体化，由设计单位负责完成。在交付施工单位时，须经建设单位技术负责人审查签字。根据现场需要，设计人员应到现场进行技术交底。并可以根据项目法人、施工单位及监理单位提出的合理化建议进行局部设计修改。

（五）施工准备阶段

项目施工准备阶段的工作较多，涉及面较广，主要包括以下内容。

（1）征地、拆迁。

（2）完成施工用水、电、通信、路和场地平整工作。

（3）组织和建设必需的生产、生活临时建筑工程。

（4）组织设备、材料订货。

（5）准备必要的施工图纸。

（6）组织施工招标投标，择优选定施工单位。

（7）组织工程建设监理招标投标，择优选定建设监理单位。

这一阶段的各项工作，对于保证项目开工后能否顺利进行具有决定性作用。

施工准备工作开始前，项目法人或其代理机构，须依照有关规定，向水行政主管部门办理报建手续，项目报建须交验工程建设项目的有关批准文件。工程项目进行项目报建登记后，方可进行施工准备工作。工程建设项目施工，除某些不适应招标的特殊工程项目以外（须经水行政部门批准），均须实行招标投标。

水利工程项目进行施工准备必须满足如下条件：初步设计已经批准；项目法人已经建立；项目已经列入国家或地方水利建设投资计划，筹资方案已经确定；有关土地使用权已经批准；已经办理报建手续。

（六）建设实施阶段

建设实施阶段是指主体工程的建设实施，项目法人按照批准的建设文件，组织工程建设，保证项目建设目标的实现。项目法人或其代理机构必须按审批权限，向主管部门提出主体工程开工申请报告，经批准后，主体工程方能正式开工。主体工程开工须具备如下条件。

（1）前期工程各阶段文件已按规定批准，施工详图设计可以满足初期主体工程施工需要。

（2）建设项目已列入国家或地方水利建设投资年度计划，年度建设资金已落实。

（3）主体工程招标已经决标，工程承包合同已经签订，并得到主管部门同意；现场施工准备和征地移民等建设外部条件能够满足主体工程开工需要。

随着社会主义市场经济机制的建立，实行项目法人责任制，主体工程开工前还须具备以下条件：建设管理模式已经确定，投资主体与项目主体的管理关系已经理顺；项目建设所需全部投资来源已经明确，且投资结构合理；项目产品的销售已有用户承诺，并确定了定价原则。

据国家规定，大中型建设项目的开工报告要报国家发展和改革委员会批准。

施工是把设计变为具有使用价值的建设实体，必须严格按照设计图纸进行，如有修改变动，要征得设计单位的同意。施工单位要严格履行合同，要与建设、设计单位和（监理）工程师密切配合。在施工过程中，各个环节要相互协调，要加强科学管理，确保工程质量，全面按期完成施工任务。要按设计和施工验收规范验收，对地下工程，特别是基础和结构的关键部位，一定要在验收合格后，才能进行下一道工序施工，并做好原始记录。

（七）生产准备阶段

在施工过程中，建设单位应当根据建设项目的生产技术特点，按时组成专门班子，有计划有步骤地做好各项生产准备工作，为竣工后投产创造条件。生产准备工作应根据不同类型的工程要求确定，一般应包括如下主要内容。

（1）生产组织准备。建立生产经营的管理机构及相应管理制度。

（2）招收和培训人员。

（3）生产技术准备。主要包括技术资料的汇总、运行技术方案的制定、岗位操作规程制定和新技术准备。

（4）生产物资准备。主要是落实投产运营所需要的原材料、协作产品、工器具、备品备件和其他协作配合条件的准备。

（5）正常的生活福利设施准备。

（6）制定必要的管理制度和安全生产操作规程。

（八）竣工验收阶段

竣工验收是工程完成建设目标的标志，是全面考核基本建设成果、检验设计和工程质量的重要步骤。竣工验收合格的项目即从基本建设转入生产或使用。当建设项目的建设内容全部完成，并经过单位工程验收，符合设计要求并按有关规定的要求完成了档案资料的整理工作；完成竣工报告、竣工决算等必须文件的编制后，项目法人按规定向验收主管部门提出申请，根据国家和部颁验收规程，组织验收。竣工决算编制完成，并由审计机关组织竣工审计，其审计报告作为竣工验收的基本资料。工程规模较大、技术较复杂的建设项目可先进行初步验收。不合格的工程不予验收。有遗留问题的项目，对遗留问题必须有具体处理意见，具有限期处理的明确要求，并落实责任人。

水利水电工程按照设计文件所规定的内容建成以后，在办理竣工验收以前，必须进行试运行。例如，对灌溉渠道来说，要进行放水试验；对水电站、抽水站来说，要进行试运转和试生产，检查考核是否达到设计标准和施工验收中的质量要求。如工程质量不合格，应返工或加固。

竣工验收的目的是全面考核建设成果，检查设计和施工质量；及时解决影响投产的问题；办理移交手续，交付使用。

竣工验收程序一般分两个阶段：单项工程验收和整个工程项目的全部验收。对于大型工程，因建设时间长或建设过程中逐步投产，应分批组织验收。验收之前，项目法人要组织设计、施工等单位进行初验并向主管部门提交验收申请，根据国家和部颁验收规程，组织验收。

项目法人要系统整理技术资料，绘制竣工图，分类立卷，在验收后作为档案资料，交给生产单位保存。项目法人要认真清理所有财产和物资，编好工程竣工决算，报上级主管部门审批。竣工决算编制完成后，须由审计机关组织竣工审计，审计报告作为竣工验收的基本资料。

水利水电工程把上述验收程序分为阶段验收和竣工验收，凡能独立发挥作用的单项工程均应进行阶段验收，如截流、下闸蓄水、机组启动、通水等。

（九）后评价阶段

后评价是工程交付生产运行后一段时间内，一般经过1～2年生产运行后，对项目的立项决策、设计、施工、竣工验收、生产运行等全过程进行系统评价的一种技术经济活动，是基本建设程序的最后一环。通过后评价达到肯定成绩、总结经验、研究问题、提高项目决策水平和投资效果的目的。后评价主要包括以下内容。

（1）影响评价。通过项目建成投入生产后对社会、经济、政治、技术和环境等方面所产生的影响来评价项目决策的正确性。如项目建成后没达到决策时的目标，或背弃了决策目标，则应分析原因，找出问题，加以改进。

（2）经济效益评价。通过项目建成投产后所产生的实际效益的分析，来评价项目投资是否合理，经营管理是否得当，并与可行性研究阶段的评估结果进行比较，找出两者之间的差异及原因，提出改进措施。

（3）过程评价。前述两种评价是从项目投产后运行结果来分析评价的。过程评价则是从项目的立项决策、设计、施工、竣工投产等全过程进行系统分析，找出成败的原因。

上述九个阶段内容基本上反映了水利水电工程基本建设工作的全过程。电力系统中的水力发电工程与此基本相同，不同点是，将初步设计阶段与可行性研究阶段合并，称为可行性研究阶段，其设计深度与水利系统初步设计接近，增加"预可行性研究阶段"，其设计深度与水利系统的可行性研究接近。其他基本建设工程除没有流域（或区域）规划外，其他工作也大体相同。

基本建设过程大致上可以分为三个时期，即前期工作时期、工程实施时期、竣工投产时期。从国内外的基本建设经验来看，前期工作很重要，一般占整个过程50%～60%的时间。前期工作搞好了，其后各阶段的工作就容易顺利完成了。

同我国基本建设程序相比，国外通常也把工程建设的全过程分为三个时期，即投资前时期、投资时期、投资回收时期。内容主要包括：投资机会研究、初步可行性研究、可行性研究、项目评估、基础设计、原则设计、详细设计、招标发包、施工、竣工投产、生产阶段、工程后评价、项目终止等步骤。国外非常重视前期工作，建设程序与我国现行程序大同小异。

不同的国家，在具体的项目划分上有所不同。美国把设计工作划分成一些更为详细的工作阶段。如编制工艺流程图、总布置图、系统技术说明、工艺和仪表系统图、项目准则、设备清单、设备技术规定、施工图、施工技术规定等，这些工作或相继进行，或交错进行，其工作成果则陆续完成，陆续送审，这样便于及时听取业主意见，并取得业主的认可。美国把上述工作分别归类为 ENGINEERING（可译为原则设计或方案设计）和 DE-SIGN（可译为详细设计或具体设计）。这并不是把设计工作分为两个截然不同的设计阶段，而是指设计中两类不同性质的工作。用于确定技术方案和技术原则的工作，称为ENGINEERING，一些具体的计算和画图工作，则属于 DESIGN 的工作范畴。

第四节 工程建设项目的发展周期

任何事物都不能脱离时间和空间而存在，而时间的有序性，是事物运行的客观规律。

任何一个工程建设项目，从设想立项开始，到项目的设计与实施，直至竣工投产，收回投资达到预期目标，也有一定的时序性，即每一阶段都导致下一阶段的产生。我们把按时序发展的工程建设项目的全过程称为工程建设项目发展周期。

工程项目发展周期，是人们在长期投资建设的实践、认识、再实践、再认识的过程中，对理论和实践的高度概括和总结。尽管各个国家和国际组织在规定这个时序上可能存在某些差异，如世界银行对任何一个国家的贷款项目，都要经过项目选定、项目准备、项目评估、项目谈判、项目执行和项目总结评价等步骤的项目周期，从而保证世界银行在各国的投资保持较高的成功率。但一般来说，投资建设一个项目，按照其自身运动的发展规律，都要经过投资前时期、投资时期和生产或使用时期。这三个时期又可分为若干个阶段。

一、投资前时期

投资前时期，也就是项目的立项决策阶段，是指从项目设想到项目的研究和决策这一段时间。这一阶段在项目建设中起着决定性的作用。这一时期的核心内容是对项目的科学论证研究和评估决策。项目能否成立，项目的投资规模、区域分析、产业类型、资金筹措方式、技术和设备选型等问题，都应在这一阶段完成。从总体上看，这一阶段的最终目标是使项目决策科学化，避免错误决策带来的损失，为项目成功实施和完成奠定了基础。

投资前时期的工作具体可分为下列四个阶段。

1. 投资机会选择

投资机会选择，在国外也称投资问题的需要性分析，它是对项目投资方向提出的原则设想。

在进行投资机会选择时，要进行投资机会研究。机会研究一般是指一地区或部门内，以自然资源利用和市场的调查预测为基础，进行粗略和笼统的估算，来选择最佳投资机会，提出项目。投资机会研究的目的是找到投资方向和领域。它可以分为一般机会选择和特定机会选择。一般机会选择主要是进行投资的地区研究、部门研究和资源研究。特定机会选择在一般机会选择的基础上，将投资意向变成概括的投资建议。

2. 制定项目建议

对投资机会研究以后，如果发现某一可能的项目很有希望时，就需要把这一项目建议正式阐明。项目建议包括项目目标、涉及的基本问题、项目的预期结果、项目的必备条件、项目结构的框架和工程计划。项目建议必须以详尽的理由和充实的数据为依据，但在表述项目建议时，应尽可能地简明扼要。另外，要使项目建议令人满意，往往需要从经济计划和财务预算方面提出理由。

在我国，制定项目建议，也称立项，以项目建议书的形式表达。我国的项目建议书一般由提出项目的单位委托设计院或咨询公司经过详细的调查后编写。项目建议书主要是申述提出项目建议的理由及其主要依据，并对项目的生产建设条件、投资概算和简单的经济效益和社会效益情况作出叙述。项目建议书被批准以后，才能进行项目的可行性研究。

3. 可行性研究和项目规划

可行性研究是项目投资前时期的一个重要阶段，是投资前时期工作的核心内容。它是对项目所进行的彻底全面的研究，以明确项目在技术、经济和社会等方面的适宜性。可行性研究的目的在于确定项目的成本效益关系，以便为项目的决策提供可靠的依据。如果可行性研究的结果表明项目是可行的，就应该说明采用该项目的充分理由，并提出实施项目的规划。项目规划表现为可行性研究报告，并上报有关部门，作为进行项目决策的主要依据。

4. 项目评估与决策

项目评估是对项目可行性研究报告进行的评价。项目评估报告是项目决策的最后依据。

项目评估一般是项目主管部门或贷款银行委托建设单位和投资部门以外的中介咨询机构进行的评价论证，以确保项目评估的科学、公正和客观性，为项目的科学决策提供保障。

项目主管部门或贷款银行要对可行性研究报告进行评价的三点理由有以下几个方面。

（1）可行性研究报告难免带有某种局限性。

（2）从可行性研究报告完成到项目评估这一段时间里，经济环境和建设条件可能已经发生变化，有些研究结果需要调整。

（3）由于技术问题或操作上的欠缺，可行性研究报告需要加以核定。

一般来说，通过项目评估的合理纠正和补充以后，可行性研究报告会更加准确。因此，项目评估是项目决策科学化不可缺少的组成部分。

在项目评估的程序上，世界银行及一些地区性的开发银行，如亚洲开发银行、非洲开发银行等，主要是从以下几个方面来进行的。

1）明确问题和目标。

2）研究项目背景。

3）搜集有关信息资料。

4）计划项目分析的步骤。

5）进行经济分析。

6）衡量非经济的影响。

7）进行不确定性分析。

8）综合权衡。

9）提出项目评估报告及其他建议。

在我国，项目评估以后，批准了可行性研究报告，便是作出项目决策的标志，项目投资前期阶段宣告结束。

二、投资时期

投资时期也就是项目的实施阶段，是指项目决策以后，从项目选址到竣工验收、交付使用这一时期。这一时期的主要任务是实现投资前时期的目标，把规划变成现实。投资时期又可分为以下六个阶段。

1. 项目选址阶段

项目选址要从项目外部和项目本身两个方面加以考虑。

在项目外部，要考虑国家的经济布局和发展规划，同时注意相关产业的连锁效应；其次，要考虑环境的影响。

从项目本身来看，一般要求厂址选在自然资源与原材料产地的邻近地区。地质、水文、自然气候适宜将来项目建设的发展。交通运输、燃料动力、水源供给要满足项目建成投产后的生产经营活动。

项目选址的合理与否将对项目的建设和投产后的生产经营产生重大影响。

2. 项目设计阶段

当项目投资决策完成以后，设计便成为项目实施中的关键问题。项目设计的先进合理与否，直接影响到项目能否按时、保质建成，尤其是能否在投资控制的限额以内，影响到项目建成以后能否取得规划预期的效益。

一个工程项目从设计到竣工投产，往往需要几年的时间，如果在设计时不积极采用先进技术，势必影响项目在未来市场的竞争力。因此，发达国家在项目设计上往往采用超前设计，使项目完成以后在同一领域居于领先地位。

国际上项目设计依详略和深入程度可区分为概念设计、基本设计和详细设计。

3. 制定项目建设年度计划阶段

一般项目的建设时间都是跨年度进行的，因此，通常以年为单位制定项目建设计划。制定年度计划的依据是项目设计，不得随意增加或更改设计的内容，但要考虑市场情况，资金、原材料的供应，设备订货，劳动力安排，以及建设时间的长度要求，作统筹安排。制定年度计划的目的在于保证项目有计划、有节奏地进行建设，达到合理使用资金、原材料和劳动力，提高建设效益的目的。

4. 项目的建筑安装施工阶段

在项目设计已经完成、项目建设计划已经制定以后，项目便进入建设阶段。工程建设、机械设备和设施的安装应按照工作计划和工艺设计进行。在项目建设阶段，应有严密的监督，以保证承包人严格执行项目规格和标准及时间进度安排。

5. 项目的生产或运营阶段

在项目正式竣工投产或运营以前，为了使项目尽快达到设计的服务或生产能力，必须做好生产或运营的准备工作，它是竣工与正式启动不可忽视的环节。

项目组织准备工作的内容主要有：按照设计要求培训工人和管理人员；组织生产人员参加主要设备和工程的安装、调试，在投产前熟悉工艺流程和操作技术；进一步落实开工生产必备的原材料和辅助产品。

6. 项目的竣工验收、交付使用阶段

竣工验收的目的是要按照设计要求检查施工质量，及时发现问题并加以解决，保证投资项目建成后达到设计要求的各项技术经济指标。竣工验收一般采取先逐个验收单项工程，后验收整体工程的程序。

三、投资回收期

项目投资回收期的主要内容是实现项目的生产或经营目标，回收投资，创造收益。这一时期主要包括以下三个阶段。

1. 项目后评价阶段

项目后评价也称项目的事后评价，是项目运营一段时间（一般为1～2年）后，对投资项目进行的全面分析，以确定这一项目是否达到设计要求和期望的目标。项目后评价可以为以后的项目建设提供正反两方面的经验。

项目后评价主要是根据实际资本费用及运营成本和收益资料，重新估算项目在经济和财务方面的成绩。项目后评价与项目周期开始时的项目评估相对应。项目评估要对未来的事态和数量进行估算和预测；项目后评价则以实际收支为准与事前的期望作比较。对于项目管理者来说，项目后评价是十分必要的。

项目后评价通常包括以下内容。

（1）项目建成以后，在概算、进度等方面与项目准备及审定时测算的数据是否有偏差和产生偏差的原因。

（2）项目实施过程中对项目原设计和原评价的重大修改及其原因。

（3）项目建成投产后的财务效果与原预测的偏差。在生产、财务、管理方面存在的问题及其原因。

（4）项目建成后对社会、政治经济和环境的影响程度。

（5）对项目前景的展望。

2. 实现生产经营目标阶段

项目的生产经营目标包括两个方面：一方面按照设计或规划生产（或提供）合格产品（或服务），并达到规定的数量；另一方面从财务上实现计划的利润目标。

为实现项目的生产经营目标，通常的做法是从以下几个方面入手。

（1）控制生产成本。

（2）提高产品质量。

（3）保证原材料的周转和正常供应。

（4）不断开发产品的销售市场。

3. 资金回收收益的取得阶段

项目在建成投产转入正常生产经营后，就要逐年从收入中回收投资。资金能否正常回收，收益能否尽早取得，直接反映企业的生产经营状况。

为了保证资金的正常回收，在项目投资以前，银行与企业应签署贷款合同或协议，规定投资的回收期、回收量以及防范风险的措施。

第二章 建设项目管理

第一节 概 述

一、项目管理的涵义

项目管理是指在一定的约束条件下，为达到项目目标（在规定的时间和预算费用内，达到所要求的质量），而对项目所实施的计划、组织、指挥、协调和控制的过程。

一定的约束条件是制定项目目标的依据，也是对项目控制的依据。项目管理的目的，就是保证项目目标的实现。项目管理的对象是项目，由于项目具有单件性和一次性的特点，要求项目管理具有针对性、系统性、程序性和科学性。只有用系统工程的观点、理论和方法对项目进行管理，才能保证项目的顺利完成。

二、建设项目管理的涵义

建设项目管理是项目管理的一个重要分支，它是指通过一定的组织形式，用系统工程的观点、理论和方法，对建设项目生命周期内的所有工作，包括项目建议书、可行性研究、项目决策、设计、设备询价、施工、签证、验收等系统运动过程，进行计划、组织、指挥、协调和控制，以达到保证工程质量、缩短工期、提高投资效益的目的。由此可见，建设项目管理是以建设项目目标控制（质量控制、进度控制和投资控制）为核心的管理活动。

对于这个概念需作如下的说明。

（1）管理的对象是建设项目发展的全过程，包括项目的可行性研究、设计、招投标以及采购、施工等工作内容，而不仅是其中的某一阶段，尤其不要误以为仅是针对工程项目的施工阶段。

（2）管理的主体是多方面的。一般来说，在工程建设发展周期的全过程中，除业主为项目的顺利实现而实施必要的项目管理以外，设计单位、监理公司（如果业主有委托）、从事工程施工和材料设备供应的承包人和供应商等也分别有站在各自立场上的项目管理。另外，政府有关部门也要对项目的建设给予必要的监督管理。

（3）任何一个工程建设项目都是一个投资项目，如果项目管理研究的着眼点是项目的价值形态资金运动角度，那么它属于投资项目管理的研究范畴，而工程项目管理的首要的着眼点是工程管理，当然也用应用项目管理的理论、观点和方法。

三、建设项目管理与企业管理的区别

建设项目管理与企业管理同属于管理活动范畴，但两者之间存在着以下明显区别。

（1）管理对象不同。建设项目管理的对象是一个具体的建设项目——一次性任务，而企业管理的对象是一个企业——一个持续稳定的经济实体。

（2）管理目标不同。建设项目管理是以具体项目的质量、进度和投资为目标，一般是

以效益为中心，项目的目标是短期的、临时的；而企业管理的目标是以持续稳定的利润为目标，企业的目标是长远的、稳定的。

（3）运行规律不同。建设项目管理是一项一次性多变的活动，其规律性是以项目周期和项目内在规律为基础的；而企业管理是一种持续稳定的活动，其规律性是以现代企业制度和企业经济活动内在规律为基础的。

（4）管理内容不同。建设项目管理活动贯穿于一个具体项目发展周期的全过程，包括项目立项、论证决策、规划设计、采购施工、总结评价等活动，这是一种任务型管理，需要按项目管理的科学方法进行管理；而企业管理则是一种职能管理和作业管理的综合，其本质是一种实体型管理，主要包括：企业综合性管理、专业性管理和作业性管理。

（5）实施主体不同。建设项目管理实施的主体是多方面的，包括业主及其委托的咨询（监理）公司、承包人等；而企业管理实施的主体仅是企业自身。

第二节 建设项目管理的类型与任务

一、建设项目管理的类型

在一个建设项目的决策和实施过程中，由于各阶段的任务和实施主体不同，也就构成了建设项目管理的不同类型，如图2-1所示。从系统分析的角度看，每一类型的项目管理都是在特定的条件下，为实现整个建设项目总目标的一个管理子系统。

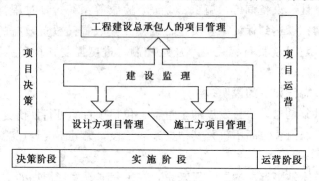

图2-1 建设项目管理的类型

1. 业主方的项目管理

业主方的项目管理是全过程的，包括项目实施阶段的各个环节，主要有组织协调，合同管理、信息管理，投资、质量、进度三大目标控制，人们通俗地将其概括为"一协调二管理三控制"。

由于工程项目的实施是一次性的任务，因此，业主方自行进行项目管理往往有很大的局限性。首先在技术和管理方面，缺乏配套的力量，即使配备了管理班子，没有连续的工程任务也是不经济的。在计划经济体制下，每个建设单位都建立一个筹建处或基建处来搞工程，这不符合市场经济条件下资源的优化配置和动态管理，而且也不利于建设经验的积累和应用。在市场经济体制下，工程业主完全可以依靠发达的咨询服务业，为其提供项目管理服务，这就是建设监理。监理单位可以接受工程业主的委托，为其提供全过程监理服务，如图 2-1 所示。建设监理也可以向前延伸到项目投资决策阶段，包括立项策划和可行性研究等。

2. 设计方的项目管理

设计方的项目管理是指设计单位受业主委托承担工程项目的设计任务后，根据设计合同所界定的工作目标及责任义务，对建设项目设计阶段的工作所进行的自我管理。设计单位通过设计项目管理，对建设项目的实施在技术和经济上进行全面而详尽的安排，引进先进技术和科研成果，形成设计图纸和说明书，以便实施，并在实施过程中进行监督和验收。

设计项目管理包括以下内容。

(1) 设计投标或方案比选。

(2) 签订设计合同。

(3) 实际条件准备。

(4) 设计计划的编制与实施。

(5) 设计文件验收与存档。

(6) 设计工作总结。

(7) 建设实施中的设计控制与监督。

(8) 竣工验收。

由此可见，设计项目管理不仅仅局限于工程设计阶段，而且延伸到了施工阶段和竣工验收阶段。

3. 施工方的项目管理

施工单位通过投标取得工程施工承包合同，并以施工合同所界定的工程范围，组织项目管理，简称施工项目管理。从完整的意义上说，这种施工项目应该指施工总承包的完整工程项目，既包括其中的土建工程施工，又包括建筑设备工程施工安装，最终成功地形成具有独立使用功能的建筑产品。然而，从工程项目系统分析的角度看，分项工程、分部工程也是构成工程项目的子系统。按子系统定义项目既有其特定的约束条件和目标要求，而且也是一次性的任务。因此，工程项目按专业、按部位分解发包的情况，承包人仍然可以按承包合同界定的局部施工任务作为项目管理的对象，这就是广义的施工企业的项目管理。

目前，我国建筑施工企业的项目管理是指施工企业为履行工程承包合同和落实企业生产经营方针目标，在项目经理责任制的条件下，依靠企业技术和管理的综合实力，对工程施工全过程进行计划、组织、指挥、协调和监督控制的系统管理活动。项目经理的责任目标体系包括：工程施工质量（Quality）、成本（Cost）、工期（Delivery）、安全和现场标准化（Safety），简称 QCDS 目标体系。显然，这一目标体系既和建设项目的目标相联系，又带有很强的施工企业项目管理的自主性特征。

4. 工程建设总承包人的项目管理

在设计施工总承包的情况下，业主在项目决策之后，通过招标择优选定总承包人，由其全面负责工程项目的实施过程，直至最终交付使用功能和质量标准符合合同文件规定的工程目的。因此，总承包人的项目管理是贯穿于项目实施全过程的全面管理，既包括设计阶段，也包括施工安装阶段。其性质和目的是全面履行工程总承包合同，以实现企业承建工程的经营方针和目标，取得预期经营效益为动力而进行的工程项目自主管理，显然，总承包人必须在合同条件的约束下，依靠自身的技术和管理优势或实力，通过优化设计及施工方案，在规定的时间内，按质按量地全面完成工程项目的承建任务。从交易的角度，项目业主是买方，总承包人是卖方，因此，两者的地位和利益追求是不同的。

5. 咨询机构的项目管理（建设监理）

咨询机构的项目管理，是指咨询机构受某一方的委托，依据委托合同和国家有关法规对工程项目建设的全过程或某些阶段实施管理。咨询机构可以接受建设单位、设计单位或施工单位的委托对工程项目建设实施管理。这种管理方法专业化程度高，因而管理效率高，能为参与工程项目建设的各方接受。在国外已被广泛采用。

在我国，咨询机构受建设单位的合同委托，代表业主的利益，依据合同对工程项目实施管理，被称为建设监理，这样的咨询机构被称为监理公司或监理事务所。

需要指出的是，在同一个工程项目建设过程中，一家咨询机构不能也不允许同时为业主、设计单位和施工单位提供服务。因为业主、设计单位、施工单位所处的位置不同，考虑问题的角度就不同，存在着明显的利益冲突。

6. 物资供应方的项目管理

从建设项目管理的系统分析角度看，建设物资供应工作也是工程项目实施的一个子系统，它有明确的任务和目标、明确的制约条件以及与项目实施子系统的内在联系。因此，制造厂、供应商同样可以将加工生产制造和供应合同所界定的任务，作为项目进行目标管理和控制，以适应建设项目总目标控制的要求。

二、建设项目管理的任务

尽管建设项目的类型众多，特点各异，但其管理的主要任务就是在建设项目可行性研究、投资决策的基础上，对建设准备工作、勘察设计、施工至竣工验收等全过程的一系列活动，进行规划、协调、监督、控制和总结评价，通过合同管理、组织协调、目标控制、风险管理和信息管理等措施，保证建设项目质量、进度、投资目标最优的实现。

（一）建立项目管理组织

明确本项目各参加单位在项目周期实施过程中的组织关系和联系渠道，并选择合适的项目组织形式；做好项目实施各阶段的计划准备和具体组织工作；建立本单位的项目管理班子；聘任项目经理及各有关职能人员。

（二）组织协调

建设项目组织协调是项目管理的职能，是管理技能和艺术，也是实现项目目标必不可少的方法和手段。在项目实施过程中，各个项目参与单位需要处理和调整众多复杂的业务组织关系，主要包括以下内容。

1. 外部环境协调

外部环境协调指与政府管理部门之间的协调，如规划、城建、市政、消防、人防、环保、城管部门的协调；资源供应方面的协调，如供水、供电、供热、电信、通信、运输和排水等方面的协调；生产要素方面的协调，如图纸、材料、设备、劳动力和资金方面的协调；社区环境方面协调等。

2. 项目参与单位之间的协调

这方面的协调主要有业主、监理单位、设计单位、施工单位、供货单位、加工单位等之间的协调。

3. 项目参与单位内部的协调

这方面的协调指项目参与单位内部各部门、各层次之间及个人之间的协调。

围绕着建设项目的总目标，建设项目各参与单位及各级管理人员，都要积极参与并主动承担各级工作范围内的组织协调工作，注意采用科学有效的方法。

（1）设立专门的协调机构和专职人员。

（2）建立协调工作制度，对经常性事项制订专门程序，事先确定协调时间、内容方式和具体负责人。

（3）明确工作职责范围，处理好集中调度与分散处理的关系，充分发挥各级各类管理人员的作用。

（4）根据不同对象，采用不同的协调方法，如宣传、指令、监督、交流、会议等多种形式。

（5）考虑建设项目系统的整体效益，分清各要素之间的联系和制约，实现综合协调和总体优化。

（三）目标控制

目标控制是建设项目管理的重要职能，它是指项目管理人员在不断变化的动态环境中，为保证既定计划目标的实现而进行的一系列检查和调整活动的过程。也就是项目控制机构按预先设定的目标值，对被管理对象在实施过程中不断进行调查和分析，将实际状况与计划目标进行比较，找出偏差，并采取措施加以调节和纠正，以使其满足预定目标的要求。

主要控制目标包括以下内容。

1. 费用控制

编制费用计划（业主编制投资分配计划，施工单位编制施工成本计划），采用一定的方式、方法，将费用控制在计划目标内。

2. 进度控制

编制满足各种需要的进度计划，把那些为了达到项目目标所规定的若干时间点，连接成时间网络图，安排好各项工作的先后顺序和开工、完工时间，确定关键线路的时间；经常检查计划进度执行情况，处理执行过程中出现的问题，协调各单位工程的进度，必要时对原计划作适当调整。

3. 质量控制

规定各项工作的质量标准，对各项工作进行质量监督和验收；处理质量问题。质量控制是保证项目成功的关键任务之一。

目标控制过程如图 2-2 所示。

目标控制过程主要环节的具体内容如下。

（1）预定目标值设定。预定目标一般用一系列计划指标值来反映，例如项目工期、质量、投资成本等数值。为了便于控制，有时还必须将控制目标值按不同对象、不同层次、

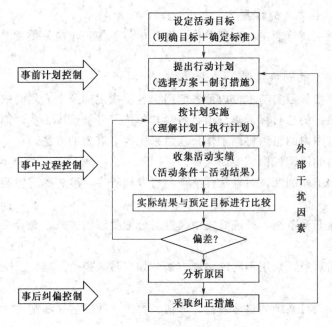

图 2-2 目标控制过程示意图

不同内容等进行分解。

（2）信息调查和搜集。这是实现信息反馈的主要步骤，是实施控制的依据，既包括已发生的项目实际状况、外部环境变化等信息，还应包括对未来事态发展趋势的预测信息。

（3）比较和分析。通过将预定目标值与实际状况进行对比，可以找出工程实施过程中的目标偏差，并进一步分析其产生的原因，以便进一步采取措施。

（4）纠偏与调整。根据偏差的程度，采取相应措施，以保证既定目标的实现；或者调整预定目标，重新制订新的实施方案。

建设项目目标控制的主要任务就是采用规划、组织、协调等手段，从多方面采取措施，包括组织措施、技术措施、经济措施、合同措施等，确保项目总目标的最优实现。

项目目标控制的任务贯穿在项目前期策划、勘察设计、施工、竣工交付等各个阶段。建设单位必须根据各自的工程性质、任务和特点，制定详细的目标规划，明确控制要求。

（四）合同管理

工程建设合同，包括勘察设计合同、施工合同、建设物资采购合同、建设监理合同以及建设项目实施过程所必需的其他经济合同，都是业主和参与项目实施的各主体之间明确责任权利关系的具有法律效力的协议文件，也是运用市场经济体制、组织项目实施的基本手段。从某种意义上说，项目的实施过程，也就是工程建设合同订立和履行的过程，一切合同所赋予的责任权利履行到位之日，也就是建设工程项目实施完成之时。

建设合同管理，主要是指对各类合同的依法订立过程和履行过程的管理，包括合同文本的选择，合同条件的协商、谈判，合同书的签署，合同履行、检查、变更和违约、纠纷的处理，总结评价等。

由于工程业主和参与建设项目实施的有关单位在合同关系中所处的地位、责任、利益不同，因此，各自对于合同管理的视点和力点不尽一样。业主方的合同管理，服务于项目实施的总目标控制，视点在合同结构的策划，以便通过科学合理的合同结构，理顺项目内部的管理关系，避免产生相互矛盾、脱节和混乱失控的项目组织管理状态，其视点在于支付条件、质量目标和进度目标。施工合同管理的视点在于工程价款及支付条件、质量标准及验收办法、不可抗力造成损害的承担原则、第三者损害的承担原则、设计变更、施工条件变更及工程中止损失的补偿原则，其力点在施工索赔。

工程建设合同管理不仅需要具备系统的合同法律知识，而且需要熟悉工程建设领域生产经营、交易活动和经济管理的基本特点及基础业务知识，因此，通常需要由专业合同管理人员或委托工程建设咨询机构来承担。工程项目管理人员也必须学习和掌握合同法律基本知识，学会应用法律和合同手段，指导项目管理工作，正确处理好相关的经济合同关系。

（五）信息管理

信息管理是建设项目管理的基础工作，是实现项目目标控制的保证。只有不断提高信息管理水平，才能更好地承担起项目管理的任务。

建设项目信息管理，主要是指对有关建设项目的各类信息的收集、储存、加工整理、传递与使用等一系列工作的总称。

信息管理是项目目标控制的基础，其主要任务就是及时、准确地向项目管理各级领导、各参加单位及各类人员提供所需的综合程度不同的信息，以便在项目进展的全过程中，动态地进行项目规划，迅速正确地进行各种决策，并及时检查决策执行结果，反映工程实施中暴露的各类问题，为项目总目标服务。

信息管理工作的好坏，将会直接影响项目管理的成败。在我国长期建设的实践中，由于缺乏信息、难以及时取得信息、所得到的信息不准确或信息的综合程度不能满足项目管理的要求、信息存储分散等原因，造成项目决策、控制、执行和检查的困难，以至影响项目总目标实现的情况屡见不鲜，应该引起广大项目管理人员的重视。

为了做好信息管理工作，需要把握好以下几个环节。

（1）信息的收集，并建立一套完整的信息采集制度。

（2）信息的检索和传递，做好编目分类和流程设计工作，拟定科学查找的方法和手段。

（3）信息的采用，充分利用现有的信息资源。

（六）风险管理

随着建设项目规模的不断大型化和技术复杂化，业主和建设者所面临的风险也越来越大。工程建设客观现实告诉人们，要保证建设项目的投资效益，就必须对项目风险进行定量分析和系统评价，以提出风险对策，形成一套有效的项目风险管理程序。

1. 风险及风险因素

风险是一种客观存在的、损失的发生具有不确定性的状态，它具有客观性、损失性和不确定性的特征。由于分类的基础不同，可分为许多类型：按风险的损害对象来分，有人身风险、财产风险和责任风险；按风险性质来分，有主观风险和客观风险；按项目环境来分，有外部环境风险和内部机制风险；按风险承受者的角度来分，有业主的风险、承包商的风险和监理单位的风险。

风险因素是指促使和增加损失发生概率或严重程度的任何事件。构成风险因素的条件越多，发生损失的可能性就越大，损失就会越严重。建设项目风险因素按风险来源分，有自然风险、技术风险、设计风险、施工风险、财经风险、市场风险、政策法律风险、环境风险和合同风险。

2. 风险管理的程序

风险管理是一个确定和度量项目风险，以及制定、选择和管理风险处理方案的过程。其目标是通过风险分析减少项目决策的不确定性，以便决策更加科学，在项目实施阶段，保证目标控制的顺利进行，更好地实现项目质量、进度、投资目标。它主要包括以下几个环节。

（1）目标的建立。风险管理的目标是选择最经济和最有效的方法使风险成本最小，它可以分为损失前的管理目标和损失后的管理目标，前者是想方设法地减少和避免损失的发生；而后者是在损失一旦发生后，尽可能减少直接损失和间接损失，使其尽快恢复到损失前的状况。

（2）风险的识别。要对付风险，首先必须先识别风险。针对不同项目性质规模和技术条件，风险管理人员根据自身的知识、经验和丰富的信息资料，选择多种方法和途径，尽可能全面地辨识出所面临的各种风险，并加以分类。

（3）风险分析和评价。是对建设项目风险发生概率及严重程度进行定量化分析和评价的过程。

（4）规划并决策。完成了项目风险的识别和分析过程，就应该对各种风险管理对策进行规划，并根据项目风险管理的总体目标，就处理项目风险的最佳对策组合进行决策。一般而言，风险管理有三种对策：风险控制、风险保留和风险转移。

（5）计划的实施。当风险管理者对各种风险管理对策作出选择之后，必须制定具体的计划，如安全计划、损失控制计划、应急计划等，并付诸实施；以及在选择购买工程保险时，确定恰当的水平和合理的保费，选择保险公司等。

（6）检查和总结。通过检查和总结，可以使风险管理者及时发现偏差，纠正错误，减少成本；控制计划的执行，调整工作方法；总结经验，提高风险管理水平。

（七）环境保护

工程建设既可以改造环境为人类造福，优秀的设计作品还可以增添社会景观，给人们带来观赏价值。但一个建设项目的实施过程和结果，同时也存在着影响甚至恶化环境的种种因素。因此，应在工程建设中强化环保意识，切实有效地把环境保护和克服损害自然环境、破坏生态平衡、污染空气和水质、扰动周围建筑物和地下管网等现象的发生作为项目管理的重要任务之一。项目管理者必须充分研究和掌握国家和地区的有关环保法规和规定，对于环保方面有要求的建设项目在项目可行性研究和决策阶段，必须提出环境影响报告及其对策措施，并评估其措施的可行性和有效性，严格按建设程序向环保管理部门报批。在项目实施阶段，做到主体工程与环保措施工程同步设计、同步施工、同步投入运行。在工程施工承发包中，必须把依法做好环保工作列为重要的合同条件加以落实，并在施工方案的审查和施工过程中，始终把落实环保措施、克服建设公害作为重要的内容予以密切注视。

第三章 建设项目管理组织

第一节 组织体制在管理中的地位

建设项目管理组织是指建设单位或项目管理单位及其相应的管理组织体系。当一个建设项目立项以后，就要设立相应的项目管理组织，对项目的建设质量、进度、资金使用等实施控制和管理，以促进项目获得最大的投资效益。

管理组织是管理者为了达到自身的目的而设置的机构。工程项目管理的组织很重要，它是项目经理顺利开展工作的基础。而建立管理组织是企业最高领导人的职责，他有责任设置好组织，使项目经理能够开展工作。管理组织设置是否恰当，将直接影响到项目经理工作的成败，只有在管理组织合理化的基础上，才谈得上其他的管理。

工程项目管理的水平受到管理组织体制、管理人员的数量和质量、管理的方法及理论、管理工具四个因素的影响，其中管理组织体制是核心。这四个因素之间的关系如图3-1所示。就管理人员的数量来说，太少了不利，不能保证工作的正常进行；太多了也不利，人多则会滋生拖拉、推诿现象，降低工作效率。而管理人员能否充分发挥作用，直接取决于管理的组织体制。管理的工具主要是指电子计算机，作为管理工具的电子计算机能否用于工程项目管理并发挥出效率，也与管理组织体制有密切关系。管理的方法及理论，具体来说就是有关经济利益的分配原则和一系列对管理行之有效的方法，它受

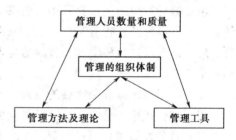

图3-1 管理中的四个因素及其相互关系

制于管理人员的素质、所应用的管理工具，以及管理最重要的一方面——管理的组织体制。

项目的组织体制是由无形要素和有形要素构成的。

一、无形要素的内容

无形要素是指构成组织体制的道义和精神的要素（或条件），它包括以下内容。

（1）共同的目标。项目管理组织的目标不仅是企业所追求的目的和利益，也应该是每个项目参与者的目的和利益，只有共同的目标才能将每个项目参与者团结在一起，以增强项目组织的凝聚力。

（2）自觉自愿。自觉自愿是项目管理组织正常运转的基础，一个项目成败的关键在于调动和发挥每个项目参与者的积极性和创造性，而只有自觉自愿才能使每个项目参与者的积极性和创造性精神得以充分发挥。

（3）协调配合。协调配合包括项目内部及项目内外之间人与人的相互沟通、相互配

合，有了协调配合才能使整个项目管理组织的步调统一。

（4）创新精神。项目管理组织有了这种要素，就能体现出积极、主动地去适应项目环境和条件变化的精神，促进项目管理达到更高的水平。

二、有形要素的内容

有形要素是指管理组织构成中比较具体的或物质的要素。它也包括以下四个方面的内容。

（1）项目管理中的工作。项目的总目标可划分为若干个分目标、子目标，为完成每一目标都要划分许多具体的工作。因此，项目中的工作划分和组合是构成项目管理组织的具体要素。

（2）项目的参与者。项目管理组织是由所有的项目参与者组成的，组织的每一活动都需要由人来管理和由人来完成。因此，按照项目的特点和工作量的大小，并根据工作岗位的要求和各人的能力、经验、智慧来确定人员，才能充分发挥每个人的才能。

（3）明确责任与授权。项目中每一项工作落实到部门或个人，必须明确其职责并授予相应的权限，构成项目管理组织的有机系统。项目管理组织中责、权、利不落实，项目管理就无法进行。

（4）必须的物质条件。这是项目管理组织开展管理工作的最基本条件，例如工作场所、材料、设备和工具等。

项目管理组织的无形要素比较抽象和概括，它表现为工作人员的动机、情绪、思想和认识，不可能对其进行有形组合。但无形要素对项目管理组织起着不可估量的影响。因此，对有形要素进行科学、合理的组合，成立项目管理组织时，必须考虑无形要素的影响和要求。

三、项目组织体制应遵循的原则

根据现代组织理论和工程项目管理的实践经验，项目组织体制应遵循以下原则。

（1）目的性原则。项目的管理组织体制的根本任务是为了实现项目的目标，若离开项目的目标设置项目的管理组织机构，就会使项目组织职责不清，效率低下。因此，必须根据项目的总体目标因事设岗，定人、定责，因责授权，以确保项目总体目标的最优实现。

（2）灵活性原则。项目的管理组织体制不应该也不可能一成不变，而要根据现实条件和具体项目，灵活地选择最为合适的项目管理组织体系，以适应不断变化的内部和外部条件。

（3）高效率原则。工程项目管理是否有效，是以达到项目目标的优劣来判断的，也就是要以项目的管理组织效率是否高来判断，为此，就须以较少的人办更多的事；以较少的劳动消耗取得更多的成果。在保证项目总目标实现的前提下，尽量简化机构，减少层次。

（4）统一指挥原则。在工程项目管理中，任何一级的人员都只应有一个指令源，只有这样才能保证工程项目的顺利进行。这就要求不能越级下达指令，且指令在层层传达过程中不能失真，保持指令的一致性。

（5）系统化原则。工程项目作为一个大的开放系统，是由众多子系统组成的有机整体，因而项目管理组织就必须是一个相互制约、相互联系、完整的组织结构系统，否则就会出现组织与项目之间的不协调，产生各自职能分工、权限划分和信息沟通上的相互矛盾和相互重叠，影响项目总目标的实现。

第二节 建设项目管理组织模式

由于项目的性质、投资来源、建设规模、工程复杂程度等条件不同，项目管理组织的设置也不尽相同。中华人民共和国成立60多年来，随着项目管理科学的不断发展和基本建设管理体制的变革，我国建设项目管理组织主要有工程建设指挥部负责制、企业基建部门负责制、工程建设总承包人负责制和建设项目法人责任制4种模式。

一、工程建设指挥部负责制

工程建设指挥部，是我国计划经济体制下，大中型基本建设项目管理所采用的一种基本组织形式，它主要是以政府派出机构的形式对建设项目的实施进行管理和监督。采用这种模式，可以依靠指挥部领导的权威和行政手段，集中大量人力、物力和财力打"歼灭战"，确保工程建设项目在较短的时间内完成。

（一）组织机构设置

工程建设指挥部一般是在前期工作阶段先成立项目筹建处，在工程开工前正式组建。指挥部由项目主管部门从本行业、本地区所管辖单位中抽调专门人员组成。对一些投资规模大、协作关系复杂的大型项目，在指挥部之上还要成立由中央部门和地方主要领导参加的项目建设领导小组。少数特大型项目，由国务院派出代表，与各有关部门、各有关地方的主要领导共同组成高层次的项目建设领导小组（如宝钢、大秦铁路等）。在指挥部内部，一般又设立若干职能处（室），有的还设立二级指挥部。工程建设指挥部组织机构如图3-2所示。

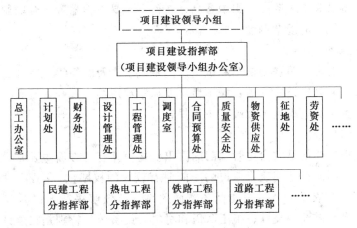

图 3-2 工程建设指挥部组织机构

（二）主要职责和任务

工程建设指挥部作为项目的建设单位，要全面负责从项目建设前期工作开始，直至投产验收的组织管理工作。其主要职责是：认真贯彻执行国家有关投资与建设的方针、政策、法规、规范和标准，按照国家计划和批准的设计文件组织工程建设，统一领导、指挥参加工程建设的各有关单位，确保建设项目在国家规定的投资范围内，保质、保量、按期建成投产，发挥效益。为此，工程建设指挥部要完成以下具体任务。

1. 前期工作阶段

在建设项目可行性研究报告批准后，指挥部（筹建处）要组织设计招标或进行设计委托，签订设计合同，并按设计要求提供有关设计基础资料；当有两个以上设计单位进行设计时，应确定一个主体设计单位全面负责；及时了解设计文件的编制进度；总体设计、初步设计完成后，要及时组织设计文件（含概预算）的审查，提出审核意见，报有关单位审批。

2. 施工准备阶段

根据批准的设计文件，指挥部要编制项目建设总进度计划。编报基建物资供应计划，提前组织大型专用设备的预安排；进行施工招标，选择施工队伍，签订施工总包合同；按设计总平面图及时办理土地征用、青苗赔偿、障碍物拆除等手续；完成施工用水、用电、道路等"三通一平"工作，为施工单位创造施工条件；编报开工报告，办理开工手续。

3. 工程施工阶段

认真编报年度基本建设计划、财务计划和物资供应计划；督促设计单位按时提交施工图并组织会审；定期检查工程进度，及时解决施工中遇到的问题，并按月进行工程结算，及时组织供应由建设单位负责的材料、设备；严格工程质量监督，及时进行分部、分项工程，特别是隐蔽工程的检查验收。

4. 生产准备阶段

负责或协助生产筹建单位，安排、落实投料试车所需要的原材料、燃料、水、电、气及通信等其他外部协作配合条件，并签订有关协议；招收和培训必要的生产人员，有进口设备的项目要选派生产一线的技术人员、管理干部和工人出国培训学习；组织生产人员参加设备的安装、调试和工程验收；组织备品、备件、工具、仪器和工装的制造、订货；制定有关生产和经营管理的规章制度。

5. 竣工验收阶段

项目完工后，要在负荷联动试车和试生产的基础上，及时组织工程预验收，并向上级主管部门提出竣工验收申请书。项目竣工后，要抓紧清理结余现金、设备、材料和财务往来账目，做好工程结算，编报工程竣工决算报告。

（三）模式评价

由于工程建设指挥部是政府主管部门的派出机构，又有各方面主要领导组成的领导小组的指导与支持，因而在行使建设单位的职能时有较大的权威性，决策、指挥直接有效。工程建设指挥部可以依靠行政手段协调各方面关系，有效解决征地、拆迁等外部协调难题，调配项目建设所需要的设计、施工队伍和材料、设备等。特别是在建设工期要求紧迫的情况下，能够迅速集中力量，加快工程建设进度。实践证明，工程建设指挥部在新中国工程建设史上发挥了巨大的作用。但同时应看到，这种采用纯行政手段来管理经济活动的工程建设指挥部模式也存在着以下弊端。

（1）工程建设指挥部不是一个独立的经济实体，缺乏明确的经济责任制。政府对工程建设指挥部没有严格、科学的经济约束，指挥部拥有投资建设管理权，却对投资的使用和回收不承担任何责任。也就是说，作为管理决策者，却不承担决策风险。

（2）工程建设指挥部是一个临时机构，并非是一个专业化、社会化的管理机构，其专业管理人员都是从四面八方抽调而来，应有的专业人员素质难以保障。而当他们在工程建设过程中积累了一定经验之后，又随着工程项目的建成而转入其他工作岗位。以后即使是再建设新项目，也要重新组建工程建设指挥部。这样，就难以集中和培养建设管理的专门人才，导致工程建设的管理总在低水平线上徘徊，投资效益也难以提高。

（3）工程建设指挥部管理模式过于强调管理的指挥职能，而忽视了管理的规划和决策职能。它基本上采用行政管理的手段，甚至采用军事作战的方式来管理工程建设，而不善于利用经济的方式和手段。它着重于工程的实现，而忽视了工程建设投资、进度、质量三大目标之间的对立统一关系。它努力追求工程建设的进度目标，却往往不顾投资效益和对工程质量的影响。

由于这种传统的建设项目管理模式自身的先天不足，使得我国工程建设的管理水平和投资效益长期得不到提高，建设投资和质量目标的失控现象也在许多工程中存在。随着我国社会主义市场经济体制的建立和完善，这种管理模式将逐步为项目法人责任制所替代。

二、企业基建部门负责制

在企业内部设立固定或临时基本建设管理机构，是目前企业技术改造（含新建、改扩建）项目比较普遍采用的一种组织管理模式。

1. 组织形式和机构设置

企业基建部门负责制模式大体有两种形式：

（1）在企业内部设立常设的基建管理职能处，专门从事本企业小型基本建设项目和更新改造项目的组织管理工作。在基建处下可设立有关业务科（室），如图 3-3（a）所示。

（2）在企业内设立与生产相对独立的常设基建管理部门。采用这一形式的大多是一些技术改造任务重、大中型建设项目多的大型企业和企业集团。有的企业不仅拥有较强的项目管理班子，而且还有自己的设计、施工队伍；有的企业只拥有较完整的项目管理机构，设计、施工队伍则需要通过招标形式进行选择。这种组织机构的形式如图 3-3（b）所示。

与指挥部不同的是，企业常设或临时的基建管理机构一般不独立对外，有关建设方面的问题以企业的名义进行联系，即真正的建设单位还是企业，但从企业常设或临时设立的基建管理机构的工作内容上看，它实际上行使着建设单位的职能，因而其职责和任务与指挥部大体相同。

2. 模式评价

企业基建部门负责制的主要优点是：建设与生产紧密结合，可以充分利用现有企业的资源和有利条件，加快建设速度。尤其是在边生产、边建设的情况下，可减少建设与生产部门之间的矛盾，对自属设计、施工队伍调动灵活。随着企业作为项目投资、还贷主体地位的确立，将促使企业领导增强风险意识和责任感，提高投资效益。

不足之处是：企业集生产单位、建设单位两种职能于一身，往往无法正确核算生产与建设的效益；基建管理机构的部门管理人员可能随项目转入生产而散失，不利于积累建设经验。此外，自己拥有设计、施工队伍的企业，易吃企业内部的"大锅饭"，在建设任务不足时，这些队伍的存在可能成为企业的包袱。

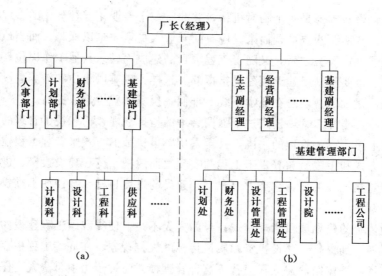

图 3-3　基建部门负责制组织机构

三、工程建设总承包人负责制

工程建设总承包，实质上是一种由工程总承包人代替建设单位，全面负责工程建设的组织管理工作，最终向建设项目主管部门或建设单位"交钥匙"的项目管理模式。目前，在我国比较有代表性的工程建设总承包有三种形式，即以专业工程建设承包公司为主体的工程总承包、以设计单位为主体的工程总承包和以施工企业为主体的工程总承包。

1. 以专业工程建设承包公司为主体的工程总承包

这种总承包是指由专业管理人员组成的智力密集型企业（工程建设承包公司），对工程建设项目的可行性研究、勘测设计、设备询价与订货、材料采购、工程施工、竣工试运营等内容进行全过程承包或部分承包，在工程建设承包公司向建设单位或建设项目主管部门全面负责的前提下，再将上述任务分包给各有关单位。由于工程建设承包公司自己没有设计、施工队伍，因而地位比较超脱，不仅有利于工程建设投资、进度和质量目标的控制，而且有利于积累工程建设经验，不断提高工程建设管理水平。

2. 以设计单位为主体的工程总承包

这种总承包是指具有工程建设总承包资质的设计单位，对工程建设项目的可行性研究、勘测设计、设备询价与订货、材料采购、工程施工、竣工试运营等进行全过程承包或部分承包，最终向建设单位或建设项目主管部门"交钥匙"。设计单位一般应拥有雄厚的设计力量和大量的经营管理人才，但没有施工队伍，因而需要在施工阶段将施工任务分包给施工单位。在工程施工过程中，设计单位主要担负项目管理的任务。

以设计单位为主体的工程总承包，可以较好地发挥设计的主导作用。通过总承包，直接参与工程实施阶段的各项组织管理工作，可以促使设计单位自觉地将技术与经济、工艺与设备、设计与施工等方面的因素较好地结合起来，在工程建设的全过程中不断优化设计，以实现有效控制工程建设投资的目的。

3. 以施工企业为主体的工程总承包

这种总承包是指具有工程建设总承包资质的施工企业，对工程建设项目的可行性研究、勘测设计、设备询价与订货、材料采购、工程施工、竣工试运营等进行全过程承包或部分承包，最终向建设单位或建设项目主管部门"交钥匙"。根据工程实际情况，施工企业也可将总包任务中的部分设计、施工任务分包给各专业承包人。

实行以施工企业为主体的工程总承包，同样可以有效地结合技术与经济、设计与施工等方面的因素。同时，通过总承包，可以增强施工企业的自主性和责任心，促使施工企业不断提高管理水平。

实行工程建设总承包，对总承包人有较高的素质要求。因为工程建设总承包人既是建筑产品的生产者，又是工程建设的管理者。目前，我国的一些总承包人往往擅长于承接工程建设设计阶段或施工阶段的任务，而对包括设计、施工在一起的工程总承包大多有一定的难度。再加上各类承包人受其性质和所处地位的制约，尤其是国家管理工程建设的组织形式没有实质性改变，工程咨询、监理业还不十分发达，从而使工程建设总承包模式的推广应用受到了一定的限制。

四、建设项目法人责任制

建设项目法人责任制是我国从 1996 年开始实行的一项工程建设管理新制度。按照国家计委《关于实行建设项目法人责任制的暂行规定》要求，国有单位经营性基本建设大中型项目在建设阶段必须组建项目法人。由项目法人对项目的策划、资金筹措、建设实施、生产经营、债务偿还和资产的保值增值实行全过程负责。1999 年 2 月，为了加强基础设施工程的质量管理，国务院办公厅发出通知，要求"基础设施项目，除军事工程等特殊情况外，都要按政企分开的原则组成项目法人，实行建设项目法人责任制，由项目法定代表人对工程质量负总责"。实行项目法人责任制，是建立社会主义市场经济的需要，是转换项目建设与经营机制、改善建设项目管理、提高投资效益的一项重要改革措施。项目法人责任制的核心内容是明确了由项目法人承担投资风险，项目法人要对工程项目的建设及建成后的生产经营实行一条龙管理和全面负责。

（一）项目法人机构设置

项目建议书被批准后，应由项目的投资方派代表组成项目法人筹备组，具体负责项目法人的筹建工作。在申报项目可行性研究报告时，须同时提出项目法人的组建方案，否则可行性研究报告不被审批。在项目可行性研究报告被批准后，正式设立项目法人，确保资本金按时到位。重点工程的公司章程报国家计委备案，其他项目的公司章程按隶属关系分别报有关部门、地方计委。

由原有企业负责建设的大中型基建项目，需设立子公司的，要重新设立项目法人；只设立分公司或分厂的，原企业即是项目法人，原企业法人应向分公司或分厂派遣专职管理人员，实行专职考核。

项目法人可聘请项目总经理（项目经理单位），全权负责项目的建设及建成投产后的生产经营。工程设计、施工的具体管理工作，由项目经理通过招标选择建设监理单位承担。建设项目法人责任制组织机构的形式如图 3-4 所示。

（二）主要职责与任务

1. 项目法人的职责

项目法人设立后，由他对项目寿命周期的各个过程实行一条龙管理和全面负责。项目

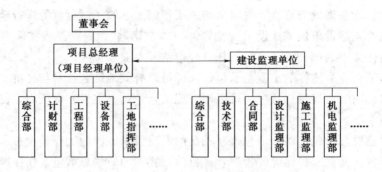

图 3-4 建设项目法人责任制组织机构

法人在不同阶段的主要职责如下。

（1）前期工作阶段。负责筹集建设资金，提出项目的建设规模、产品方案、厂址选择，落实项目建设所需的外部配套条件。

（2）设计阶段。负责组织设计方案竞赛或设计招标工作，编制和确定招标方案；对投标单位的资质进行全面审查，综合评选，择优选定中标单位；签订设计委托合同，并按设计要求提供有关设计基础资料；及时了解设计文件的编制进度，落实设计合同的履行；设计完成后，要及时组织设计文件（含概预算）的审查，提出审核意见，上报初步设计文件和概算文件；进一步审查资金筹措计划和用款计划等。

（3）施工招标阶段。负责组织工程施工招标和设备材料采购招标工作，编制和确定招标方案；对投标单位的资质进行全面审查，择优选定工程施工和设备材料供应的中标单位，签订工程施工合同及设备材料采购合同；落实开工前的各项施工准备工作。

（4）施工阶段。负责编报并组织实施项目年度投资计划、用款计划及建设进度计划；组织工程建设实施，负责控制建设投资、施工进度和质量；建立建设情况报告制度，定期向建设主管部门报送建设情况；项目投产前，要组织好运营管理班子，培训管理人员，做好各项运营生产准备工作；项目按批准的设计文件建成后，要及时组织工程预验收，并负责提出项目竣工验收申请报告；编报工程竣工决算报告。

在以上设计、施工招标及施工阶段中，项目法人若委托监理单位以第三方的身份对工程项目的建设过程实施监督管理，其职责还应包括：通过招标方式择优选择监理单位、签订建设工程委托监理合同、实施合同管理等工作。同时，在项目法人委托监理的相应阶段，其部分职责则由监理单位来承担。监理单位的具体职责和任务，应在项目法人与监理单位所签订的建设工程委托监理合同中予以明确。

（5）生产运营阶段。负责组织生产运营工作的内部管理机构；组织生产管理和运营管理；按时向有关部门报送生产信息和统计资料；制定债务偿还计划，并按时偿还债务；实现资产的保值增值，按组建项目法人的章程进行利润分配；组织项目后评价，提出项目后评价报告。

2. 建设监理单位的任务

建设监理单位在建设项目前期决策阶段的主要任务，是能够为项目法人提供决策咨询；而在建设项目实施阶段的主要任务，是在项目法人的委托授权范围内，对工程建设的质量、工期和投资控制进行综合性的监督管理。

（1）设计阶段。通过目标规划、动态控制、组织协调、合同管理和信息管理，力求使工程设计能够达到保障工程项目的安全可靠性，满足适用性和经济性，保证设计工期要求，使工程设计阶段的各项工作能够在预定的投资、进度、质量目标内予以完成。具体包括以下内容。

1）组织设计方案竞赛或设计招标，协助项目法人确定设计方案和优选设计单位。

2）协助项目法人签订设计合同，并根据合同要求及时、准确、完整地提供设计工作所需要的基础数据和资料。

3）审查设计单位提交的设计进度计划，并控制其执行。

4）在保障工程质量的前提下，协助设计单位开展限额设计和优化设计。

5）审查工程设计概算和施工图预算，组织验收工程设计文件。

（2）施工招标阶段。通过公开招标或邀请招标的方式，根据公开、公平、公正的竞争原则，协助项目法人优选施工承包人，从而为以合理的价格、先进的技术、较高的管理水平、较短的时间、较好的工程质量完成工程项目建设奠定良好的基础。具体包括以下内容。

1）协助项目法人编制施工及设备材料采购招标文件和标底。

2）做好投标单位的资质审查工作。

3）组织开标、评标和定标工作。

4）参加合同谈判工作，协助项目法人签订工程施工合同及设备材料采购合同。

（3）施工阶段。根据施工阶段的目标规划和计划，通过动态控制、组织协调、合同管理和信息管理，力求使工程项目的施工质量、施工进度和费用支出符合预定的目标要求。具体包括以下内容。

1）协助项目法人做好施工现场的准备工作，为承包人提交合格的施工现场。

2）审查承包人提交的施工组织设计和施工技术方案，下达单位工程开工令。

3）审查并确认施工承包人的资质。

4）严格检查并确认工程材料和设备及施工机具的质量。

5）按照动态控制原理，在项目法人的授权范围内对工程施工质量、施工进度和费用支出情况实施控制。

6）对重大变更设计提出审核意见，并根据监理合同负责处理一般的变更设计。

7）严格工序交接检查制度，并做好各项隐蔽工程的检查工作。

8）核查已完工程量，验收分部分项工程，签署工程进度款支付凭证。

9）监督管理工程施工合同的履行，主持协商合同条款的变更，调解合同双方的争议，及时处理施工索赔事项。

10）主持召开施工进度现场协调会，及时协调有关各方的关系。

11）参与工程竣工预验收，并签署监理意见。

12）审校承包人提交的工程结算书。

13）编写竣工验收申请报告。

14）建设监理合同终止后，向项目法人提交监理工作总结报告。

总之，项目法人一般多负责工程项目"外部"的组织协调，而监理单位一般多负责工程项目"内部"的控制管理。当然，这样划分职责不是绝对地"内"、"外"割裂，两者是相互配合、相辅相成的。

为了使监理单位的工作能够有效地进行，按照责权一致的原则，项目法人应授予监理单位（监理工程师）相应的权力。这些权力包括：工程建设组织协调工作的主持权、设计质量与施工质量以及建筑材料和设备质量的确认权与否决权、工程计量与工程价款支付的确认权与否决权、工程建设进度和建设工期的确认权与否决权，以及围绕工程项目建设的各种建议权等。其中特别是工程质量否决权、工程计量与工程价款支付的确认权必须授予，否则，就不能发挥建设监理应有的作用。项目法人授予（监理）工程师的权限，应在建设监理合同及工程承包合同中予以明确。

（三）模式评价

实行建设项目法人责任制，使政企分开，把投资的所有权与经营权分离，这不但是一种新的项目管理组织形式，而且是社会主义市场经济体制在投资建设领域实际运行的重要基础。实行建设项目法人责任制具有许多优越性。

1. 有利于实现项目决策的科学化和民主化

按照国家计委《关于实行建设项目法人责任制的暂行规定》要求，新上项目在项目建议书被批准后，就应及时组建项目法人筹备组。待项目可行性研究报告批准后，就要正式设立项目法人，由项目法人负责进行项目的前期准备工作。由于项目法人得到国家的授权，要承担决策风险，所以为了避免盲目决策和随意决策，可以采用多种形式，组织技术、经济、管理等方面的专家对项目进行充分论证，提供若干可供选择的方案进行优选。同时，为了提高工程设计水平，项目法人要通过设计方案竞赛或设计招标方式选择设计单位。设计单位要从过去对主管行政部门负责转变为对项目法人负责，同项目法人签订经济合同，明确双方的权利和义务。这样，有利于促进设计单位转变观念，面向市场，不断提高设计水平。

2. 有利于拓宽建设项目的投资渠道

建设项目资金需用量大，单靠国家投资难以满足国民经济发展和人民生活水平提高的需求。通过设立项目法人，可以采用多种方式向社会多渠道融资，同时还可以吸引外资，从而在短期内实现资本集中，引导这些资金投向国家的重点建设。

3. 有利于分散投资风险

实行项目法人责任制，可以更好地实现投资主体多元化，使所有投资者利益共享、风险共担。由于通过公司内部逐级授权，项目建设和经营必须向公司董事会和股东会负责，必须置于董事会、监事会和股东会的监督之下，使投资责任和风险可以得到更好、更具体的落实。

4. 有利于避免建设与运营的相互脱节

长期以来，我国工程建设多采用工程建设指挥部负责制模式，即由政府主管部门派出工程建设指挥部，行使建设单位职责，负责管理项目建设，待项目建成后便将其移交有关企业或新成立企业投入运营，该工程建设指挥部也就随之宣告解散。这样，不仅无法落实投资责任，而且还造成建设与运营相互脱节。实行项目法人责任制，项目法人不但负责建设，而且还负责建成后的经营与还贷，对项目建设与建成后的生产经营实行一条龙管理和全面负责，这样就把建设的责任和经营的责任密切地结合起来，从而可以较好地克服基建管花钱、生产管还贷，建设与生产经营相互脱节的弊端。

5. 有利于促进招标承包和建设监理等现代管理制度的健康发展

实行项目法人责任制，明确了由项目法人承担投资风险，因而强化了项目法人及各投资方的自我约束意识。同时，受投资责任的约束，项目法人大都会积极主动地通过招标，优选施工承包人和建设监理单位，从而推动我国招标承包和建设监理等制度的健康发展。经项目法人的委托和授权，由建设监理单位（监理工程师）具体负责对工程进度、工程质量和资金使用等的监督与控制，有利于解决基本建设存在的"只有一次经验，没有二次教训"的问题，同时还可以逐步造就一支建设项目管理的专业化队伍，从而不断提高我国工程建设管理水平。

第三节 建设项目法人的组织形式

项目法人责任制的前身是项目业主责任制，它是西方国家普遍实行的一种项目管理模式。自 1987 年以来，我国一些利用外资或合资建设的水电项目（如云南鲁布革水电站、广州抽水蓄能电站等）相继引入这种项目管理模式，并取得了投资省、工期短、质量好的效果。实行建设项目法人责任制，明确了产权关系，真正落实了投资责任。项目法人责任制是对项目业主责任制的超越，而不是"项目业主责任制"换了一种说法，它可以解决建设项目业主责任制所难以解决的问题。

一、项目法人责任制的特点

项目法人责任制是以现代企业制度为基础的一种创新制度，它与传统计划经济体制下的工程建设指挥部负责制有着本质区别。两者特点的比较见表 3-1。

表 3-1　　　　　　项目法人责任制与工程建设指挥部管理模式比较表

比较内容	工程建设指挥部	项目法人（公司）
经济管理体制	计划经济，政企不分	市场经济，政企分开
行为特征	政府派出机构，是政府行为，项目建成后才组建企业法人	独立法人实体，是企业行为，先有法人，后有项目
产权关系	产权关系模糊，不便于落实固定资产的保值增值责任	产权关系明晰，便于落实固定资产的保值增值责任
建设资金筹措	投资主体单一，主要依靠国家预算内投资	投资主体多元化，筹资方式市场化、国际化
管理方式	投资、建设、运营、还贷各自分段管理，利益主体多元化	投资、建设、运营、还贷全过程管理，利益主体一元化
管理手段	主要依靠行政手段	主要依靠经济和法律手段
投资风险责任	不承担或无法承担盈亏责任，粗放经营，"三超"现象严重，还贷责任无法落实	自负盈亏，集约经营，追求经济效益，便于落实还贷责任
运行结果	临时机构，项目建成后便解散	项目建设期间及建成后均为现代企业制度的公司

二、项目法人的组织形式

按照国家计委《关于实行建设项目法人责任制的暂行规定》要求，"项目法人可按

《中华人民共和国公司法》的规定设立有限责任公司（包括国有独资公司）和股份有限公司形式"。其组织特征是：所有者、经营者和生产者之间通过公司的权力机构、决策机构、管理机构和监督机构，形成各自独立、权责分明、相互制约的关系，并以法律和公司章程加以确立和实现。

（一）有限责任公司

有限责任公司是指由 2 个以上、50 个以下股东共同出资，每个股东以其认缴的出资额为限对公司承担责任，公司以其全部资产对债务承担责任的项目法人。有限责任公司不对外公开发行股票，股东之间的出资额不要求等额，而由股东协商确定。

国有控股或参股的有限责任公司要设立股东会、董事会和监事会。董事会、监事会由各投资方按照《中华人民共和国公司法》的有关规定进行组建。

1. 股东会

股东会由全体股东组成，是公司的最高权力机构，代表股东的意志和利益。

股东会依法行使以下 12 项职权：决定公司的经营方针和投资计划；选举和更换董事，决定有关董事的报酬事项；选举和更换由股东代表出任的监事，决定有关监事的报酬事项；审议批准董事会的报告；审议批准监事会或监事的报告；审议批准公司的年度财务预算方案、决算方案；审议批准公司的利润分配方案和弥补亏损方案；对公司增加或减少注册资本作出决议；对发行公司债券作出决议；对股东向股东以外的人转让出资作出决议；对公司合并、分立、变更公司形式、解散和清算等事项作出决议；修改公司章程。

2. 董事会

董事会是公司决策和业务执行的常设机构，由股东大会选出的若干董事共同组成。董事长是公司的法定代表人。

董事会对股东会负责，行使以下 10 项职权：负责召集股东会，并向股东会报告工作；执行股东会的决议；决定公司的经营计划和投资方案；制定公司的年度财务预算方案、决算方案；制定公司的利润分配方案和弥补亏损方案；制定公司增加或减少注册资本的方案；拟定公司合并、分立、变更公司形式、解散的方案；决定公司内部管理机构的设置；聘任或者解聘公司经理（总经理），根据经理的提名，聘任或者解聘公司副经理、财务负责人，决定其报酬事项；制定公司的基本管理制度。

3. 监事会

监事会是在股东大会领导下的公司监督机构，是公司必备的常设机构，其成员不得少于 3 人。

监事会行使以下职权：检查公司财务；对董事、经理执行公司职务时违反法律、法规或者公司章程的行为进行监督；当董事和经理的行为损害公司的利益时，要求董事和经理予以纠正；提议召开临时股东会；公司章程规定的其他职权。监事会成员列席监事会会议。

4. 公司经理

公司经理（总经理）由董事会聘任或者解聘。经理对董事会负责，列席董事会会议。

公司经理行使以下职权：主持公司的生产经营管理工作，组织实施董事会决议；组织实施公司年度经营计划和投资方案；拟订公司内部管理机构设置方案；拟订公司的基本管理制度；制定公司的具体规章；提请聘任或者解聘公司副经理、财务负责人；聘任或者解聘除应由董事会聘任或者解聘以外的管理负责人员；公司章程和董事会授予的其他职权。

（二）国有独资公司

国有独资公司也称国有独资有限责任公司，它是由国家授权投资的机构或国家授权的部门作为唯一出资人的有限责任公司。

国有独资公司不设股东会。由国家授权投资的机构或国家授权的部门，授权公司董事会行使股东会的部分职权，决定公司的重大事项。但公司的合并、分立、解散、增减资本和发行公司债券，必须由国家授权投资的机构或国家授权的部门决定。

国有独资公司设立董事会。其成员由国家授权投资的机构或国家授权的部门按照董事会的任期委派或者更换，董事会成员中应当有公司职工代表。董事长、副董事长由国家授权投资的机构或国家授权的部门在董事会成员中指定。董事长为公司的法定代表人。

国有独资公司的经理由董事会聘任或解聘。经国家授权投资的机构或国家授权的部门同意，董事会成员可以兼任经理。

国家授权投资的机构或国家授权的部门依照法律、行政法规的规定，对国有独资公司的国有资产实行监督管理。这种监督管理尽管也是通过"监事会"的组织实行的，但这种监事会与有限责任公司和股份有限公司的监事会不同，它是属于法人之外的监督组织。

（三）股份有限公司

股份有限公司是指全部资本由等额股份构成，股东以其所持股份为限对公司承担责任，公司以其全部资产对债务承担责任的项目法人。股份有限公司应有 5 个以上发起人，其突出特点是有可能获准在交易所上市。

国有控股或参股的股份有限公司同有限责任公司一样，也要按照《中华人民共和国公司法》的有关规定设立股东会、董事会、监事会和经理层组织机构，其职权与有限责任公司的职权相类似。

三、项目法人与有关各方的关系

实行项目法人责任制后，项目法人与政府部门、金融机构、投资方、承包人（设计、施工、物资供应单位）、监理单位、咨询单位等的关系，是一种新型的适应社会主义市场经济运行机制的关系。在建设项目管理上形成以项目法人为中心和主体，项目法人向国家和各投资方负责，咨询、监理为中介，设计、施工、物资供应等单位通过投标方式承担工程建设任务的建设管理新模式，如图 3-5 所示。

1. 项目法人与政府部门的关系

项目法人是独立的经济实体，要承担投资风险，要对项目的立项、筹资、建设和生产运营、还本付息以及资产的保值增值进行全过程负责。为此，项目法人必须拥有相应的自主权，政府不再直接干预项目法人的投资与建设活动。实行项目法人责任制后，政府部门的主要职能是依法进行监督、协调和管理。监督是指政府通过制定法律、法规（包括单项法规、技术标准、规范等），

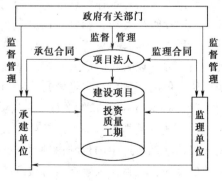

图 3-5 建设项目管理组织新格局

指导和制约项目法人的投资活动，使其符合国家的宏观政策和利益。对涉及环境保护和其他对社会有影响的问题，政府有关部门还要负责检查和审批。协调是指政府部门为给项目建设和生产运营创造良好的外部环境，协调项目法人与项目所在地的公共关系，必要时采取强制手段，帮助项目法人解决征地拆迁、移民安置和社会治安等问题。政府对项目法人及建设项目的管理，要由原来的直接管理为主转变为间接管理为主，由原来的微观管理为主转变为宏观管理为主。

2. 项目法人与金融机构的关系

金融机构是指向建设项目提供贷款的经国家批准从事信贷业务的国内各类银行（如建设银行、中国银行、交通银行、工商银行、农业银行等）、非银行金融机构和信用合作社，以及国际金融组织（如世界银行、亚洲开发银行等）和外国商业银行等。项目法人和金融机构是平等的民事主体。一方面，项目法人要取得金融机构的支持，以保证资金的供给；另一方面，项目法人也可根据贷款条件，自主选择金融机构。项目法人与金融机构是双向选择，双方通过借款合同，明确其权利和义务。

为了保证其贷出的资金能连本带息按期收回，提供贷款的金融机构一般要对项目法人的资金使用情况进行监督。例如，世界银行对其资助项目的设备、材料采购和建筑安装工程承包，一般都要求项目法人通过国际竞争性招标，向世界银行各成员国的制造人和承包人提供公开、平等的投标机会，使项目实施获得成本最低、效果最好的商品和劳务。

3. 项目法人与投资方的关系

投资方是项目法人的股东。各投资方必须按照组建项目法人时签订的投资协议规定的方式、数量和时间足额出资，且出资后不得抽回投资。尽管各投资方项目法人注入的资本金属于投资方，但当以资本金的形式注入项目法人之后，即与投资方的其他财产区分开来。投资方不再直接支配这部分财产，也不能随意从项目法人中抽回。投资方作为股东，以其出资额为限对项目法人承担责任，同时按其投入项目的资本额享有所有者的权利，包括资产受益、重大决策和选择管理者等权利。资产受益是指股东将其投入的资本交由项目法人经营管理产生收益后，投资方依法享受和获取利益。这种资产受益主要是项目建成投入生产后的经营收益，即项目法人的税后利润扣除弥补亏损和提取公积金、法定公益金后所剩余的利润。重大决策权主要是指《中华人民共和国公司法》规定的股东应享有的各项权利。由投资方组成的股东会（有限责任公司）或股东大会（股份有限公司）是项目法人的最高权力机构。选择管理者的权利主要是指选举和罢免董事、监事等。投资方的重大决策权和选择管理者的权利是通过股东会或股东大会来行使的。

项目法人享有各投资方出资形成的全部法人财产权，对法人财产拥有独立支配的权利。项目法人以其全部法人财产，依法自主经营，自负盈亏，照章纳税，对出资者承担资产保值增值的责任。自主经营是指项目法人可以充分自主地行使法律赋予其经营管理工作的各项权力。项目法人的自主经营权受法律保护，任何部门、单位和个人不得干预和侵犯。自负盈亏是指项目法人对其生产经营活动的后果，应享有权益和承担责任。项目法人生产经营活动所产生的盈利由项目法人依法获得应有的收益，项目法人因经营管理不善所造成的亏损由项目法人承担全部责任。各投资方（股东）、项目法人的职工以及其他任何单位和个人，都不能成为自负盈亏的主体。自负盈亏的主体只能是项目法人自身。如果项目法人的生产经营亏损严重，不能清偿到期债务时，应依法破产。照章纳税是指项目法人按国家有关税收法律、法规的规定缴纳各项税款。

4. 项目法人与承包人的关系

承包人是指参与工程建设的设计、施工和物资供应等单位。项目法人与承包人是地位平等的民事主体，承包人通过投标竞争获得工程任务，项目法人通过招标方式择优选择中标单位。项目法人（发包人）与承包人是双向选择，双方通过签订工程承发包合同或设备、材料供应合同，明确其各自的权利和义务。任何一方不得把自己的意志强加给对方，任何单位和个人不得非法干预。在项目法人与承包人之间，任何一方在享受权利的同时，都必须承担相应的义务。签订的经济合同，双方当事人必须全面实行，不得擅自变更或解除。一旦违反合同，就应承担相应的违约责任。

根据我国工程建设监理的有关规定，大中型建设项目的项目法人都要委托社会监理单位对工程建设实施监督管理。尽管监理单位与承包人之间没有经济合同关系，但监理单位可以根据项目法人的授权，监督管理承包人履行工程承发包合同或设备、材料供应合同。项目法人委托社会监理单位后，承包人不再与项目法人直接交往，而转向与监理单位（监理工程师）直接交往，并接受（监理）工程师对自己进行工程建设活动的监督管理。

5. 项目法人与监理等单位的关系

项目法人与监理等单位也是地位平等的民事主体，双方通过签订经济合同，明确其权利和义务。监理单位接受项目法人的委托之后，项目法人就把工程建设管理权力的一部分授予监理单位。诸如工程建设组织协调工作的主持权、设计质量和施工质量以及建筑材料与设备质量的确认权和否决权、工程量与工程价款支付的确认权和否决权、工程建设进度与建设工期的确认权和否决权，以及围绕工程建设的各种建设权等。监理单位在项目法人的授权范围之内开展工作，要向项目法人负责，但并不受项目法人的领导。项目法人对监理单位的人力、物力、财力等，没有任何支配权和管理权。监理单位不是项目法人的代理人，不是以项目法人的名义开展监理活动，而是以第三方的身份独立工作，不仅要为项目法人提供高智能的服务，维护项目法人的合法权益，同时也要维护承包人的合法权益。

6. 项目法人与咨询单位之间的关系

监理单位之外的其他咨询单位，一般只为项目法人提供专业服务，如法律、技术、管理咨询等，他们同承包人之间一般不发生关系。

第四节　项　目　经　理

项目经理制自 1941 年于美国产生以来，在一些工业发达国家得到普遍推广。我国于 1983 年提出建立项目经理负责制，这是加强项目管理所采取的一项有力的组织措施。项目经理在建设项目管理系统中的作用日益受到重视。

一、项目经理的设置

项目经理是指工程项目的总负责人，而项目经理组织则是指以工程项目总负责人为首的一个完备的项目管理工作班子。项目经理包括业主的项目经理、咨询监理单位的项目经理、设计单位的项目经理和施工单位的项目经理。

由于建设项目的承发包方式不同，项目经理的设置方式也不同。如果项目是分阶段发包，则业主、咨询监理单位、设计单位和施工单位应分别设置项目经理，各方项目经理代表本单位的利益，承担着各自单位的全部责任。如果建设项目实行设计、施工、物资供应、试生产一体化的承发包方式，则应设置统一的项目经理，以便对项目建设的全过程进行总承包和总负责。现在应提倡后一种。

1. 业主的项目经理

业主的项目经理是项目法人委派的领导和组织一个完整工程项目建设的总负责人。对于一些小型建设项目，项目经理可由一人担任；而对于一些规模大、工期长、技术复杂的建设项目，业主也可委派分阶段项目经理，如准备阶段项目经理、设计阶段项目经理和施工阶段项目经理等。

对于大型建设项目的项目经理组织，应由工程项目总负责人及其助理、项目投资控制者、项目进度控制者、项目质量控制者及项目合同管理者等组成。

2. 咨询监理单位的项目经理

当建设项目比较复杂而业主又没有足够的人员组建一个能够胜任项目管理任务的项目管理班子时，就需要委托咨询监理单位，为其进行项目管理提供服务。咨询监理单位派出的项目管理总负责人——总（监理）工程师即为项目经理。咨询监理单位在业主的委托授权范围之内，既可以进行项目建设全过程的管理，也可以只进行某一阶段的管理。

对业主来说，即使委托了咨询监理单位，仍需要建立一个以自己的项目经理为首的项目管理班子。因为在项目建设过程中有许多重大问题的决策仍需由业主作出，咨询监理机构不能完全代替业主行使其职权。

3. 设计单位的项目经理

设计单位的项目经理，是指设计单位领导和组织一个工程项目设计的总负责人，其职责是负责一个工程项目设计工作的全部计划、监督和联系工作。设计单位的项目经理对业主的项目经理负责，从设计角度控制工程项目的总目标。

4. 施工单位的项目经理

施工单位的项目经理是指施工单位领导和组织一个工程项目施工的总负责人，是施工单位在施工现场的最高责任者和组织者。项目经理组织由工程项目施工总负责人及其助理、施工现场负责人、项目施工成本控制者、项目施工进度控制者、项目施工技术和质量控制者、项目合同管理者等人员组成。

业主、设计单位、施工单位如果有项目管理人才和力量，当然是委派本单位人员任项目经理为佳；如果缺乏合适的人选，则可委托工程项目管理咨询公司派人担任项目经理。至于项目经理组织，应视工程项目规模、建设性质、技术复杂程度、人员素质等各项条件而定，不可能有统一、标准的组织形式。

二、项目经理应具备的素质

项目经理应具备的素质，可概括为以下四个方面。

（一）政治素质

具有高度责任心和事业心，坚忍不拔，勇于进取的精神。

（二）能力素质

能力素质是项目经理整体素质体系中的核心素质。项目经理的业务素质，是各种能力的综合。这些能力包括核心能力、必要能力和增效能力三个层次。其中，核心能力是创新能力；必要能力是决策能力、组织能力和指挥能力；增效能力是控制能力、协调能力和激励能力。这些能力是项目经理有效地行使职责，充分发挥领导作用所应具备的主观条件。

1. 创新能力

由于科学技术的迅速发展，新工艺、新材料等的不断涌现，建筑产品的用户不断提出新的要求。同时，建筑市场改革的深入发展、大量新的问题需要探讨和解决。总之，要求项目经理只有解放思想，以创新的精神、创新的思维方法和工作方法来开展工作，才能实现建设项目的总目标。因此，创新能力是项目经理业务能力的核心，关系到承发包经营的成败和项目投资效益的好坏。

创新能力是项目经理在项目管理活动中，善于敏锐地察觉旧事物的缺陷，准确地发现新事物的萌芽，提出大胆而新颖的推测和设想，继而进行科学周密的论证，拿出可行的解决方案的能力。

2. 决策能力

项目经理是项目管理组织的当家人，统一指挥、全权负责项目的管理工作，所以要求他必须具备较强的决策能力。同时，项目经理的决策能力是保证其所在单位生命机制旺盛的重要因素，也是检验其领导水平的一个重要标志。因此，决策能力是项目经理必要能力的关键。

决策能力，是指项目经理根据外部经营条件和内部经营实力，从多种方案中确定项目建设的方向、目标和战略的能力。

3. 组织能力

项目经理的组织能力关系到项目管理工作的效率，因此，有人把项目经理的组织能力比喻为效率的设计师。

组织能力，是指项目经理为了有效地实现项目目标，运用组织理论，把项目建设活动的各个要素、各个环节，从纵横交错的相互关系上，从时间和空间的相互关系上，有效地、合理地组织起来的能力。如果项目经理具有很强的组织能力，并能充分发挥，就能使整个项目的建设活动形成一个有机的整体，保证其高效率地运转。

组织能力主要包括：组织分析能力、组织设计能力和组织变革能力。

（1）组织分析能力，是指项目经理依据组织理论和原则，对项目建设的现有组织进行系统分析的能力。主要是分析现有组织的效能，对其利弊进行正确评价，并找出存在的主要问题。

（2）组织设计能力，是指项目经理从项目管理的实际出发，以提高组织管理效能为目标，对项目建设的组织机构进行基本框架的设计，提出建立哪些系统，分哪几个层次，明确各主要部门的上下左右关系等。

（3）组织变革能力，是指项目经理执行组织变革方案的能力和评价组织变革方案实施成效的能力。执行组织变革方案的能力，就是在贯彻组织变革设计方案时，引导有关人员自觉行动的能力。评价组织变革方案实施成效的能力，是指项目经理对组织变革方案实施后的利弊，具有作出正确评价的能力，以利于组织日趋完善，使组织的效能不断增强。

4. 指挥能力

项目经理是工程项目建设活动的最高指挥者，担负着有效地指挥项目建设经营活动的职责。因此，项目经理必须具有高度的指挥能力。

项目经理的指挥能力，表现在正确下达命令的能力和正确指导下级的能力两个方面。项目经理正确下达命令的能力，是强调其指挥能力中的单一性作用；而正确指导下级的能力，则是强调其指挥能力中的多样性作用。因为项目经理面对的是不同类型的下级，他们年龄不同，学历不同，修养不同，性格、习惯也不同，有各自的特点，所以必须采取因人而异的方式和方法，从而使每一个下级对同一命令有统一的认识和行动。

可以说，坚持命令的单一性和指导的多样性的统一，是项目经理的指挥能力的基本内容。而要使项目经理的指挥能力有效地发挥，还必须制定一系列有关的规章制度，做到赏罚分明，令行禁止。

5. 控制能力

一个工程项目的建设，如果缺乏有效的控制，其管理效果一定不佳。而对工程项目的建设实行全面而有效的控制，则取决于项目经理的控制能力及其有效地发挥。

控制能力，是指项目经理运用各种手段（包括经济的、行政的、法律的、教育的，等等），保证建设项目的正常实施，保证项目总目标如期实现的能力。

项目经理的控制能力，体现在自我控制能力、差异发现能力和目标设定能力等方面。自我控制能力，是指本人通过检查自己的工作，进行自我调整的能力。差异发现能力，是对执行结果与预期目标之间产生的差异能及时测定和评议的能力，如果没有这种能力，就无法控制局面。目标设定能力，是指项目经理应善于规定以数量表示出来的接近客观实际的明确的工作目标，这样才便于与实际结果进行比较，找出差异，以利于采取措施进行控制。

6. 协调能力

项目经理对协调能力掌握和运用得当，就可以充分调动职工的积极性、主动性和创造性，收到良好的工作效果，以至超过设定的工作目标。

协调能力，是指项目经理解决各方面的矛盾，使各单位、各部门乃至全体职工，为实现项目目标密切配合、统一行动的能力。

现代大型工程项目，牵涉到很多单位、部门和众多的劳动者。要使各单位、各部门、各环节、各类人员的活动，能在时间上、数量上、质量上达到和谐统一，除了依靠科学的管理方法、严密的管理制度之外，很大程度上要靠项目经理的协调能力。协调主要是协调人与人之间的关系，协调能力具体表现在以下几个方面。

（1）善于解决矛盾的能力。由于人与人之间在职责分工上、工作衔接上、收益分配上的差异和认识水平上的不同，不可避免地会出现各种矛盾，如果处理不当，还会激化。项目经理应善于分析产生矛盾的根源，掌握矛盾的主要方面，提出解决矛盾的良方。

（2）善于沟通情况的能力。在项目管理中出现不协调的现象，往往是由于信息闭塞，情况没有沟通。为此，项目经理应具有及时沟通情况、善于交流思想的能力。

（3）善于鼓动和说服的能力。项目经理应有谈话技巧，既要在理论上和实践上讲清道理，又要以真挚的激励打动别人的心，给人以激励和鼓舞，催人向上。

7. 激励能力

项目经理的激励能力可以理解为调动下属积极性的能力。从行为科学角度看，经理人员的激励能力表现为经理所采用的激励手段与下属士气之间的关系状态。如果采取某种激励手段导致下属士气提高，则认为经理激励能力较强；反之，如果采取某种激励手段导致下属士气降低，则认为该经理激励能力较低。

项目经理的激励能力与经理人员对人的态度有关。现代人不单纯是"经济人"，而且是"社会人"，不仅有经济上的需求，而且有社会和心理上的要求。经理人员应更加注意运用各种社会和心理刺激手段，通过丰富工作内容、民主管理等措施来激励和调动职工的士气。

（三）知识素质

项目经理业务能力的高低，在很大程度上取决于其知识水平的高低，因此他应具有广博的知识。这些知识包括：社会科学、自然科学和哲学方面的知识，如价值规律、按劳分配规律、心理学、人才学等；业务知识，包括项目管理学、企业管理学、领导科学及电子计算机及其应用等。除了要具备上述理论知识以外，还必须具有相应的实践知识。

（四）体格素质

要求项目经理身体健康，精力充沛。

三、项目经理的任务和职责

不同建设主体的项目经理，因其代表的利益不同，承担的工作范围不同，其任务和职责不可能完全相同。但它们都有统一的目标体系，应当有同向的行为取向。因此无论哪一个建设主体的项目经理其基本任务和职责是有共性的。

（一）确保项目目标的实现

确保项目目标的实现，保证业主的满意，在承包上取得最大经济效益，这是业主项目经理和承包人项目经理共同的基本任务和职责。

业主自管式的项目经理班子作为业主的自派人员，其责任关系比较明确。总的说来，项目经理的最主要职责是：尽可能节约投资，使实际投资不超过计划投资，使实际建设总工期不超过计划总工期，使工程质量符合预定的质量要求。

在实行监理制的项目上，作为业主代表的监理项目经理一般不具体组织设计和施工工作。监理人与设计单位、施工单位、材料及设备供应商没有直接的经济合同关系。因此监理者只能对项目的投资、进度和质量加以控制，而不能包死投资，包死进度。一旦投资突破，工期延长，质量不符合要求，则应分析原因，视具体情况处理。国际通行的处理办法是：若原因在于业主，则由业主负责。譬如，业主没能够及时提供设计单价和施工单位必要的工作条件；业主对项目的要求、标准等有了改变，虽然项目经理提出后将影响原定的项目总目标，但业主坚持改变等，这些造成的后果应由业主负责。若原因在于总包人或分包人，则项目经理负责以业主代表的身份，按合同条款向其提出并处理索赔事宜。

总承包人项目经理与业主方项目经理的基本职责相同。他只不过站的立场不同。代表承包人的利益，从承包人的角度出发，对项目进行控制和管理，保证项目总目标的实现，为承包人获得最大经济效益。

设计单位和施工单位的项目经理的职责范围是局部或阶段性质的。

要确保项目目标的实现，业主方项目经理和承包人项目经理要建立良好的合作关系，相互沟通，尤其是加强与业主的沟通，确认业主的实际目标，注意业主需求信息的变化，及时将进展情况及存在问题通报业主，从反馈中体会业主要求，并以此来进行必要的调整。

（二）指定项目阶段性目标和项目总体控制计划

项目总目标一经确定，项目经理就要进行目标分解，逐级分解出各子目标及阶段性目标，并且在此基础上划分工作范围、工作内容和工作量，定出项目关键控制点。项目经理应亲自主持并制定项目总体控制计划，该计划应与项目目标和项目合同相协调。

（三）组织项目管理班子

根据完成项目目标的要求确定机构设置，明确职责关系和授权程度，确定项目管理班子人员的选配及职责划分。这是项目经理管理好项目的基本条件，也是项目成功的组织保证。

1. 项目组织设置

项目经理根据项目目标系统及项目的工作分解结构，进而来确定项目的组织机构，确定合适的管理跨度和管理层次。按照组织分解结构模型明确划分执行任务的各个基本单元，在前两者的基础上形成矩阵体系。在矩阵体系下，保证了项目的决策、授权、指挥、控制由上而下，实施情况报告反馈由下而上，逐级汇总，以保证决策及时，指挥畅通，沟通灵活。

2. 管理班子成员选配

以业主或总承包人为例，项目经理关键要选配好其主要的职能经理（工程师），重点是设计经理、采购经理、施工经理、造价师、项目会计师、计划工程师等。

项目经理在选配这些人员时，要注意考察他们的知识结构、地区经验、工作业绩、组织能力等方面，还要考察他们的合作意识、适应能力、身体状况等，以保证项目管理班子整体最优。从系统工程的角度来看，个体最优的系统组合未必是最优组合，整体最优才是最优组合。多个能力很强的个体优势与项目目标不一致时，不仅不能形成整体优势，反而相互抵消。所以，项目经理在确定人选时，一定要注意所选人的合作意识。只有大家在工作中合作得愉快，才能使项目管理班子达到整体最优状态。

3. 建立沟通关系

建立合理、明确的沟通关系。保证沟通渠道的畅通，使信息反馈灵敏，避免信息流传失真，对项目成败影响很大。项目经理处于信息的汇合点，努力建立起良好的沟通关系是相当重要的。对于业主项目经理来说，他要及时与业主沟通，确认业主的意图，要及时将项目进展情况、变更情况以及项目建设中出现的重大问题等向业主报告、请示，征得业主的同意等。对于承包人项目经理来说，他要及时与业主项目经理联系，互通信息，还要及时与企业主管领导和各职能部门沟通，以保证项目顺利实施，处理所有可能出现的矛盾和冲突。

（四）正确的决策

工程项目建设是一次性任务，费用巨大，工作环节环环相扣，一旦决策失误，损失是巨大的，难以挽回。项目经理是项目实施中的主要决策者，及时而正确的决策是顺利实现项目目标的重要前提。

（五）严格履行合同

项目实施中，各方都要信守合同，履行合同义务。项目经理必须严格按照合同，对项目行使监督、控制职能，确保合同顺利执行，对合同的实施承担责任。同时要做好全过程的合同跟踪，及时处理合同变更、合同条款的修正和工程索赔等事宜。

（六）实施项目控制

项目经理要始终掌握项目的进展情况，把主要精力集中在确保项目目标实现的项目控制上，制定各项控制基准并保证各种工作符合基准要求。项目控制的着眼点是资源控制，核心是质量、进度、费用三大控制，落脚点是现场控制。

（七）计划和控制管理

如何提高设备利用率和提高生产效率，降低风险，问题识别，冲突解决等。

（八）验收管理

工程竣工时，及时向建设单位提交竣工报告，做好验收准备工作，督促建设单位及时进行竣工验收。

（九）进行项目评价

对项目的执行情况，包括已做的和现在正在进行的工作，进行评价，以便改进将来的工作。

项目经理作为业主的代理人，要根据业主的需求制定目标，就必须尽早介入项目的前期工作，至少要参与项目的可行性研究。如果项目经理认为某一项目的可行性不可靠、不现实，他可以拒绝业主对他的委托，而没有必要徒劳地浪费自己的精力和信誉。项目经理一旦接受委托，就要根据顾客的需要和环境的变化，不断跟踪和调整项目目标，包括调整"刚性目标"（预算、工期、质量的指标等），直至项目完成。项目完成时，项目经理并不是简单验收合格就了事，他还要使项目真正发挥效益。

项目经理从仅仅作为项目执行者，到参与项目目标、战略的制定和项目效益的最终实现，即承担起项目全生命周期的责任，是一个重大的转变。这无疑有利于项目的真正成功，给业主带来实在的利益。

第四章 工程项目承发包模式

工程项目承发包是一种商业行为，交易的双方为业主和承包人（建筑施工企业）。双方签订承发包合同，明确双方各自的权利与义务，承包人负责为业主完成工程项目全部和部分的施工建设工作，并从业主处取得相应的报酬。

工程的承发包方式多种多样，适用于不同的情形。业主应结合自己的意愿、工程项目的具体情况，选择有利于自己（或受委托的监理及咨询公司）进行项目管理，达到节省投资、缩短工期、确保质量目的的发包方式。而承包人也应结合自身的经营状况、承包能力及工程项目的特点、业主所选定的发包方式等因素，选择承包有利于减少自身风险，而又有合理利润的工程项目。

第一节 工程承发包方式

一、按承包范围（内容）分类

1. 设计施工总承包

这种合同方式又称为"交钥匙"、"统包"或"一揽子"合同，也有称为"项目总承包"合同的。业主在项目立项（或方案竞赛完成）以后，就将工程项目的设计和施工任务一次发包出去，签订一份合同。获得合同的承包人要负责项目的设计、施工到试运行全部工作，必要时还包括工程项目的维修。采用这种方式，业主必须很有经验，能够同承包人讨论需要对方干什么、技术要求、工程款支付方式和施工监督的方式。业主在招标前，要编制一个对工程的每一细部都描述得非常清楚的功能描述书，据此进行招标。一般是邀请3～4家非常有经验的承包人，请他们提出建议，并进行报价，经过评比、协商以后确定中标的承包人。由于承包人在设计未完成之前就要进行报价，风险比较大，所以这种合同方式最适合他们非常熟悉的那类工程项目，例如简单的办公建筑、工业建筑、住宅、停车场等。但是也有许多规模更大、更复杂的项目使用这种合同方式取得了成功。

采用这种合同方式，对业主的项目管理比较有利，因为它有利于投资控制、进度控制和合同管理，有许多业主乐意采用这种承发包模式，使用这种要求，国外某些大承包人往往和勘察设计单位组成一体化的承包公司，或者更进一步扩大到若干专业的承包人和器材生产供应厂商，形成横向的经济联合体。这是近二三十年来建筑业一种新的发展趋势。近几年我国各部门和地方建立的建设工程承包公司（集团）也属于这种承包人。

采用这种方式时，业主选择承包人的范围小，因为有此能力的承包人相对较少；再者由于承包风险大，合同价也就较高；还有就是质量控制较难。

2. 阶段承包

阶段承包的内容是建设过程中某一阶段的工作。例如可行性研究或设计任务书、勘察设计、建筑安装施工等。在施工阶段，还可依承包内容的不同，细分为以下 3 种方式。

（1）包工包料。即承包工程施工所用的全部人工和材料。这是国际上采用较为普遍的施工承包方式。

（2）包工部分包料。即承包人只负责提供施工的全部人工和一部分材料，其余部分则由建设单位或承包人负责供应。我国在计划经济时期多年实行的施工单位承包全部用工和材料，建设单位负责供应部分材料以及某些特殊材料，就属于这种承包方式。在市场经济条件下，仍然存在这种承包方式，即对于部分价值高、技术含量高的材料，发包人也往往自行采购，而其他的材料及全部用工由承包人提供，以有利于成本控制、质量保证。

（3）包工不包料。即承包人（一般为分包）仅提供劳务而不承担供应任何材料的义务。目前在国内外的建筑工程中都存在这种承包方式。

3. 专项承包

专项承包的内容是某一建设阶段中的某一专门项目，由于专业性较强，多由有关的专业分包人承包，故称专项承包。例如可行性研究中的辅助研究项目，勘察设计阶段的工程地质勘察、供水水源勘察、基础或结构工程设计、工艺设计，建设准备过程中的设备选购和生产技术人员培训，以及施工阶段的深基础施工等。

二、按承包人所处地位分类

在工程承包中，一个建设项目往往不止一个承包人。不同承包人之间、承包人与建设单位之间的关系不同，地位不同，也就形成不同的承包方式。主要有下列几种。

1. 总承包

一个建设项目建设全过程或其中某个阶段的全部工作，由一个承包人负责组织实现。这个承包人可以将若干专业性工作交给不同的专业承包人去完成，并统一协调和监督他们的工作。在一般情况下，建设单位仅同这个承包人发生直接关系，而不同各专业承包人发生直接关系。这样的承包人式叫做总承包。承担这种任务的单位叫做总承包人，或简称总包，通常有咨询公司、勘察设计机构、一般土建公司以及设计施工一体化的大建筑公司等。

采用总承包式对业主的项目管理有利，因为业主只需要和一个设计总包人、施工总包人或监理总包人签订合同，因此组织协调工作量要比平行承包小得多，合同管理也比平行承发包简单，对投资控制有利。对进度控制和质量控制有有利的一面也有不利的一面。总包合同的价格，一般要比平行承发包合同的价格高 5%～15%，这是因为总承包人所要承担的风险大。

总包合同，对于总包人而言，责任重，风险大，需要具有较高的管理水平和丰富的实践经验才能取得成功。但另一方面，总包也能获得高额利润，这正是当前承包市场各承包人竞相力争获得总包合同的原因所在。

2. 平行承发包

业主将工程建设任务分别发包给多个设计单位和多个施工单位，各设计单位之间的关系是平行的，各施工单位之间的关系也是平行的。业主需要与多个设计单位和多个施工单位签订合同。

平行承发包对项目组织和管理不利，因为建设单位需要和多个设计单位和多个施工单

图 4-1 平行承发包

位签订合同，为控制项目的总目标，建设单位协调工作量相当大；对投资控制不利，因为总造价要等签完最后一个合同才知道；对进度协调不利，因为要协调各个设计单位的进度，还要协调各个施工单位的进度，协调工作量大，对业主不利。但也有有利的一面，即有利于边设计边施工（把工程项目按工程或部位划分，进行阶段设计和阶段施工，阶段设计和施工是衔接的，而整个设计工作和施工是搭接进行的）。对质量控制往往会有利，因为它符合质量控制中的他人控制原则（见图 4-1）。

3. 分包

分包是相对总包而言的，是指承包人负责组织实施一个工程项目的一部分工程，一般是一个分项工程（如土方、钢筋等）或某种专业工程，其在现场的活动由总包统筹安排。在我国有关工程建设的法律、法规中，如《中华人民共和国建筑法》（附录 2-7）中的第 29 条、《中华人民共和国招标投标法》（附录 4-4）中的第 48 条、《中华人民共和国合同法》（附录 5-2）中的 272 条等法律条款中，均有关于工程分包的法律规定。

分包有两种方式：一是由业主指定分包人，该分包人的分包合同条款及价款，由业主确定，并与业主直接签约，直接对业主负责，仅是其在现场的活动由总包统筹安排。但也有与业主和总包双重关系的，即由业主确定分包合同条款和价款，由总包和分包双方签约。采用指定分包形式时，如因指定分包人的责任影响工期或造成经济损失，其责任均由业主承担，总包人可以索赔。二是由总包人自行选择分包人，该分包人与总包签约，对总包负责，但有一个前提是，该分包人的选择要得到业主认可。

总包公司所选择的分包公司要经过业主的认可，这是国际惯例，如果所选的分包公司属于下列情况，业主可以不认可，而要求总承包人另找分包公司。

(1) 分包技术力量不符合要求。

(2) 分包技术力量虽然强，但其承包的工作量已经饱满，如让其承担分包任务，势必又要再分包出去。

(3) 分包公司的信誉不好，合同履约率低。

而如果总包公司所选定的分包公司信誉好，力量强，但业主不认可，国际上称此为"无理不认可"。此时如果业主要求总包公司另找分包公司，则业主一定要承担由此造成的总包的一切损失。

另外，根据合同的内容，又可将分包合同分为工程分包合同、劳务分包合同和材料、设备供应分包合同等。

4. 转包

转包就是中标的承包人将工程的承揽权转让给另一家承包人。工程转让之后，转让者与业主签订的原合同继续有效或者受让者与业主重新签订合同。

在我国的有关法律和法规（如《中华人民共和国建筑法》附录 2-7 中的第 29 条、《中华人民共和国招标投标法》附录 4-4 中的第 48 条、《中华人民共和国合同法》附录 5-2 中的 272 条等）中规定：承包人不得将其承包的全部工程转包给他人，也不得将其承包的全部工程肢解以后以分包的名义转包给他人。但是，在世界其他的国家和地区或国际组织中，在一定条件下（如经业主或地方事先同意），允许承包人将合同或部分合同工程转让他人。出现转包的原因有以下几种。

（1）中标者无力经营而转包。一家公司中标与否，在投标时并没有决定把握，只有经常投标才能在某种机遇之下中标。但如果中标时资金不足，或有未曾竣工的工程而无力再建，则中标者愿意将工程转让。另外，中标工程潜伏着较大的风险，或由于承包人破产、死亡等原因也可能使转包发生。

（2）外国公司无权担任总包人。某些国家法律作出此规定，如伊拉克政府规定，只有当地公司无能力干的、技术性强的、难度大的、工期紧的大中型工程项目才准许外国公司总包；科威特政府规定，中小型工程只能由当地承包人总承包等。但中标的当地公司则可能在一定条件下愿意转让承包权，靠转包费获利。

（3）中标公司以转包为业。这种承包形式即一旦中标，就将工程转包而渔利。

之所以不允许对工程进行转包或必须是在一定条件下才可以对合同工程的全部或部分进行转包，其原因在于：

1）转包公司往往并非业主选定，它的实力和信誉如何，业主并不深入了解甚至一无所知。

2）一般情况下，原中标公司对工程进行转包时是有偿的，从而使受让者的利益空间缩小，势必会影响工程的质量、工期及投资等目标的实现。

3）工程转包以后，若合同的当事人一方仍为原中标公司（即不签订新的合同），则当合同履行出现问题、纠纷时，业主仍只能向原中标公司提出交涉。而管理中存在着这样一个中间组织，势必会造成工作难度加大或效果不佳。

工程转包与分包的区别是：分包是分包人由总承包人或业主处获得工程项目的一部分建设任务，处于总承包位置的承包人则必须依靠自己的力量完成其余部分的建设任务；而转包则是受让者负责完成转让者原本承担的全部任务。

5. 联合承包

当建设项目规模巨大、技术复杂，以及承包市场竞争激烈，而由一家公司总承包有困难时，可以由几家公司联合起来成立联合体（Joint Venture，简称 JV）去竞争承揽工程建设任务，以发挥各公司的特长和优势，降低报价，提高工程质量，缩短工期，赢得竞争能力。而参加者可以在发挥自家长处的同时，减少风险。对业主而言，项目的组织管理简单。联合体承包的形式，可用在工程项目的设计、施工和监理上，对此，我国的《建筑法》（附录 2－7 中第 27 条）和《招标投标法》（附录 4－4 中第 31 条）均有明文规定。联合体通常由一家或几家公司发起，经过协商确定各自投入联合体的资金份额、机械设备等固定资产及人员数量等，签署联合体章程，建立联合体组织机构，产生联合体代表，以联合体的名义与业主签订工程承包合同。其合同结构如图 4－2 所示。

联合体的组建一般遵循以下原则。

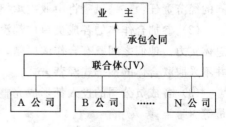

图 4－2　联合体承包合同结构

（1）联合体是一种临时性的组织，针对某项工程建设而成立，工程任务结束后，联合体自动解散。

（2）联合体组建时要签订合同，对盈亏投入等各方责任予以明确规定。

（3）联合体以联合的名义与业主签约。

（4）联合体对外要明确一位代表，业主只找这个代表；对内要明确一位联合体的总负责人。

（5）联合体的投入：如 A 公司技术力量强就投入技术力量，B 公司资金雄厚就投入资金，C 公司劳务便宜就投入工人等。

（6）联合体的经济分配：根据投入量（占合同金额的百分比）进行分配；也可协商确定百分比。投入百分比是根据人工费、机械费、资金及利息等计算出各家所占的比重，假定盈利了，B 公司得 50%，那么，亏损了，B 公司也赔 50%。也可以有这样的情况：有的单位不愿承担过大的风险，也可以投入虽占 50%，但盈利了得 10%，亏损了也赔 10%。反之，有的单位愿意承担更大的风险，它可以投入 10%，而盈利了得 50%，亏损了也赔 50%。也可按其他商定的办法进行分配。前者，盈亏责任与投入百分比相一致，后者盈亏责任与投入不一致。但盈亏责任是一致的。

（7）如果施工期间联合体中有一家企业倒闭了，所引起的经济责任由联合体中其他成员负责。把各家绑在一起，因此每个单位参加联合体时是很慎重的。

6. 合作承包

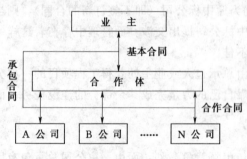

图 4-3　合作体承包合同结构

当建设项目包含工程类型多、数量大，或需要专业配套时，一家公司无力实行总承包，而业主又希望承包人有一个统一的协调组织时，就可能产生几家公司自愿结成合作伙伴，成立一个合作体，以合作体的名义与业主签订工程承包意向合同（也称基本合同）。达成协议后，各公司再分别与业主签订工程承包合同，并在合作体的统一计划、指挥和协调下完成承包任务。其合同结构如图 4-3 所示。

合作体在形式上与联合体一样，但实质却不相同。采用合作承包方式的特点如下。

（1）由于承包人是一个合作体，各公司之间能相互协调，从而减少了业主的组织协调工作量；但当合作体内某一家公司倒闭破产时，其他成员单位及合作体机构不承担项目合同的经济责任，这一风险将由业主承担。

（2）参加合作体的各成员单位都没有与建设任务相适应的力量，都想利用合作体增强总体实力。他们之间既有合作的愿望，但又出于自主性的要求，或彼此信任度不够，所以并不采取联合体的捆绑式经营方式。

（3）各成员公司的投入都形成完整的承包力量，每家都有人员、机械、资金、管理人员等。

（4）分配相当于内部分别独立承包，按各公司承担的工程内容核算。

（5）根据内部合同，某一家公司倒闭了，其经济责任风险其他成员不予承担，而由业主负责。

三、按合同的计价方式分类

按照合同的计价方式，施工承包合同可分为总价合同、单价合同和成本补酬合同三类。

1. 总价合同承包

承包人应邀根据图纸和技术要求对工程投标。一般规定对承包人的报价不进行调整，除非业主在合同签订后提出变更。对于为实现图纸和技术说明中列出的要求所必须的全部费用，承包人应负责作出估算。承包人的报价一般按照工程的不同阶段进行分解，分阶段支付工程款项。

常见的总价合同有以下三种形式。

（1）固定总价合同。

（2）调值总价合同。

（3）固定工程量总价合同。

2. 单价合同承包

（1）工程量清单合同。

一些业主或其代理人愿意向各承包人提供一份相同的文件，让他们以工程量清单的形式报价。

工程量清单应根据图纸编制，并根据某种或多种标准工程量计算方法将工程分解成分项工程。清单的每一项中都对要完成的工程写出简要文字说明，并注上相应的工程量。承包人对每一分项工程都填入单价，以及单价与工程量相乘后的合价，其中包括人工、材料、机械、分包工程、临时工程、管理费和利润。所有分项工程合价之和，再加上开办费、基本费用项目（基本费用项目这里指投标费、保证金、保险、税金等，这是对任何工程都需要支付的费用项目）和制定分包工程费，构成标价。在施工期间，每个分项工程都要计量实际完成的工程量，并按承包人报的单价计费。增加的工程或者重新报价，或者按类似的现行单价重新估价。

（2）单价表合同。

有许多工程项目非常复杂，等设计做完再招标是不可能的，只能随着施工的进行，将设计逐步深入，一部分一部分地提供施工详图。在这种情况下，只能要求承包人对该工程典型的分项工程逐项报出单价。在向承包人提供近似工程量的同时也提供方案草图，有时还有一份地质报告。向承包人支付实际完成工程的款项，采用工程量清单合同类似的做法，现场实测各分项工程的工程量，按承包人报的单价付款。新增加的项目另议价。

3. 成本补酬合同承包

这种承包方式的基本特点是按工程实际发生的成本（包括人工费、材料费、施工机械使用费、其他直接费和施工管理费以及各项独立费，但不包括承包企业的总管理费和应缴所得税），加上商定的总管理费和利润，来确定工程总造价。这种承包方式主要适用于开工前对工程内容尚不十分清楚的情况，例如边设计边施工的紧急工程，或遭受地震、战火等灾害破坏后需要修复的工程。在实践中有四种不同的具体做法。

（1）成本加固定百分数酬金。

（2）成本加固定酬金。

（3）成本加浮动酬金。

（4）目标成本加奖罚。

第二节　工程承发包合同的类型

业主与承包人所签订的承发包合同，按计价方式不同，可以划分为总价合同、单价合同和成本补酬合同三大类。设计委托合同和设备加工订购合同，一般为总价合同；委托监理合同大多为成本补酬合同；而施工承包合同则根据招标准备情况和建设项目特点的不同，选用其中的任何一种。以下仅以施工承包为例，说明三类合同的特点。

一、总价合同

1. 固定总价合同

即不可调值不变总价合同。这种合同的价格计算是以招标文件中的有关规定和图纸资料、规范为基础，合同总价不能变更。承包人在报价时对一切费用的上升因素都已作了估计并已包含在合同总价格中。合同总价一经双方同意确定之后，承包人就一定要完成合同规定的全部工作，承担一切不可预见的风险责任，而不能因工程量、设备、材料价格、工资等变换而提出调整合同价格。对于业主，则必须按合同总价付给承包人款项，而不问实际工程量和成本的多少。如果合同规定的条件，如设计和工程范围发生变化时，才可以对总价进行调整。这种合同对于工程造价一次包死，简单省事，但往往报价较高。

固定总价合同的适用条件一般有以下几种。

（1）招标时设计深度已达到施工图阶段，合同履行过程中不会出现较大的设计变更，承包人依据的报价工程量与实际完成的工程量不会有较大差异。

（2）工程规模较小、技术不太复杂的中小型工程，或承包工作内容较为简单的工程部位，这可以让承包人在报价时合理地预见到实施过程中可能遇到的各种风险。

（3）合同期较短（一般为一年期之内）、技术要求明确的承包合同，双方可以不必考虑市场价格浮动可能对承包价格的影响。

2. 调值总价合同

调值总价合同一般适用于工程内容和技术经济指标规定得明确、且工期较长的工程项目。这种合同与固定总价合同基本相同，但合同期较长（一年以上），只是在固定总价合同的基础上，增加合同履行过程中因市场价格浮动对承包价格调整的条款。由于合同期较长，不可能让承包人在投标报价时合理地预见一年后市场价格浮动的影响，因此，应在合同内明确约定合同价款的调整原则、方法和依据。常用的调价方法有以下几种。

（1）文件证明法。合同履行期间，当合同内约定的某一级以上有关主管部门或地方建设行政管理部门颁发价格调整文件时，按文件规定执行。

（2）票据价格调整法。合同履行期间，承包人依据实际采购的票据和用工量，向业主实报实用与报价单中该项内容所报基价的差额。合同双方应在条款内明确约定允许调整价格的内容和基价。凡未包括在其范围内的项目，尽管受到了物价浮动的影响，也不作调整，按双方应承担的风险来对待。

（3）公式调价法。常用的调价公式可以概括为如下形式：

$$C = C_0(a_0 + a_1 M/M_0 + a_2 L/L_0 + \cdots + a_n T/T_0 - 1) \qquad (4-1)$$

式中　　　C——合同价格调整后应予增加或扣减的金额；

C_0——阶段支付时或一次结算时，承包人在该阶段按合同约定计算的应得款；

$M，L，T$——合同内约定允许调整价格项目的价格指数（如分别代表材料费、人工费、运输费、燃油费等），分母带脚标"0"的项为签订合同时该项费用的基价，分子项为支付结算时的现行基价；

a_0——非调价因子的加权系数，即合同价格内不受物价浮动影响或不允许调价部分在合同价格内所占的比例；

$a_1，a_2，\cdots，a_n$——相应于各有关调价项的加权系数，一般通过对工程概算分解而确定，各项加权系数之和应等于1，即 $a_0 + a_1 + a_2 + \cdots + a_n = 1$。

3. 固定工程量总价合同

固定工程量总价合同是指由发包方或其咨询公司将发包工程按图纸和规定分解成若干分项工程量，由承包人据以标出分项工程单价，然后将分项工程单价与分项工程量相乘，其乘积即为分项工程总价，再将各分项工程总价相加，其和即为合同总价。

合同双方根据计算出的合同总价签订合同。合同内原定工作内容全部完成后，业主按总价支付给承包人全部费用。如果中途发生设计变更或增加新的工作内容，则用合同内已确定的单价来计算新增工程量，以便对总价进行调整。

实施这种合同形式的优点在于：承包人不需测算工程量，只需计算在实施工程中工程量的变更。因此，只要实际工程量变动不大，合同的履行和管理比较容易。其缺点是发包方需对工程范围作出完整的、详尽的规定，从而增加了招标工作量。

上述诸种形式的总价合同文件中，一般都订有"机动条款"，即规定工程量变更导致总价变更的极限（占合同总价的5%～20%），超过该极限，就必须调整合同总价。

二、单价合同

单价合同是指承包人按工程量报价单内的分项工作内容填报单价，以实际完成工程量乘以所报单价来计算结算价款的合同。承包人所填报的单价应为计及各种摊销费用后的综合单价，而非直接费单价。合同履行过程中无特殊情况，一般不得变更单价。

单价合同大多用于工期长、技术复杂、实施过程中发生各种不可预见因素较多的大型土建工程，以及业主为了缩短项目建设周期，初步设计完成后就进行施工招标的工程。单价合同的工程量清单内所开列的工程量为估计工程量，而非准确工程量。

常用的单价合同有以下3种形式。

1. 估计工程量单价合同

承包人在投标时以工程量报价单中开列的工作内容和估计工程量填报相应单价后，累计计算合同价。此时的单价应为计及各种摊销费用后的综合单价，即成品价，不再包括其他费用项目。在合同履行过程中，以实际完成工程量乘以单价作为支付和结算的依据。

这种合同较为合理地分担了合同履行过程中的风险。作为承包人据以报价的清单工程量为初步设计估算的工程量，如果实际完成工程量与估计工程量有较大差异时，采用单价合同可以避免业主过大的额外支出或承包人的亏损。另外，承包人在投标阶段不可能合理准确预见的风险可不必计入合同价内，有利于业主取得较为合理的报价。估计工程量单价合同按照合同工期的长短，也可以分为固定单价合同和可调价单价合同两类，询价方法与总价合同方法相同。

2. 纯单价合同

招标文件中仅给出各项工程内的工作项目一览表工程范围和必要说明，而不提供工程量。投标人只要报出各项目的单价即可，实施过程中按实际完成工程量结算。

由于同一工程在不同的施工部位和外部环境条件下，承包人的实际成本投入不尽相同，因此仅以工作内容填报单价不易准确，而且对于间接费分摊在许多工种中的复杂情况，或有些不易计算工程量的项目内容，采用纯单价合同往往会引起结算过程中的麻烦，甚至导致合同争议。

3. 成本补酬合同

这种合同是总价合同与单价合同的一种结合形式。对内容简单、工程量准确的部分，采用总价方式承包；对技术复杂、工程量为估算值的部分，采用单价合同方式承包。但应注意，在合同内必须详细注明两种计价方式所限定的工作范围。

三、成本补酬合同

成本补酬合同是将工程项目的实际投资划分成直接成本费和承包人完成工作后应得酬金两部分。实施过程中发生的直接成本费由业主实报实销，另按合同约定的方式给承包人相应报酬。

成本补酬合同大都适用于边设计、边施工的紧急工程或灾后修复工程。由于在签订合同时，业主还提供不出可供承包人准确报价的详细资料，因此，在合同内只能商定酬金的计算方法。按照酬金的计算方式不同，成本补酬合同有以下几种形式。

1. 成本加固定百分比酬金

签订合同对双方约定，酬金按实际发生的直接成本费乘某一百分比计算。这种合同的工程总造价表达式为

$$C = C_d(1 + P) \qquad\qquad (4-2)$$

式中 C——总造价；

C_d——实际发生的直接费；

P——双方事先商定的酬金固定百分比。

从式（4-2）中可以看出，承包人可获得的酬金将随着直接成本费的增大而增大，总造价 C 将随实际发生的直接费 C_d 的增大而增大。这种形式虽然在合同签订时简单易行，但不能鼓励承包人关心缩短工期和降低成本，因而对建设单位是不利的。

2. 成本加固定酬金

酬金在合同内约定为某一固定值。表达式为

$$C = C_d + F \qquad\qquad (4-3)$$

式中 F——双方约定的酬金数额。

这种形式的合同虽然也不能鼓励承包人关心降低直接成本，但从尽快获得全部酬金、减少管理投入出发，承包人会关心缩短工期，这是其可取之处。为了鼓励承包人更好地工作，也有在固定酬金之外，再根据工程质量、工期和降低成本情况另加奖金的。在这种情况下，奖金所占比例的上限可大于固定酬金，以充分发挥奖励的积极作用。

3. 成本加浮动酬金

签订合同时，双方预先约定该工程的预期成本和固定酬金，以实际发生的直接成本与预期成本比较，如果实际成本恰好等于预期水平，工程造价就是成本加固定酬金；如果实际成本低于预期水平，则增加酬金（奖）；如果实际成本高于预期水平，则减少酬金（罚）。这三种情况可用计算表达式表示如下：

$$C_d = C_0 \quad 则 \quad C = C_d + F \qquad\qquad (4-4)$$

$$C_d < C_0 \quad 则 \quad C = C_d + F + \Delta F \qquad\qquad (4-5)$$

$$C_d > C_0 \quad 则 \quad C = C_d + F - \Delta F \qquad\qquad (4-6)$$

式中　C_0——签订合同时双方约定的预期成本；

ΔF——酬金奖罚部分，可以是百分数，也可以是绝对数，而且奖与罚可以不是相同计算标准。

这种合同通常规定，当实际成本超支而减少酬金时，以原定的基本酬金额为减少的最高限额，也就是在最坏的情况下，承包人将得不到任何酬金，但不必承担赔偿超支的责任。从理论上讲，这种合同形式对双方都没有太大风险，又能促使承包人关心降低成本和缩短工期；但实践中如何准确地估算作为奖罚标准的预期成本较为困难，也往往是双方谈判的焦点，所以要求当事双方具有丰富的经验。

4. 目标成本加奖罚

在仅有粗略的初步设计或工程说明书时就迫切需要开工的情况下，可以根据大致估算的工程量和适当的单价表编制粗略的概算，作为目标成本。随着设计的逐步深化，工程量和目标成本可以加以调整。签订合同时，以当时估算的目标成本作为依据，并以百分比形式约定基本酬金和奖罚酬金的计算办法。最后结算时，如果实际直接成本超过目标成本事先商定的界限（如 5%），则在基本酬金内扣减超出部分按约定百分比计算的罚金；反之，如有节约时（也应有一个幅度界限），则应增加酬金。用公式表示为：

$$C = C_d + P_1 C_0 + P_2 (C_0 - C_d) \qquad\qquad (4-7)$$

式中　C_0——目标成本；

P_1——基本酬金计算百分数；

P_2——奖罚酬金计算百分数。

此外，还可以另行约定工期奖罚计算办法。

这种合同有助于鼓励承包人节约成本和缩短工期，而且目标成本是随设计的进展而加以调整才确定下来的，故业主和承包人都不会承担太大风险。当然也要求承包人和业主都须具有比较丰富的经验。

不同计价方式下的合同比较，见表 4-1。

表4-1 不同计价方式合同类型比较

合同类型	总价合同	单价合同	成本加酬金合同			
			百分比酬金	固定酬金	浮动酬金	目标成本加奖罚
应用范围	广泛	广泛	有局限性			酌情
业主投资控制	易	较易	最难	难	不易	有可能
承包人风险	风险大	风险小	基本无风险		风险不大	有风险

第二篇 水利水电建设项目管理与控制

第五章 水利水电建设项目的策划与投资决策

第一节 概 述

一、策划

策划，是围绕某个预期的目标，根据现实的情况与信息，判断事物变化的趋势，对所采取的方法、途径、程序等进行周密而系统的全面构思、设计，选择合理可行的行动方式，从而形成正确决策和高效工作的活动过程。显然，策划是在现实所提供的条件的基础上进行的、具有明确的目的性、按特定程序运作的系统活动，是一种超前性的人类特有的思维过程。它是针对未来和未来发展及其发展结果所做的决策的重要保证，也是实现预期目标、提高工作效率的重要保证。

项目策划的作用主要有以下几个方面。

1. 构思项目系统框架

项目策划的首要任务是根据建设意图进行项目的定义和定位，全面构想一个待建的项目系统。项目定义是指对项目的用途、性质做出明确的界定，如某类工业项目、公共项目、房地产开发项目等，具体描述项目的主要用途或综合用途和目的。项目定位是根据市场和需求，综合考虑投资能力和最有利的投资方案，决定项目的规格和档次。例如，设想建一栋高层写字楼，根据需求和建设条件，可以搞成普通办公大楼，也可以搞成多功能的现代化办公楼宇，必须通过定位策划作出选择。

在项目定义和定位明确的前提下，提出项目系统构建的框架，进行项目功能分析，确定项目系统的组成结构，使其形成完整配套能力。例如，要建一座水电站，其系统构成应包括大坝系统、发电厂房系统、各控制室系统及变电站、开关站系统等。应在项目定位的基础上，对项目的系统构成规模作出策划，从而使项目的基本设想变成具体而明确的建设内容和要求。

2. 奠定项目决策基础

目前,把建设项目投资决策建立在项目可行性研究基础之上,其重要的决策依据是项目财务评价和国民经济评价的结论。然而,这两者评价的前提是建设方案本身及其所赖以生存和发展的社会经济环境和市场。而建设方案的产生,并不是只要有投资主体的主观愿望和某种意图的简单构想就能完成,它必须通过专家的总体策划和若干重要细节的策划(如项目定位、系统构成、目标设定及管理运作等的具体策划),并进行实施可能性和可操作性的分析,才能使建设方案建立在可运作的基础上,也只有在这个基础上进行项目详细可行性研究所提供的经济评价结论才具有可实现性。例如,项目融资方案、项目建设总进度目标等都对项目经济评价及结论产生重要影响,如果仅是从理想条件出发作出决定,在此条件下的可行性研究所得出的经济评价结论虽很乐观,然而在项目的实施过程中却不能按预想的融资方案运作,不能按预想总进度目标开展建设,项目实施的实际结果可能会与原来的可行性研究评价结论相悖。因此,只有经过科学、缜密的项目策划,才能为可行性研究和项目决策奠定客观而具有运作可能性的基础。

3. 指导项目管理工作

由于项目策划是以项目管理理论和方法为指导,密切结合具体项目系统的整体特征,为项目的发展和实施管理做出描述,不仅把握和揭示项目系统总体发展的条件和规律,而且深入到项目系统构成的各个层面,乃至针对各个阶段的发展变化对项目管理的运作方案提出系统的、具有可操作性的构想。因此,项目策划将直接成为指导项目实施和项目管理的基本依据。

项目管理工作的中心任务是项目目标控制,项目策划是项目管理的前提,因此,项目策划、项目管理和项目控制三者的工作性质不同,但却有极其密切的内在联系。没有策划的项目管理,将会陷入管理事务的盲目性和被动性。没有科学管理作支撑的项目策划也将会成为纸上谈兵,而缺乏实用价值。

二、决策

决策,一般是指为了实现某一目标,根据客观的可能性和科学的预测,通过正确的分析、计算以及决策者的综合判断,对行动方案的选择所作出的决定。决策是整个项目管理过程中一个关键的组成部分,决策的正确与否直接关系到项目成败。

三、策划与投资决策的关系

一般来说,项目投资决策都建立在项目可行性研究的分析评价基础上,其重要的决策依据是项目财务评价和国民经济评价的结论,然而这两者评价的前提是建设方案本身及其所赖以生存和发展的社会经济环境和市场。而建设方案的产生,并不是由投资主体的主观愿望和某种意图的简单构想就能完成的,它必须通过专家的总体策划和若干重要细节的策划,如项目定位、系统构成、目标策定及管理运作等的具体策划并进行实施可能性和可操作性的分析,才能使方案建立在可运作的基础上,也只有在这个基础上进行项目详细可行性研究所提供的经济评价结论才具有可实现性。因此,只有经过科学的缜密的项目策划,才能为可行性研究和项目决策奠定客观而具有运作可能性的基础。

第二节　水利水电建设项目的策划

水利水电建设项目策划是把水电工程项目建设意图转换成定义明确、系统清晰、目标具体且富有策略性运作思路的高智力和系统活动，它包括建设前期项目系统构思策划、建设期间项目管理策划和项目建成后的运营策划等。项目策划以项目管理理论为指导，并服务于项目管理的全过程。

一、水利水电建设项目策划的分类

水利水电建设项目策划分为项目总体策划和项目局部策划两种。项目总体策划一般是指在项目前期立项过程中所进行的全面策划；而局部策划可以是对全面策划任务进行分解后的一个单项性或专业性问题的策划。局部策划既可在项目的前期进行，也可在项目实施过程中进行。根据策划工作的对象和性质不同，策划内容、依据、深度和要求也不一样。

按照项目建设程序，项目策划可分为建设前期项目构思策划和项目实施策划。

（一）项目构思策划

水利水电建设项目的提出，一般根据国家经济社会发展的近远期规划，以及提出者（国家、单位或个人）生产经营或社会物质文化生活的实际需要。因此，水利水电建设项目构思策划必须以国家及地方的法律、法规和有关政策方针为依据，结合实际的建设条件与经济社会发展变化的环境进行。水利水电建设项目构思策划的主要内容如下。

（1）项目的定义。即描述项目性质、用途和基本内容。

（2）项目的定位。即描述项目的建设规模、建设水准，项目在社会经济发展中的地位、作用和影响力，并进行项目定位依据及必要性和可能性分析。

（3）项目的系统构成。描述系统的总体功能，系统内部各单项工程、单位工程的构成，各自作用和相互联系，内部系统与外部系统的协调、协作和配套的策划思路及方案的可行性分析。

（4）其他。与项目实施及运行有关的重要环节策划，均可列入项目构思策划的范畴。

（二）项目实施策划

水利水电建设项目实施策划，即项目管理和项目目标控制策划，旨在把体现建设意图的项目构思，变成有实现可能性和可操作性的行动方案，提出带有谋略性和指导性的设想。

1. 项目组织策划

对于大中型水利水电建设项目，国家要求实行项目法人责任制。项目法人是负责立项、融资、报建、实施、运营、还贷的责任主体。应该按照《中华人民共和国公司法》的规定组建相应的管理机构。显然，这既是项目总体构思策划的重要内容，也是对项目实施过程产生重要影响的策划内容。

2. 项目融资策划

资金是实施项目的物质基础。水利水电建设项目投资大、周期长，资金的筹措和运用对项目的成败关系重大。建设资金的来源渠道广泛，各种融资手段有其不同的特点和风险因素。融资方案的策划是控制资金使用成本，进而控制项目投资、降低项目风险所不可忽视的环节。项目融资策划具有很强的政策性、技巧性和谋略性，它取决于项目的性质和项目实施的运作方式。

3. 项目目标策划

作为项目管理对象的水利水电建设工程必须具备明确的使用目的和要求、明确的建设任务量和时间界限、明确的项目系统构成和组织关系。也就是说，确定项目的质量目标、进度目标和投资目标是项目管理的前提。而这三大目标的内在联系和制约，使目标的设定变得复杂和困难。人们的主观追求是"质量高、工期短、投资省"，然而，要把握这三者的定量关系却往往做不到。因此，只能在项目系统构成和定位策划的过程中，做到项目投资和质量的协调平衡，即在一定投资限额下，通过策划，寻求达到满足使用功能要求的最佳质量规格和档次，然后再通过项目实施策划，寻求节省项目投资和缩短项目建设周期的途径和措施，以实现项目三大目标的最佳匹配，做到"投资省、质量高、周期短"。也就是说目标的确定和修正也是项目策划课题的一部分。

项目目标策划包括项目总目标（建设质量、总进度、总投资）体系的设定和总目标按项目、参建主体、实施阶段等进行分解的子目标体系的设定。

4. 项目管理策划

项目管理策划是对项目实施的任务分解和任务组织工作的策划，包括设计、施工、采购任务的招投标，合同结构，项目管理机构的设置、工作程序、制度及运行机制，项目管理的组织协调，管理信息的收集、加工处理和应用等。项目管理策划视项目系统的规模和复杂程度，分层次、分阶段地展开，从总体的轮廓性、概略性策划，到局部的实施性详细策划逐步深化。

5. 项目控制策划

项目控制策划是对项目实施系统及项目全过程的控制策划。项目控制的基本原则是目标控制，基本方法是动态控制。从系统论的角度，目标控制必须是具有健全反馈机制的闭环控制，必须具有完整的反馈机制系统。因此，合理的项目控制一般具有如下基本步骤。

(1) 建立项目控制子系统。作为一个控制系统，它应拥有全面深入的信息反馈渠道和完整有效的控制手段，以保证其控制的及时和有效；作为一个子系统，它应与其他子系统建立和谐的工作界面，以保证整个系统运转的协调。

(2) 建立控制子系统信息库。通过项目系统分析，将项目目标、项目构成、项目过程、项目环境等方面的信息收集、分类、处理。信息中将包括项目目标的有关数值、项目环境因素的主要指标和变化范围等。这些信息将作为系统控制的原始信息和系统控制启动的依据和基础。

(3) 实施系统控制。随着项目实施的进行，按照既定的程序依次启动各个子系统，并调整到预先设定的均衡状态。同时，不断收集反馈信息，对原始信息进行充实和调整，对各子系统出现的偏差进行调整，使其恢复到原定的状态。

(4) 调整控制状态。如果由于原始信息的错误或者环境因素的严重干扰，实际系统状态与原定的系统状态之间出现了较大的偏差并且不可能恢复到原定的状态，应根据反馈信息对信息库中已有的信息进行局部修正或全面调整，设定新的系统状态，建立新状态下的系统机制，并调整整个系统，尽快达到这种新的均衡状态。需要注意，一般情况下应尽量避免变动系统目标值，否则将引起系统状态的多方面变化。

以上的工作步骤是具有高度概括性和原则性的，对一个具体的水利水电工程项目进行控制，需要在此基础上做大量的实际工作。

二、水利水电建设项目策划的基本原则

1. 系统策划原则

任何项目都是一个系统，与客观外界有着千丝万缕的联系，系统的原理要求项目的策划遵循全面性、动态性和统筹兼顾的原则，充分考虑局部与全局、眼前与长远的关系，尤其是水利水电项目建设规模大，影响因素多，水电工程项目策划的系统性原则显得更为重要。

2. 切实可行原则

任何策划方案都必须切实可行，否则，这种策划毫无意义。项目策划可行性分析贯穿于策划的全过程，即在进行每一项策划时都应充分考虑所形成的策划方案的可行性，重点分析策划方案可能产生的利益、效果、风险程度等，全面衡量，综合考虑。为了准确弄清策划方案是否科学可行，必要时可对策划方案进行局部可行性试验，以检查策划方案的重心是否放在了最关键的现实问题上，是否与客观外界有根本性冲突。

3. 慎重筹谋原则

任何项目都存在风险，策划也不可能尽善尽美，因为人们在策划活动中要受到种种主客观因素的制约。主观上，策划人员的经验胆识、思维方法等各有长短；客观上，纷繁复杂的情况不以人们的意志为转移。因此，策划不可能百分之百地求全，只能在慎重之中求周全。这就要求我们善于把握主要矛盾，在策划工作中去粗取精，去伪存真，分清主次，把握重心，努力掌握事物发展的关键点。

4. 灵活机动原则

项目策划，是一种处于高度机动状态的活动，必须深刻认识策划的这一本质特征，增强策划的动态意识，自觉地建立起灵活机动的观念，在策划过程中及时准确地掌握策划对象及其外境变化的信息，以随时调整策划目标并修正策划方案。这就要求正确把握随机应变的限度，这种限度可以从三个方面来把握：一是看变化信息的可靠程度，以决定是否对策划进行调整、修正；二是看变化的程度，以决定调整和修正的程度；三是充分估计调整和修正后将会产生的实际效益而决定取舍。

5. 出奇制胜原则

项目策划贵在"奇"字，出奇制胜，才能策划成功。而要做到这一点，参与策划的各级人员的基本素质及其对项目及客观条件的总体把握是极为重要的。这就要求策划人员努力学习，提高自身素质，同时要尽量全面，深入地了解和掌握项目的基本情况，这是项目策划的出发点和立足点。具备了这些，才能为策划的出奇制胜打下坚实的基础。

6. 民主策划原则

水利水电建设项目相关影响因素多，策划活动所要处理的数据资料复杂，策划活动非个人或少数人所能胜任。这就要求在项目策划中采取民主策划方式，把各个方面相关专家组织起来，针对目标和问题，集中众人智慧进行策划工作，民主策划是实现科学策划的重要条件和保证。事实证明，民主策划产生的方案，在实践中往往更具有科学性、合理性、

可行性和操作性，策划方案的实施也能取得更大的效果。

三、水利水电建设项目策划的程序

项目策划的核心思想是通过对项目的多次系统性的分析和策划，逐步实现对项目的有目标、有计划、有步骤的全面全过程控制。

项目实施系统可划分为决策领导层和项目实施基层两个层次。从项目管理工作的角度讲，还可以将项目实施基层的管理工作划分为两个层次：中间管理层和技术管理层，后者负责项目实施各方面的具体技术内容，而前者则在此基础上负责协调技术核心与其他方面及其他层次的冲突。

在水利水电建设项目策划过程中，工作内容基本上应按如下步骤展开。

（1）在项目初步设想的基础上进行项目的基本目标策划。工作主要由中间管理层承担，决策领导层可能参与部分策划工作，但其主要工作是决策、指导。来自决策领导层的决策意见或指导性意见对目标策划工作有着极大的影响，往往决定了项目的根本方向。

（2）在项目基本目标策划的基础上，对项目构成、项目过程、项目环境进行分析和策划，策划成果将作为项目实施工作的纲领性文件。项目的决策领导层并不参与这一部分的工作，但需要对有关的关键环节进行决策、对重要文件进行认可。

（3）在上述工作的基础上，对项目的总体控制方案进行策划，其中的部分工作需要项目决策领导层的参与，并对有关的问题进行决策和指导。

（4）随着项目实施工作的逐步展开和深入，在有关工作的基础上进行详细的目标分解和控制工作计划等的策划，策划工作虽然仍由中间管理层承担，但需要技术管理层参与其中的部分工作，因为此时的策划工作涉足到很多技术性的细节问题。

以上叙述的只是高度概括和原则性的项目策划工作步骤。在实际工作中，往往是在上述基本步骤的基础上，很多方面的工作同时进行、交替进行、循环进行，不同的策划内容之间也需要互相考虑、互相参照、互相协调。由于项目实际情况的不同，会在项目策划的工作步骤和方式上有很大的不同，很难得出一概而论的程序。而且迄今为止，很多项目并没有进行严格全面的项目策划，仅仅对项目的某个方面或某个阶段的策划有所考虑和安排，其项目策划的工作安排显然缺乏系统性。正是出于这些原因，在一些实际工作中的项目策划往往未采用我们在前面所使用的系统性很强的名称，而是根据部门的不同、具体内容的不同、或者根据习惯采用多种名称（如项目目标策划中有投资规划、进度规划；项目控制策划中有项目管理工作规划）。

项目策划工作不是固定不变的，随着工作的逐渐展开和深入而一步步地趋于详细、趋于深入、趋于精确。项目策划的工作内容或者成果在项目建设过程中呈现为动态性。这种动态性表现在两个方面：一方面，逐步发展深入。随着项目工作间的扩大和工作内容的深化，项目策划的内容也根据项目需要和实际可能性而不断丰富和深化，直至涉及项目工作的各个角落和所有阶段。另一方面，逐步修正精确。项目早期的策划工作是在许多经验性阶段假设的基础上进行的，所做出的许多分析也是粗略的估计。项目的发展使原来的假设被证实或被推翻，粗略的估计会逐渐趋于详细和精确。早期项目策划中的一些偏差得以修正，内容的精确性也得以逐步提高。

项目策划内容的动态性既是策划工作的一种基本状态，也是项目管理工作人员必须充分理解的一个特性。在以项目策划的内容为依据进行项目管理工作时，必须灵活掌握这种动态性，既要以项目策划为工作指导，又不拘泥于项目策划内容的局限性。

第三节 水利水电建设项目的投资决策

水利水电建设项目投资决策是指由投资主体（国家、地方政府、企业或个人）对拟建工程项目的必要性和可行性进行技术经济评价，对不同建设方案进行比较选择，以及对拟建工程项目的技术经济指标作出判断和决定的过程。为保证投资决策成功，避免失误，在决策过程中必须遵循下列原则。

一、水利水电建设项目投资决策的基本原则

1. 科学化决策原则

投资决策要尊重客观规律，要按科学的决策程序办事，要运用科学的决策方法。这是当今科学技术发展对项目管理的要求。

2. 民主化决策原则

投资决策应避免单凭个人主观经验决策，应广泛征求各方面的意见，在反复论证的基础上，由集体作出决策。民主决策是科学决策的前提和基础。

3. 系统性决策原则

要根据系统论的观点，全面考核与投资项目有关的各方面的信息。为此，要进行深入细致的调查研究，包括市场需求信息、生产供给信息、技术信息、政策信息、自然资源与经济社会基础条件等信息，还要考虑相关建设和同类建设，项目建设对原有产业结构的影响，项目的产品在市场上的竞争能力与发展潜力。

4. 合理性决策原则

投资决策需要通过多方案的分析比较。定量分析有其反映事物本质的可靠性和确定性的一面，但也有其局限和不足的一面。当决策变量较多，问题较复杂时，要取得定量分析的最优结果往往需要耗费大量的人力、费用或时间。如果缺乏完善的分析方法和一定的原始数据，甚至很难得出可靠的结果。另外，有些因素（如社会的、政治的、心理的和行为的因素）虽较难进行定量分析，对事物的发展却具有举足轻重的影响。因此，在进行定量分析的同时，也要注重定性分析。

定量分析和定性分析相结合，在很多情况下要求人们决策时兼顾定量与定性的要求选择"最适"的方案，这就是说，应该以"最适"代替"最优"，以"合理"的原则代替"最优"的原则。

5. 反馈原则

作出了决策，并不意味着决策过程的终止，要使决策符合客观实际，就必须根据变化了的情况和实践反馈的情况作出相应的调整，使得决策更合理、更科学。

二、水利水电建设项目投资决策的程序

（一）项目决策的一般程序

要作出正确的决策，就必须充分认识和遵循决策的科学程序。这个程序就是：提出问题——确定目标——搜集加工整理信息——拟定多种备选方案——分析比较各种方案——

由决策机构选优抉择——组织决策方案的实施——检验决策实施效果。

1. 提出问题

决策是为了解决某个问题，这就要求根据实际情况，提出要决策的问题，并搞清其性质、特征、范围、背景、条件及原因等。

2. 确定目标

目标是决策者所追求的对象，它决定了选择最优方案的依据，而方案的选择以目标要求为依据的。决策目标与决策方案相互依赖，关系紧密。缺乏明确的目标，就无法拟定行动方案，方案的比较选择更无从谈起。确定的目标，在时间上可分为近期、中期、远期等不同阶段的目标；在数量上列分为低限、中限、高限等不同层次的目标。

3. 搜集加工整理信息

正确的决策必须依赖大量准确的信息资料。工程项目信息来源很广泛，从内容上看，包括经济、技术、社会情报资料；按时间状态分，有历史资料、现状资料和预测资料；按空间范围分，有企业内部信息和企业外部信息；按表现形式分，有书面信息和口头信息；按加工程度分，有资源信息（原始记录及统计资料）和管理信息（经加工整理后的数据、情报资料）。

有了较丰富完备的资料，经过加工整理，就使之成为符合使用要求的信息。

4. 拟定多种备选方案

有了明确的目标及丰富的信息资料就可据以拟定备选方案。所拟定的方案至少要多于两个，每个方案应明确提出被采用后会得到什么效果，花费多大代价，尚存在什么问题等。要尽可能深入地分析各方案的一切细节，包括措施、资源、人力、经费、时间等。通过周密的思考、精确的计算而作出细致的规定，以确定技术上可行的方案作为进行比较选择的方案。

5. 分析比较各种可行方案

对拟定出的各个可行方案，要根据目标的要求和决策者的标准进行定性分析、定量分析及综合分析，要估计每种方案在每一自然状态下可能出现的各种结果，权衡利弊，汰劣留良。

6. 选优抉择

在各可行方案分析比较的基础上，决策者可以对评价结果凭经验、知识和胆识，从中选出一个最适方案。

7. 组织决策方案的实施

方案抉择后，并不是决策过程完全终结，目标是否正确，方案到底如何，都要在贯彻执行中予以验证，因此要组织力量，实施决策方案。

8. 检验决策实施效果

要及时收集、整理决策方案实施过程中的有关资料，如发现与预计效果有差异，要立即查明原因，采取措施加以修正或调整，以保证全部实

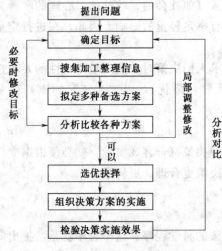

图 5-1　决策基本程序图

现决策目标。

整个决策过程的基本程序如图5-1所示。

改革开放以来，借鉴世界银行和发达国家项目投资决策的成功经验，结合我国的实际情况，国家计委及有关部门制定了一套适合我国国情的投资决策程序和审批制度，目的是为了减少和避免投资决策的失误，提高投资效果。

（二）水利水电建设项目投资前期的研究决策程序

编制并上报项目建议书，经批准立项——进行可行性研究，提交可行性研究报告——编制并上报设计任务书——项目评估——项目审批。

1. 项目建议书的编制及审批

（1）项目建议书及其作用。项目建议书是拟建项目的承办单位，根据国民经济和社会发展的长远目标，行业和地区的规划，国家的经济政策和技术政策，以及企业的经营战略目标，结合本地区、本企业的资源状况和物质条件，经过市场调查，分析需求、供给、销售状况，寻找投资机会，构思投资项目概念，在此基础上，用文字形式，对投资项目的轮廓进行描述，从宏观上就项目建设的必要性和可能性提出预论证，进而向政府主管部门推荐项目，供主管部门选择项目的法定文件。编制项目建议书的目的是提出拟建项目的轮廓设想，分析项目建设的必要性，说明技术上、市场上、工程上和经济上的可能性，向政府推荐项目，供政府选择。

（2）项目建议书编制的内容。项目建议书编制的主要内容有：

1）项目的名称、承办单位、项目负责人。

2）项目提出的目的、必要性和依据。

对技术引进项目还要说明拟引进技术的名称、内容、国内外技术的差异，技术来源的国别、厂商。

3）项目的产品方案、市场需求、拟建生产规模、建设地点的初步设想。

4）资源情况、建设条件、协作关系和引进技术的可能性及引进方式。

5）投资估算和资金筹措方案及偿还能力预计。

6）项目建设进度的初步安排计划。

7）项目投资的经济效益和社会效益的初步估计。

目前我国除利用外资的重大项目和特殊项目之外，一般项目不做国外所做的初步可行性研究，项目建议书的深度大体上相当于国外的初步可行性研究。

（3）项目建议书的审批。按国家有关规定：

1）大、中型基本建设项目、限额以上技术改造项目、技术引进和设备进口项目的项目建议书，按企业隶属关系，先送省、直辖市、自治区、计划单列城市或国务院主管部门审查后，由国家发展和改革委员会审批。重大项目，技改引进项目总投资在限额以上的项目，由国家发展和改革委员会报国务院审批。需要由银行贷款的项目，要由银行总行会签。

技改内容简单的、外部协作条件变化不大的、无需从国外引进技术和进口设备的限额以上项目，项目建议书由省、直辖市、自治区审批，国家发展和改革委员会只作备案。

2）小型基本建设项目、限额以下技术改造项目的建议书，按企业隶属关系，由国务院主管部门或省、直辖市、自治区计委审批，实行分级管理。

随着国有资产管理体制的改革，国家将有选择地将一批大型企业集团的集团公司授权为国有资产的投资机构。国家授权的投资机构在批准的长期发展计划之内，可自主决定投资项目立项。

项目建议书经批准，称为"立项"，项目可纳入项目建设前期工作计划，列入前期工作计划的项目可开展可行性研究。"立项"是初步的，因为审批项目建议书可否决一个项目，但不能肯定一个项目。立项仅说明某个项目有投资的必要性，但并不表明项目非上不可，尚须进一步开展研究工作。

2. 进行可行性研究

项目建议书经过审查批准后，投资项目可列入前期工作计划，进行可行性研究。在可行性研究中，应进行市场供需情况的调查，建设条件的调查，并进行预测。根据调查资料和预测的情况，对投资项目建设条件的可能性、技术上的先进性、可行性和经济的合理性等方面进行技术经济论证，进行不同方案的分析比较。在研究分析投资效益的基础上，提出投资项目建设是否可行。如果认为投资项目建设可行，还要提出投资项目怎样建设的方案和意见。根据分析论证，编写可行性研究报告，作为进一步调查研究和编制设计任务书的依据。

3. 编制设计任务书

设计任务书是确定投资项目及其建设方案的重要文件、也是投资项目工程设计的重要依据。在投资项目可行性研究报告提供的项目投资若干方案中的最佳方案，经过再调查、研究、补充、修正，挑选确定，就可作为编制设计任务书的依据。编制设计任务书，是投资项目决策程序中关键性的一个程序。

4. 项目评估

投资项目决策的项目评估程度，是指在完成设计任务书后，邀请有关技术、经济专家和承办投资贷款的银行，对项目的可行性研究报告和设计任务书进行预审，然后由投资贷款银行或计划部门委托有权威性的工程咨询公司进行全面评估，即对项目可行性研究报告和设计任务书进行全面仔细的审查、计算和核实。根据审核、评估的结果，写出评估报告，作为投资项目最后决策提供科学依据。

5. 项目审批

投资项目完成上述各项决策程序后，决策部门对可行性研究报告、设计任务书和评估报告等文件要进一步加以审核。经审核，认为项目是可行的，就对项目审批。经批准，投资项目就可立项，投资决策定案。

第四节　可行性研究

可行性研究是一种系统的投资决策分析研究方法，是在工程项目拟建之前，对拟建项目的所有方面（工程、技术、经济、生产、销售、环境、法律等）进行全面的、综合的合理性等进行比较评价，从中选出最佳方案的研究方法。

一、可行性研究的作用

可行性研究是投资项目建设前期研究工作的关键环节，从宏观上可以控制投资的规模和方向，改进项目管理；微观上可以减少投资决策事务，提高投资效果。其具体作用如下。

（1）作为建设项目投资决策的依据。项目投资决策者主要根据可行性研究的评价结果决定一个项目是否应该投资和如何投资，因此，它是投资的主要依据。

（2）作为编制设计任务书的依据。可行性研究中具体研究的技术经济数据，都要在设计任务书中明确规定，它是编制设计任务书的依据。

（3）作为筹集资金向银行申请贷款的依据。银行在接受项目建设贷款申请时，需对贷款项目进行分析评估，在确认项目具有偿还能力、不承担过大风险后，才能同意贷款。

（4）作为项目主管部门商谈合同、签订协议的依据。根据可行性研究报告和设计任务书，项目主管部门可同有关部门签订项目所需的原材料、能源资源和基础设施等方面的协议和合同，以及引进技术和设备的正式协议。

（5）作为项目进行工程设计、设备订货、施工准备等建设前期工作的依据。按照可行性研究中对产品方案、建设规模、厂址、工艺流程、主要设备选型和总图布置等方案的评选论证结果，在设计任务书确认后，可作为初步设计、设备订货和施工准备工作的依据。

（6）作为项目采用新技术、新材料、新设备研制计划和补充地形、地质工作和工业性试验的依据。

（7）作为环保部门审查项目对环境影响的依据，并作为向项目建设所在地政府和规划部门申请建设执照的依据。

（8）作为项目建成后企业组织管理、机构设置、职工培训等的依据。

二、可行性研究应遵循的原则

1. 科学性原则

要求按客观规律办事，这是可行性研究工作必须遵循的基本原则。因此可行性研究单位要做到：用科学的方法和认真负责的态度来收集、分析和鉴别原始的数据和资料，以确保数据、资料的真实性和可靠性；要求每项技术与经济指标都有科学依据，是经过认真分析计算得出的，可行性研究报告和结论不能掺杂任何主观成分。

2. 客观性原则

要坚持从实际出发、实事求是的原则。可行性研究要根据项目的要求和具体条件进行分析和论证，以得出可行和不可行的结论。因此，建设所需要条件必须是客观存在的，而不是主观臆造的。

3. 公正性原则

可行性研究工作中要排除各种干扰，尊重事实，不弄虚作假，这样才能使可行性研究正确、公正，为项目投资决策提供可靠的依据。

目前，可行性研究工作中确实存在不按科学规律办事，不尊重客观实际，为得到批准而任意编造数据，夸大有利条件，回避困难因素，故意提高效益指标等不良行为。虚假的可行性研究报告一害国家，二害投资者自己，是不可取的。

三、可行性研究的阶段及要求

可行性研究是一项综合性的技术经济研究工作。由于各国实际条件和研究深浅程度的不同，而各有差异。在我国，可行性研究，可以由设计部门、研究部门、工程部门、咨询部门、生产部门来承担，也可以由若干部门联合进行。在国外，可行性研究一般分为机会研究、初步可行性研究、详细可行性研究三个阶段。

1. 机会研究

机会研究是指将一个投资建设项目从意向到提出项目投资建议，研究项目发展前途，寻找最有利的投资机会，判断项目有没有深入研究的价值和必要。机会研究的目的在于激发投资者的兴趣。机会研究要以地区、部门作为研究范围，以资源为基础，以项目为研究对象。从地区研究范围来说，要研究项目所在的地区的类别和经济条件，对该地区投资是否有获利的机会。从部门研究范围来说，要研究项目所归属的部门的类别和其产品的市场情况，对该部门投资是否有获利的机会。从资源研究基础来说，要研究项目能够开发资源的合理程度，对该项目所开发资源是否有获利机会。从项目研究对象来说，要研究该项目是否有深入研究的必要。如果有深入研究的必要，就可使意向变为投资建议。

机会研究阶段，要求在确定的地区或部门内，对资源条件、市场需求、社会环境，研究其需要趋势，鉴定投资机会，寻找投资机会。这一阶段的研究，大部分是借助于已有的指标、数据和工作成果进行的，研究是比较粗略的，而不是深入的详细分析。机会研究的时间比较短，所需时间一般是 $1\sim3$ 个月，所花的费用约占总投资的 $0.2\%\sim1\%$，投资估算的精确程度 $\pm30\%$。

2. 初步可行性研究

初步可行性研究是进一步判断机会研究是否正确，据以作出初步的投资决定，并提出比机会研究较为系统的设想方案；项目范围是否值得进行最终可行性研究；项目意向是否是一个可行性计划，对投资者是否具有充分的吸引力。

初步可行性研究是介于机会研究与最终可行性研究之间的中间阶段，但是有些初步可行性研究是在机会研究的基础上进行的，有些项目的初步可行性研究不需要经过机会研究，而可直接进入初步可行性研究。如改、扩建项目可直接进入初步可行性研究。初步可行性研究涉及各个方面，它与最终的详细的可行性研究的结构基本相同，两者的不同主要在于详细程度不同。因此，初步可行性研究要研究市场、生产能力、规模、选址、项目设计、投资、成本与费用、风险、效果等，进行定性分析和定量分析。初步可行性研究所需时间，一般为 $4\sim6$ 个月，所花的费用占投资总额的 $1.25\%\sim1.5\%$，投资估算的精确程度为 $\pm20\%$。

3. 详细可行性研究

详细可行性研究又叫最终可行性研究，它是指对项目进行深入的技术经济论证。深入研究有关生产纲领、厂区和厂址、工艺、设备、机械、电气、土木工程、车间划分、生产系统、投资总额、建设时间、还本付息年限、利润及组织机构建立等问题，进行多方案比较，最后选择方案，作为确定最优方案的依据。凡实行可行性研究的项目，都要经历这一关键性阶段。详细可行性研究所需时间一般为 8 个月到 1 年，有的 1 年以上；所花的费用，小型项目约占总投资的 $1\%\sim3\%$，大型项目约占总投资的 $0.2\%\sim1\%$，投资和生产费用计算的精确程度为±10％。详细可行性研究并不是目的，而是投资项目决策的手段。为了正确决策，详细可行性研究，要求详尽准确，除按要求的内容作详细可行性研究外，还要求作敏感性分析，分析方案中的各种要素的变化对方案的影响程度，有的要素变化很大，对方案的影响很小，有的要素变化很小，然而对方案的影响很大。因此，敏感性分析，就是要对那些对方案有决定性影响的因素，作多种设想，反复验算，以求稳妥。

可行性研究是投资项目建设的首要环节，在一般情况下，只要通过可行性研究，证实投资项目建设条件是可取的，采用的技术是先进的，生产的产品有竞争能力，并能获得较大盈利时，投资者才肯投资，银行和财团才肯贷款，投资项目才得以兴建。可见，可行性研究是决定投资项目命运的关键。可行性研究既然是决定投资项目命运的一项重要工作，那么开展可行性研究必须要有掌握专门知识的各种专家进行协作配合，共同完成可行性研究任务。例如，进行机会研究和初步可行性研究，就必须有工业经济专家、市场分析专家、工业管理专家、财务专家、工艺工程师、机械工程师、土木工程师等各类专家来共同分析研究。进行详细可行性研究，则要有更多精通本行技术业务的各类专家参加，并由专门从事可行性研究工作的机构来承担。在国外，可行性研究一般由投资企业委托咨询公司、工程公司、设计公司等机构负责进行的。这些从事可行性研究工作的机构，能从事比较广泛的咨询业务和可行性研究工作，且各个咨询公司等机构又都各有专长。在承担大型复杂项目时，一般是从事可行性研究工作的一个机构为主，然后由其他有特长的专家组成的可行性研究机构协作。例如，美国兰德公司和许多其他咨询公司，就是因为拥有各种综合技术的专门人才和大量的信息，能顺利开展可行性研究工作而驰名世界的。

四、可行性研究报告的主要内容

可行性研究工作完成后，主要编写出反映其全部工作成果的"可行性研究报告"。就其内容来看，国际上还不统一，但可概括为以下 3 个方面的内容。

（1）进行市场研究，以解决项目建设的必要性问题。

（2）进行工艺技术方案的研究，以解决项目建设的技术可能性问题。

（3）进行财务和经济分析，以解决项目建设的合理性问题。

（一）联合国工业发展组织（UNIDO）规定的内容

联合国工业发展组织《工业可行性研究编制手册》（最新修订及增补版）规定的工业项目可行性研究报告的内容如下。

1. 实施纲要

实施纲要简要描述可行性研究的结论，并归纳出可行性研究报告各个关键性问题。实施纲要的结构与可行性研究的正文相一致。归纳的关键性问题主要包括：有关商业环境的数据及可靠程度；项目的投入物和产出物；对市场、供应和工艺技术趋势所作预测的误差（不确定性风险）幅度和范围以及项目的设计等。

2. 项目的背景和历史

为保证可行性研究的成功，必须清楚地了解项目的设想如何适合于本国经济情况的基本结构及其工业发展状况。对产品要详细地加以叙述。对发起人要连同他们对项目感兴趣的理由加以审定。

说明：

（1）项目发起人的姓名和地址。

（2）项目方向：面向市场或面向原料。

（3）市场方向：国内或出口。

（4）支持该项目的经济政策和工业政策。

（5）项目背景。

3．市场和工厂生产能力

市场和工厂生产能力包括：需求和市场研究；销售和推销；生产规划；车间生产能力。

4．原材料和供应品

原材料和供应品叙述并确定工厂生产所需的不同的投入物，分析并叙述各种投入物的来源和供应情况，以及估算最终生产成本的方法，为进行财务基础数据估算打好基础。

5．建厂地区和厂址

建厂地区和厂址包括：建厂地区；厂址和当地条件；环境影响。

6．工程设计和工艺

工程设计的任务是设计工厂生产规定的产品所必需的功能布置图和各单项工程的布置图。工艺选择及技术的取得也是工程设计的一个必要的组成部分。在工艺选择和技术取得中要涉及工业产权问题。工程设计和工艺选择要考虑整个建筑工程的布置和设计，生产能力的确定，工艺的遴选，设备的选型和安装及各项投资支出和生产支出的估算。

7．工厂组织和管理费用

组织和管理费用涉及两个方面的内容：一是管理和控制工厂整体运行所需要的组织和管理的发展与设计；二是这些组织和管理所发生的相关费用。

8．人力资源

人力资源部分主要论述制定人力资源计划，涉及项目对人力资源的质量和数量要求，以及人员来源和培训的需要，工资和其他与人员有关的费用及培训成本的估算方法。

9．项目建设

项目建设包括：工厂建设和设备安装的进度安排；试车和投产安排。

10．财务和经济评价

财务和经济评价包括：总投资；项目资金筹措；生产成本；商务盈利率；国民经济评价。

（二）国家发展和改革委员会规定的内容

国家发改委《关于建设项目进行可行性研究的试行管理办法》规定，工业项目的可行性研究报告内容如下。

1．总论

（1）分析说明项目提出的依据和背景（改扩建项目只要说明企业现有概况），以及投资的必要性和经济意义。

（2）阐明可行性研究工作的范围。由于项目的范围涉及投资费用和生产成本，所以要阐明项目可行性研究工作的范围。一个工业项目可行性研究工作范围，应包括投资建设项目的一切活动，与投入物的生产、开采、厂外运输和储藏、产出物的厂外运输和储藏有关的业务，以及项目结构等的辅助活动，以便得出整个项目的投资费用和生产成本。

2. 需求预测和拟建规模

(1) 国内外需求情况预测。

(2) 国内现有工厂生产能力估计。

(3) 销售预测，价格分析，产品竞争能力，进入国际市场前景。

(4) 拟建项目规模、产品方案和发展方向的技术经济比较和分析。

3. 资源、原材料、燃料及公用设施情况

(1) 经过储量委员会正式批准的储量、品位、成分以及开采、使用条件评述。

(2) 原料、辅助材料、燃料的种类、数量、来源和供应可能。

(3) 所需公用设施的数量、供应方式和供应条件。

4. 设计方案

(1) 项目构成范围，指主要单项工程，技术来源和生产方法，主要技术工艺和设备选型方案比较，引进技术、设备的来源、国别，设备的国内外分别交付规定或与外商合作制造的设想。改扩建项目要说明原有固定资产利用情况。

(2) 全厂布置方案的初步选择和土建工程量估算。

(3) 公用辅助设施和厂内外交通运输方式的比较和初步选择。

5. 建厂条件与厂址方案

(1) 建厂地理位置、气象、水文、地质地形条件和社会经济现状。

(2) 交通、运输及水、电、气的现状和发展趋势。

(3) 厂址比较与选择意见。

6. 环境保护

调查环境现状，预测项目对环境的影响，提出环境保护和"三废"治理的初步方案。

7. 企业组织、劳动定员和人员培训

(1) 根据现代企业制度的要求，提出企业的生产管理体制和机构设置的设想。

(2) 提出劳动定员的配备方案。

(3) 规划人员培训和估算费用。

8. 实施进度建议

(1) 提出勘察设计的进度要求。

(2) 说明设备制造需要的时间。

(3) 说明工程施工所需要的时间。

(4) 说明试生产所需要的时间。

(5) 提出整个投资建设项目的实施计划和进度的选择方案。

9. 投资估算和资金筹措

(1) 估算主体工程与协作配套工程所需的投资。

(2) 估算生产所需的流动资金。

(3) 说明资金来源、筹措方式及贷款偿还方式。

10. 社会及经济效果评价

(1) 评价投资项目的社会效果，要从国民经济的宏观角度，分析研究投资项目建成后对国民经济带来的经济效果。

（2）评价投资项目企业经济效果，要从企业的微观角度，预测产品成本，进行现金流量财务分析，计算投资收益率，预测投资回收期，分析研究投资项目建成后对企业带来的经济效果。

五、可行性研究的工作程序

可行性研究的工作程序分为以下六个步骤。

1. 筹划准备

在项目建议书批准后，建设单位即可委托工程咨询机构对拟建项目进行可行性研究。双方签订合同协议，明确规定可行性研究的工作范围、目标意图、前提条件、进度安排、费用支付方法及协作方式等内容。可行性研究承担单位在接受委托时，需获得项目建议书和有关项目背景资料及指示文件，摸清委托者的意图、目标和要求，收集有关的基础资料、基本参数等基准依据。

2. 调查研究

调查研究的内容包括投资项目的各个方面，如市场需求与市场机会、产品选择、需要量、价格与市场竞争；工艺技术路线与设备选择；原材料、能源动力供应与运输；建筑地区、地点、地址的选择，建设条件与生产条件等。每个方面都要作深入调查，全面地收集资料，并进行详细的分析评价。

3. 方案选择和优化

将项目各方面的情况，综合研究设计出几种可供选择的方案，然后对备选方案进行详细讨论、比较，要定性分析与定量分析相结合。

论证技术上的可行性，确定产品方案、生产规模、工艺流程、设备选型、组织机构和人员配备等，最后推荐一个最佳方案，或推荐少数优秀方案，提出各个方案的优、缺点，供业主选择。

4. 财务分析和经济评价

对选取的方案作更具体更详细的编制，确定具体的范围，估算投资、经营成本和收益，做出项目的财务分析和经济评价。为了达到预期的目标，可行性研究必须论证选择的项目在技术上是可行的，建设条件是能实现的，资金是能筹措到的，财务和经济分析说明项目是可以接受的以及项目能承受的风险的大小。

5. 编制可行性研究报告

在进行了技术经济论证后，证明项目建议的必要性、技术上的可行性和经济上的合理性，即可编制详尽的可行性研究报告。对于可行性研究报告的编制内容，国家有一般的规定，如工业项目（新建项目）、技术改造项目、技术引进和设备进口项目、利用外资项目、新技术新产品开发项目等。每一项具体工程还要结合自己的特点，依据一般规定编制自己的可行性研究报告，供决策部门决策。

6. 可行性研究报告的审批

可行性研究报告编制完成后，正式上报审批。如果经进一步工作后，发现研究报告有原则性错误或研究报告的基础依据或社会环境条件有重大变化，应对可行性研究报告进行修改和复审。可行性研究报告应有编制单位的行政、技术、经济负责人的签字，并对报告的质量负责；可行性研究的预审主持单位对预审结论负责；可行性研究的审批单位对审批意见负责。

六、可行性研究报告的审查与报批

（一）可行性研究报告的审查

可行性研究报告是业主作出投资决策的依据。因此，要对该报告进行详细的审查和评价。审核其内容是否确实、完整，分析和计算是否正确。最终确定投资机会的选择是否合理、可行。

业主对可行性研究报告的审查有如下主要内容。

1. 建设项目的必要性

（1）从国民经济和社会发展等宏观角度，审查建设项目是否符合国家的产业政策、行业规划和地区规划，是否符合经济和社会发展的需要。

（2）分析市场预测是否准确，项目规模是否经济合理，产品的品种、性能、规格构成和价格是否符合国内外市场需求的趋势以及有无竞争能力。

2. 建设条件与生产条件

（1）项目所需资金能否落实，资金来源是否符合国家有关政策规定。

（2）分析选址是否合理，总体布置方案是否符合国土规划、城市规划、土地管理和文物保护的要求和规定。

（3）项目建设过程中和建成后原料、燃料的供应条件，以及供电、供水、供热、交通运输等要求能否落实。

（4）项目的"三废"治理是否符合保护生态环境的要求。

3. 建筑工程的方案和标准

（1）建筑工程有无不同方案的比选，分析推荐的方案是否经济、合理。

（2）审核工程地质、水文、气象、地震等自然条件对工程的影响和采取的治理措施。

（3）建筑工程采用的标准是否符合国家的有关规定，是否贯彻了勤俭节约的方针。

4. 基础经济数据的测算

（1）分析投资估算的依据是否符合国家或地区的有关规定，工程内容和费用是否齐全，有无高估冒算、任意提高标准、扩大规模，以及有无漏项、少算、压低造价等情况。

（2）资金筹措方式是否可行，投资计划安排是否得当。

（3）报告中的各项成本费用计算是否正确，是否符合国家有关成本管理的标准和规定。

（4）产品销售价格的确定是否符合实际情况和预测变化趋势，各种税金的计算是否符合国家规定的税种和税率。

（5）对预测的计算期内各年获得的利润额进行审核与分析。

（6）分析报告中确定的项目建设期、投产期、生产期等时间安排是否切实可行。

5. 财务效益

从项目本身出发，结合国家现行财税制度和现行价格，对项目的投入费用、产出效益、偿还贷款能力，以及外汇效益等财务状况等进行分析，由此判别项目财务上的可行性。

审查效益指标主要是复核财务内部收益率、财务净现值、投资回收率、投资利润率、投资利税率和固定资产借款偿还期。涉外项目还应评价外汇净现值、财务换汇成本和财务节汇成本等指标。

6. 国民经济效益

国民经济效益评价是从国家、社会的角度，考虑项目需要国家付出的代价和给国民经济带来的效益。一般审查时用影子价格、影子工资、影子汇率和社会折现率等，分析项目给国民经济带来的净效益，以判别项目经济上的合理性。评价指标主要是审查计算的经济内部收益率、经济净现值、投资效益率等。

7. 社会效益

社会效益包括生态平衡、科技发展、就业效果、社会进步等方面。应根据项目的具体情况，分析和审查可能产生的主要社会效益。

8. 不确定性分析

审查不确定性分析一般应对报告中的盈亏平衡分析、敏感性分析进行鉴定，以确定项目在财务上、经济上的可靠性和抗风险能力。

业主对以上各方面进行审核后，对项目的投资机会进一步作出总的评价，进而作出投资决策。若认为推荐方案成立时，可就审查中所发现的问题，要求咨询单位对可行性研究报告进行修改、补充、完善、提出结论性意见并上报有关主管部门审批。

（二）可行性研究报告的报批

按照国家有关规定，可行性研究报告的审批权限划分为以下几级：

（1）所有大中型和限额以上项目的可行性研究报告，按照项目隶属关系由行业主管部门，或省、自治区、直辖市和计划单列市审查同意后，报国家发改委。国家发改委委托中国国际工程咨询公司等有资格的咨询公司，对可行性研究报告进行评估，提出评估报告后，再由国家发改委审批。凡投资在2亿元以上的项目，由国家发改委审核后报国务院审批。

（2）地方投资安排的地方院校、医院及其他文教卫生事业的大中型基本建设项目，可行性研究报告由省、自治区、直辖市和计划单列市发改委审批，抄报国家发改委和有关部门备案。

（3）企业横向联合投资的大中型基本建设项目，凡自行解决资金、能源、原材料、设备，以及投产后的产供销等能够自己落实，而且已经与有关部门、地方、企业签订了合同，不需要国家安排的，可行性研究报告由有关部门或省、自治区、直辖市、计划单列市发改委审批，抄报国家发改委和有关部门备案。

（4）小型和限额以下项目的可行性研究报告，按照项目隶属关系，分别由主管部门或省、自治区、直辖市、计划单列市发改委审批。

可行性研究报告经过正式批准后，应当严肃执行，任何部门、单位或个人都不能擅自变更。确有正当理由需要变更时，需将修改的建设规模、项目地址、技术方案、主要协作条件、突破原定投资控制数、经济效益的提高或降低等内容，报请原审批单位同意，并正式办理变更手续。

第六章　水利水电建设项目招标与投标

招标投标是市场经济条件下的一种商品交易竞争方式。它是买主（或卖主）设定"标的"，招请若干卖主（或买主）通过秘密报价进行竞争，从中选择优胜者与之达成交易协议，随后按协议实现"标的"的交易方式。工程建设招标投标是建设单位（又称业主、招标人，发包人）利用招标投标的竞争手段选择承包人，将工程建设中的勘测设计、建筑安装、咨询、采购供应等任务发包给承包人负责完成的建设交易形式。

第一节　概　　述

一、水电工程项目招标

项目招标是指业主（建设单位）为发包方，根据拟建水电工程的内容工期、质量和投资额等技术经济要求，招请有资格和能力的企业或单位参加投标报价，从中择优选取承担可行性研究方案论证、科学实验或勘察、设计、施工等任务的承包人。

1. 相关规定

（1）《中华人民共和国招标投标法》第三条规定，在中华人民共和国境内进行下列工程建设项目，包括项目的勘察、设计、施工、监理，以及与工程建设有关的重要设备、材料等的采购，必须进行招标。

1）大型基础设施、公用事业等关系社会公共利益、公众安全的项目。

2）全部或者部分使用国有资金投资或者融资的项目。

3）使用国际组织或者外国政府贷款、援助资金的项目。

（2）《招标投标管理规定》中规定，符合下列具体范围并达到规模标准之一的水利工程建设项目必须进行招标。

具体范围如下：

1）关系社会公共利益、公共安全的防洪、排涝、灌溉、水力发电、引（供）水、滩涂治理、水土保持、水资源保护等水利工程建设项目。

2）使用国有资金投资或者国家融资的水利工程建设项目。

3）使用国际组织或者外国政府贷款、援助资金的水利工程建设项目。

规模标准如下：

1）施工单项合同估算价在 200 万元人民币以上的。

2）重要设备、材料等货物的采购，单项合同估算在 100 万元人民币以上的。

3）勘察设计、监理等服务的采购，单项合同估算价在 50 万元人民币以上的。

4）项目总投资额在 3000 万元人民币以上，但分标单项合同估算价低于规模标准第

1）、2）、3）项规定的标准的项目原则上都必须招标。

以下项目可不进行招标，但须经项目主管部门批准：涉及国家安全、国家机密的项目；应急防汛、抗旱、抢险、救灾等项目；项目中经批准使用农民投工、投劳施工的部分（不包括该部分中勘察设计、监理和重要设备、材料采购）；不具备招标条件的公益性水利工程建设项目的项目建议书和可行性研究报告；采用特定专利技术或特有技术的；其他特殊项目。

2. 水电工程建设招标的类型

工程建设招标，按不同的划分标准有不同的分法。

(1) 按工程建设业务范围分。

1) 工程建设全过程招标。它是对从项目建议书开始，包括可行性研究，设计任务书，勘测设计，设备和材料的询价与采购，工程施工，生产准备，投料试车，直到竣工和交付使用，这一建设全过程实行招标。其前提是项目建议书已获批准，所需资金已经落实。

2) 勘测设计招标。它是就工程建设项目的勘测设计任务向勘测设计单位招标。其前提是设计任务书已获批准，所需资金已经落实。

3) 工程施工招标。它是就工程建设项目的施工任务向施工单位招标。其前提是工程建设计划已被批准，设计文件已经审定，所需资金已落实。

4) 监理招标。它是指对建设项目的建设监理实行招标，择优选择建设监理单位。

5) 材料、设备供应招标。它是就工程建设项目所需全部或主要材料、采购供应单位招标。其前提是初步设计已获批准，建设项目已被列入计划、所需资金已落实。

(2) 按招标方式分。

1) 公开招标。公开招标又称无限竞争性招标，是指招标单位在国内外主要报刊上或通过广播、电视等新闻媒体发布招标广告，凡有兴趣并符合广告要求的承包人，不受地域和行业的限制，均可以申请投标。经过资格审查合格后，按规定时间参加投标竞争。

公开招标的优点是，业主可以在较广的范围内选择承包人，投标竞争激烈，有利于业主将工程项目的建设任务交予可靠的承包人实施，并获得有竞争性的商业报价。但其缺点是，准备招标、对投标申请单位进行资格预审和评标的工作量大，因此，招标的时间长、费用高。目前，国家大型工程项目的建设一般都要求以公开招标的方式选择实施单位，尤其对使用世界银行、亚洲开发银行或其他国际金融机构贷款建设的工程项目，都规定必须通过国际公开招标的方式选择承包人。

国家重点水利项目、地方水利项目及全部使用国有资金投资或者国有资金投资占控股或者主导地位的项目应当公开招标。招标人应当依照法定程序和方式，发布招标公告，提供载有招标工程的主要技术要求、主要合同条款、评标标准和方法，以及开标、评标、决标的程序等内容的招标文件。公开招标时，不得限制合格投标人的数目。经资格审查后可认可的投标人不得少于 3 家。

2) 邀请招标。邀请招标也称有限竞争性招标，是指招标单位向预先确定的若干家承包人发出投标邀请函，就招标工程的内容、工作范围和实施条件等作出简要说明，请他们来参加投标竞争。被邀请单位同意参加投标后，从招标单位获取招标文件，并在规定时间内投标报价。

邀请招标的邀请对象数目以 5~10 家为宜，但不应少于 3 家，否则就失去了竞争性。

与公开招标比较，其优点是不发招标广告，不进行资格预审，简化了招标程序，因此，节约了招标费用和缩短了招标时间。而且由于对投标人以往的业绩和履约能力比较了解，减少了合同履行过程中承包人违约的风险。虽然不设置资格预审程序，但为了体现公平竞争和便于业主根据各投标人的综合能力进行选择，仍要求投标人按招标文件中的有关规定，在投标书内报送有关资质材料，在评标时以资格后审的形式作为评审的内容之一。邀请招标的缺点是，由于投标竞争的激烈程度不高，有可能提高中标的合同价，也有可能排除了某些在技术上或报价上有竞争力的承包人参与投标。

3）协商议标。即不通过投标竞争，而由建设单位逐一邀请某些承包人进行协商，直接与某一承包人达成协议将工程任务委托其去完成。这种方式通常适用于下列情况。

a）专业性非常强，需要专门经验或特殊设备的工程。或出于保护专利等的需要，只能考虑某一符合要求的承包人。

b）与已发包的大工程有联系的新增工程。这样可以按原定价格（或稍作修改）计算新增的工程费用，而且原承包人的劳力、机械都在现场，可以减少运输及临时设施费用和时间。

c）性质特殊、内容复杂，发包时工程量和若干技术细节尚难确定的工程以及某些紧急工程。

d）公开招标或选择性招标未能产生中标单位、预计重新组织招标仍不会有结果。

e）建设单位开发新技术、承包人从设计阶段就参加合作，实施阶段也需要该承包人继续合作。

f）为加强双方友好关系或在权力协议中规定由对方承包的项目。

此外，可行性研究和职工培训之类的任务。也通常以邀请协商的方式承包。

（3）按工程的施工范围分。

1）全部工程施工招标。全部工程施工招标就是招标单位把建设项目的全部施工任务作为一个"标的"进行招标。这样，建设单位只与一个承包人（或集团）发生关系，合同管理工作较为简单。

2）单项或单位工程招标。

3）分部工程招标。

4）专业工程招标。

2）、3）、4）三种招标方式是把整个工程分成若干单位工程、分部工程和专业工程分别进行招标和发包。这样可以发挥各承包人的专业特长，合同比第一种方式容易落实，风险小。即使出现问题，也是局部的，容易纠正和补救。

（4）按招标的国界分。按招标的国界可分为国际招标和国内招标两种。

国际招标需要有外汇支付手段。利用外资和世界银行贷款的工程就具有国际招标的必要条件。而且，世界银行也规定必须实行国际招标。

国际招标是通过向世界银行100多个成员国及瑞士的承包人发出招标通告，挑选世界上技术管理水平高、实力雄厚、信誉好的承包人来参加工程的建设。例如我国云南鲁布革水电站引水隧洞工程采用国际招标。有13个国家的23家厂商提交了资格预审申请，经预审后有8家外国承包人单独或与我国施工企业组成联营公司参加竞争投标，结果日本大成公司因标价比标底还低 44％而中标。

我国绝大多数水电工程建设项目都实行国内招标。根据工程大小和技术难度的不同，可以在国内、省内、地区内甚至市（县）范围内招标。

二、水电工程项目投标

项目投标是指经审查获得投标资格的投标人，以同意发包人招标文件所提出的条件为前提，经过广泛的市场调查，掌握一定的信息并结合自身的情况（能力、经营目标等），以投标报价的竞争形式获取水电工程建设任务的过程。

三、工程建设招标投标的意义

工程建设招标投标制（又称招标承包制）是国际上广泛采用的工程建设任务的交易方式。我国建筑业从 1984 年恢复招标承包制以来取得的显著成绩，可归纳为以下几点。

（1）促使建设单位按基本建设程序办事。招标条件要求招标单位必须做好前期准备工作。具备了发标条件，才允许进行招标活动。这样就改变了过去"边勘测、边设计、边施工"的违背基本建设程序的做法。

（2）缩短了建设工期。据不完全统计，我国目前实行招标承包的工程项目，比没有实行招标承包的工程项目，一般可缩短工期 10％～20％左右。

（3）降低了工程造价。据部分城市统计，实行招标的工程与未实行招标的工程相比，小的工程项目可降低造价 5％～8％左右；大的工程项目可降低造价 20％～40％。

（4）提高了工程质量。因为在招标书中明确提出了工程应达到的质量标准和验收办法。投标者为了取得竞争的胜利，不仅要尽量满足建设单位的要求，有的还主动提出高质量标准。中标后也很注意质量，以取得良好的声誉，为以后长远竞争取胜奠定基础。因此，实行招标投标后，减少了工程事故，质量普遍提高。

（5）提高了经营管理水平和职工队伍素质。工程项目招标中竞争十分激烈，这就迫使投标单位必须全面提高经营管理水平和职工队伍素质，以提高竞争力。否则，就很难生存下去。

此外，改革开放以来，我国建筑业积极开拓市场，承包国际工程，提高了我国工程技术和物资设备的质量，提高了经营管理水平，增加了就业机会，并为国家获取了大量外汇。

四、水利水电建设项目招标投标的特点

所有招标投标都具有竞争性、平等性和开放性三个共同特征。对于水利水电建设项目招标投标，还有其自身特点。

1. 综合性强

水电工程建设包含从设计、专利转让、设备采购、施工安装、人员培训、试车生产直至资金融通等众多而复杂的事项。而每个事项又包含着复杂的内容。如水电站建筑，除大坝、发电厂房、控制室、开关站、变电站外，还有办公楼、宿舍楼、食堂等附属建筑。问题牵涉到工程、技术、经济、金融、贸易、管理、法律等许多方面。

2. 时间长、风险大

水电工程建设项目实施时间长，从招标到建成，通常要 2～3 年，甚至5～10 年或者几十年。受自然条件及物价影响较大。国际工程还可能受货币贬值、罢工、政治、动乱、

战争的影响，风险更大。因此，承包人要有预见性，工作人员要精明强干，经常做到情况明、信息灵。

五、水利水电建设项目招标投标的原则

水电工程建设项目招标投标应遵循以下原则。

（1）遵守国家的有关法律和法规的原则。

（2）鼓励竞争，防止垄断的原则。

（3）公开、公平、公正的原则。

（4）等价、有偿、讲求信用的原则。

（5）严格保守机密的原则。

第二节　水利水电建设项目勘察、设计招标与投标

一、概述

水利水电建设项目的立项报告批准后，进入实施阶段的第一项工作就是勘察、设计招标。以招标方式委托勘察、设计任务，是为了使设计技术和成果作为有价值的技术商品进入市场，打破地区、部门的界限开展设计竞争，以降低工程造价，缩短建设周期，提高投资效益。

1. 招标承包范围

为了保证设计指导思想能顺利贯彻于设计的各阶段，设计招标一般较多采用技术设计招标或施工图设计招标，不单独进行初步设计招标，而是由中标的设计单位承担初步设计。

勘察任务可以单独发包给具有相应资质的勘察单位实施，也可以将其包括在设计招标任务中。业主可以将勘察任务和设计任务交给具有勘察能力的设计单位承担，也可以由设计单位总承包，由设计总承包人再去选择承担勘察任务的分包单位。这种做法比业主分别招标委托勘察和设计任务的方式更为有利。一方面，总承包比两个独立合同分别承包在合同履行过程中较易管理，业主和（监理）工程师可以摆脱两个合同实施过程中可能遇到的协调义务；另一方面，勘察工作可以直接根据设计的要求进行，满足设计对勘察资料精度、内容和进度的需要，必要时还可以进行补充勘察工作。

2. 设计招标的特点

设计招标不同于施工招标和材料设备的采购供应招标，前者是承包人通过自己的智力劳动，将业主对项目的设想转变为可实施的蓝图；而后者则是承包人按设计要求，去完成规定的物质生产劳动。设计招标时，业主在招标文件中只是简单介绍建设项目的指标要求、投资限额和实施条件等，规定投标人分别报出建设项目的构思方案和实施计划，然后由业主通过开标、评标程序对各方案进行比选，再确定中标人。鉴于设计任务本身的特点，设计招标采用设计方案竞赛的方式选择承包人。设计招标与施工及材料、设备供应招标的区别主要表现在以下几个方面。

（1）招标文件中仅提出设计依据、建设项目应达到的技术指标、项目限定的工程范

围、项目所在地的基本资料、要求完成的时间等内容，而无具体的工作量要求。

（2）投标人的投标报价不是按规定的工程量填报单价后算出总价，而是首先提出设计的初步方案，论述该方案的优点和实施计划，在此基础上再进一步提出报价。

（3）开标时，不是由业主的招标机构公布各投标书的报价高低排定标价次序，而是由各投标人分别介绍自己初步设计方案的构思和意图，而且不排标价次序。

（4）评标决标时，业主不过分追求完成设计任务的报价额高低，更多关注于所提供方案的技术先进性、所达到的技术指标、方案的合理性以及对建设项目投资效益的影响。

二、勘察、设计招标与投标

（一）准备招标文件

招标文件是指导设计单位进行正确投标的依据，也是对投标人提出要求的文件。招标文件一经发出后，招标单位不得擅自修改。如果确需修改时，应以补充文件的形式将修改内容通知每个投标人，补充文件与招标文件具有同等的法律效力。若因修改招标文件导致投标人经济损失时，还应承担赔偿责任。

1. 招标文件的主要内容

为了使投标人能够正确地进行投标，招标文件应包括以下几个方面的内容。

（1）投标须知。

（2）经过批准的可行性研究报告或设计任务书，以及有关行政文件的复制件。

（3）项目说明书，包括对工程内容、工程项目的建设投资限额、设计范围和深度、图纸内容、张数和图幅、建设周期和设计进度等的要求。

（4）合同的主要条件。

（5）设计资料的供应内容、方式和时间，设计文件的审查方式。

（6）进行现场勘察和对招标文件说明的时间和地点。

（7）授标截止日期。

2. 设计要求文件的编制

在招标文件中，最重要的文件是对项目的设计提出明确的要求，一般称之为设计要求文件或设计大纲。设计要求文件通常由咨询机构或监理单位从技术、经济等方面考虑后具体编写，作为设计招标的指导性文件。文件内容大致包括以下几个方面。

（1）设计文件编制的依据。

（2）国家有关行政主管部门对规划方面的要求。

（3）技术经济指标。

（4）平面布局要求。

（5）结构形式方面的要求。

（6）结构设计方面的要求。

（7）设备设计方面的要求。

（8）特殊工程方面的要求。

（9）其他有关方面的要求。

经咨询机构或监理单位编制的设计要求文件，须经业主批准；如果不满足要求，还需重新核查设计原则，修改设计要求文件。

（二）投标人资格审查

资格审查的内容主要包括以下几个方面。

1. 资质审查

主要是审查申请投标单位所持有的勘察和设计证书资质等级，是否与拟建工程项目的级别相一致，不允许无资格证书单位或低资格单位越级承接工程设计任务。审查的内容包括资质证书的种类、证书的级别、证书允许承接设计工作的范围三个方面。

（1）证书的种类。国家和地方对工程勘察设计资格颁发的证书分为"工程勘察证书"和"工程设计证书"两种。如果勘察任务合并在设计招标中，投标申请人除拥有工程设计证书外，还需有工程勘察证书，缺一不可。允许仅有工程设计证书的单位以分包的方式在总承包后将勘察任务分包给其他单位实施，但在资格审查时，应提交分包勘察工作单位的工程勘察证书。

（2）证书的级别。我国工程勘察资格分为甲、乙两级，工程设计资格分为甲、乙、丙三级，不允许低资质单位承接高等级工程的勘察设计任务。对于设计单位而言，各级证书的适用范围是：

1）持有甲级证书的单位，可以在全国范围内承担证书规定的行业工程建设项目的工程勘察或工程设计任务，不受地区限制。

2）持有乙级证书的单位，可以在本省（直辖市）范围内承担证书规定的行业中、小型工程建设项目的工程设计任务。需要跨省（直辖市）承担任务时，需经项目所在地的省（直辖市）设计主管部门批准。

3）持有丙级证书的单位，可以在本省（直辖市）承担证书规定的行业小型工程建设项目的工程设计任务。需要跨省、市承担任务时，应当持项目主管部门出具的证明，经项目所在地的省（直辖市）设计主管部门批准。

（3）证书规定允许承接任务的范围。尽管投标申请单位的证书级别与建设项目的工程级别相适应，但由于很多工程有较强的专业性要求，故还需审查委托设计工程项目的性质是否在投标申请单位证书规定的范围内。工程设计资格按归口部门分为电力、轻工、建筑工程等28类行业；工程勘察资格分为地质勘察、岩土工程、水文地质勘察和工程测量4个专业。

申请投标单位所持证书在以上三个方面任何一项不合格者，都应被淘汰。

2. 能力审查

能力审查包括设计人员的技术力量和主要技术设备两方面。人员的技术力量重点考虑设计主要负责人的资质能力和各专业设计人员的专业覆盖面、人员数量、各级职称人员所占比例等，是否能满足完成工程设计任务的需要；技术设备能力主要审查测量、制图、钻探设备的器材种类、数量、目前的使用情况等，看其能否适应开展勘察设计工作的需要。

3. 经验审查

审查该设计单位最近几年所完成的工程设计，包括工程名称、规模、标准、结构型式、质量评定等级、设计工期等内容，侧重于考虑已完成的设计与招标工程在规模、性质、型式上是否与本工程相适应，即有无此类工程的设计经验。

招标单位对其他需要关注的问题，也可要求投标申请单位报送有关资料，作为资格审查的内容。资格审查合格的申请单位可以参加设计投标竞争；对不合格者，招标单位也应及时发出通知。

（三）设计投标

设计单位应严格按照招标文件的规定编制投标书，并在规定时间内递送。设计投标书的内容一般应包括以下几个方面。

（1）方案综合说明书。

（2）方案设计内容及图纸。

（3）建设工期。

（4）主要的施工技术要求和施工组织方案。

（5）工程投资估算和经济分析。

（6）设计进度。

（7）设计承包报价。

必要时还可提供设计的模型或沙盘。

（四）评标、定标

评标由招标单位邀请有关部门的代表和专家，组成评标小组或评标委员会来进行。通过对各标书的评审，写出综合评标报告，并推选出第一、第二、第三名候选中标单位。业主根据评标报告，可分别与候选中标人进行会谈，就评标时发现的问题，探讨改正或补充原投标方案的可行性，或对将其他投标人的某些设计特点融于该设计方案之中的可能性等有关事项进行探讨协商，最终选定中标单位。为了保护非中标单位的权益，如果利用非中标单位的技术成果时，需首先征得其同意，然后实行有偿转让。

评标时虽然需要评审的内容很多，但应侧重于以下几个方面。

1. 设计方案的优劣

设计方案的优劣评价，主要是评审投标方案的如下内容。

（1）设计的指导思想是否正确。

（2）设计方案的先进性，是否反映了国内外同类建设项目的先进水平。

（3）总体布置的合理性，场地的利用系数是否合理。

（4）设备选型的适用性。

（5）主要建筑物、构筑物的结构是否合理，造型是否美观大方，布局是否与周围环境协调。

（6）"三废"治理方案是否有效。

（7）其他有关问题。

2. 投入产出和经济效益的好坏

主要涉及以下几个方面问题。

（1）建设标准是否合理。

（2）投资估算是否可能超过投资限额。

（3）实施该方案能够获得的经济效益。

（4）实施该方案所需要的外汇额估算等。

3. 设计进度的快慢

根据投标书内的实施方案计划，看是否能满足招标单位的要求。尤其是某些大型复杂建设项目，业主为了缩短项目的建设周期，往往初步设计完成后就进行施工招标，在施工阶段陆续提供施工图。此时应重点考察设计的进度，是否能够满足业主实施建设项目的总体进度计划。

4. 设计资历和社会信誉

没有设置资格预审程序的邀请招标，在评标时对设计单位的资历和社会信誉也要进行评审，以作为对各申请投标单位的比较内容之一。

根据《中华人民共和国招标投标法》规定，确定中标单位后，双方应在中标通知书发出之日起30日内签订设计承包合同。

第三节　水利水电工程施工招标

水利水电建设项目设计完成后，业主就开始选择施工承包人，进行施工和安装工程招标。施工招标过程可粗略地划分为三个阶段：①招标准备阶段。从申请招标开始，到发出招标广告或邀请招标发出投标邀请函为止；②招标阶段。也是投标单位的投标阶段，从发布招标广告之日起，到投标截止日止。③决标成交阶段。从开标之日起，到与中标单位签订施工承包合同止。

一、工程施工招标的一般程序

工程施工招标的一般程序如图6-1所示。

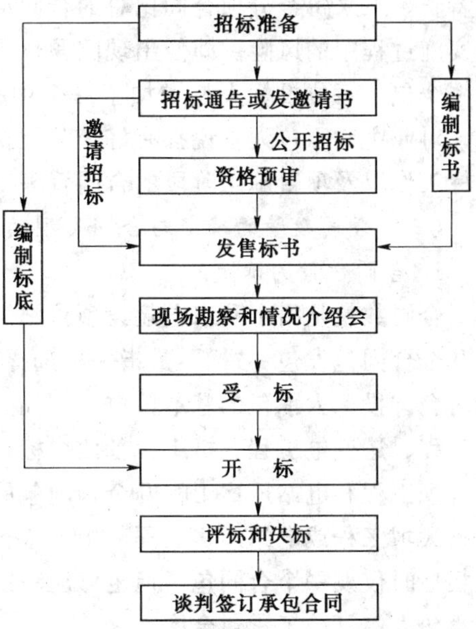

二、招标准备阶段的工作内容

（一）申请招标

水利水电建设项目施工招标，必须经过建设主管部门的招投标管理机构批准后才可以进行。业主向有关建设行政主管部门申请批准施工招标时，应满足相应的条件。

1. 业主单位的资质能力条件

水利水电建设项目的业主必须满足下列资质条件和能力时，才可以进行施工招标。

（1）是法人或依法成立的其他组织。

（2）有与招标工程相适应的经济、技术管理人员。

（3）有组织编制招标文件的能力。

（4）有审查投标单位资质的能力。

（5）有组织开标、评标、定标的能力。

图6-1　工程施工招标一般程序

如果业主不具备上面后四项条件，须委托具有相应资质的咨询公司或监理单位代理招标。

2. 水利水电建设项目应具备的条件

申请招标时，水利水电建设项目必须具备以下条件。

（1）概算已经批准。

（2）建设项目已正式列入国家、部门或地方的年度规定资产投资计划。

（3）建设用地的征用工作已经完成。

（4）具有能够满足施工需要的施工图纸及技术资料。

（5）建设资金和主要建筑材料、设备的来源已经落实。

（6）已经建设项目所在地的规划部门批准，施工现场的"四通一平"已经完成或一并列入施工招标范围。

施工招标可以进行项目的全部工程招标、单位工程招标、特殊专业工程招标等，但不得对单位工程的分部、分项工程进行招标。

（二）招标方式的选择

业主依据自身的管理能力、设计的进展情况、水利水电建设项目本身的特点、外部的环境条件等因素，经过充分考虑比较后，首先决定施工阶段的分标数量和合同类型，然后再确定招标方式。水利水电建设项目的招标可以是全部工作内容一次性发包，也可以把工作内容分解成几个独立的阶段或独立的项目分别招标，如单位工程招标、土建工程招标和安装工程招标、设备订购招标和材料采购招标，以及特殊专业工程施工招标等。全部工程一次性发包，业主只与一个承包人（或承包集团）签订合同，施工过程中的合同管理比较简单，但有能力承包的投标人相对较少。如果业主有足够的管理能力，最好将整个工程分成几个单位工程或专项工程，采取分别招标方式比较有利。一来可以发挥不同承包人的专业特长，二来每个分项合同比总的合同更容易落实，从而可以减少不可预见成分，减轻合同实施过程中的风险。即使出现问题也是局部性的，容易纠正或补救。对投标人来说，多发一个包，每位投标人就增加了一个中标的机会。因此，将一个工程分成几个合同来招标，对业主和承包人来说都有好处。但招标和发包数量的多少要适当，因为合同太多会给招标工作以及项目施工阶段的合同管理工作带来麻烦，甚至不必要的损失。

（三）合同数量的确定与合同类型的选择

1. 合同数量的确定

合同数量是指水利水电建设项目施工阶段的全部工作内容分几次招标，每次招标时又分几个合同包发包。"标"是指一次选择承包人的全部委托任务，而"包"则是指每次招标时允许投标人承包的基本单位。例如某水电站建设施工，将全部工作分为土建工程、安装工程、送变电工程、机组设备四个标，分阶段进行招标，而在土建工程招标时又可划分成大坝工程和电站厂房工程两个合同包同时招标。投标人可以同时投两个合同包，也可以只投大坝工程或电站厂房工程其中一个合同包。因此，标和包并不是同一个概念，有时一次招标时仅发一个合同包，但也可能一次招标同时发几个合同包，业主就每个合同包分别与承包人签订施工承包合同。

业主在确定合同数量时主要应考虑以下几个方面因素。

（1）工程特点。每一个水利水电建设项目从其使用功能来看，都有一定的专业要求，但从施工内容来看，又可划分成一般土建工程共性特点部分和有较强专业技术要求部分。如果将这两部分内容分别招标，则有利于业主跨行业、跨地域在较广泛的范围内，选择技术水平高、管理能力强而报价又低的可靠承包人，来实施具有共性特点的工程。

（2）施工现场条件。划分合同包时，应充分考虑几个独立承包人在现场施工的情况，尽量避免或减少交叉干扰，以利于监理单位在合同履行过程中对各合同包之间的协调管理。如果施工场地比较集中，工程量不大，且技术上又不太复杂，一般不用分标；当工作面分散、工程量大或有某些特殊技术要求时，则可以考虑分标或分包。

（3）对工程造价的影响。合同数量的多少对工程造价的影响，并不是一个绝对能一概而论的问题，应根据工程项目的具体条件进行客观分析。一个工程总承包，便于承包人的施工管理，人工、机械设备和临时施工设施便于统一调配使用，单位间的相互干扰少，就有可能获得较低报价。但对于大型复杂工程的施工总承包，由于有能力参与竞争的单位较少，也会使中标的合同价较高。如果采用分细合同包的方法分别招标，可参与竞争的投标人增多，业主能够获得具有竞争性的商业报价。

（4）承包人的特长。一个施工企业往往在某一方面有其专长，如果按专业分合同包，可增加对有某一专项特长承包人的吸引力，既能提高投标的竞争性，又有利于保证工程按期、优质、圆满地完成。甚至有时还可邀请到在某一方面有先进专利施工技术的承包人，有利于完成特定工程部位的施工任务。

（5）合同之间的衔接。水利水电建设项目是由单位工程、单项工程或专业工程组成，在考虑确定合同包的数量时。既要考虑各施工单位之间的交叉干扰，又要注意各合同包之间的相互联系。合同包之间的联系是指各包之间的空间衔接和时间衔接。空间衔接要明确划分每一合同包的界限，避免产生承包人之间对合同的平面或立面交接工作责任的推诿或扯皮。时间衔接是指工程进度的衔接，特别是"关键线路"的施工项目，要保证前一合同包的工作内容能按期或提前完成，避免影响后续承包人的施工进度，以确保整个工程按计划有序完成。

（6）其他因素的影响。影响分标或分包的因素很多，如资金的筹措、设计图纸完成的时间等。有时，为了照顾本国或本地区承包人的利益，也可能将其作为分标或分包的考虑因素。

总之，业主在分标或分包时，应在综合考虑上述各影响因素的基础上，拟定几个方案进行比较，然后再确定合同数量。

2. 合同类型的选择

施工承包合同的形式繁多，特点各异，业主应综合考虑以下因素来确定合同类型。

（1）项目的复杂程度。规模大且技术复杂的工程项目，承包风险较大，各项费用不易估算准确，不宜采用固定总价合同。最好是有把握的部分采用固定价合同，估算不准的部分采用单价合同或成本补酬合同。有时，在同一工程中采用不同的合同形式，是业主和承包人合理分担施工中不确定风险因素的有效办法。

（2）项目的设计深度。施工招标时所依据的项目设计深度，经常是选择合同类型的重要因素。招标图纸和工程量清单的详细程度是否能让投标人进行合理报价，决定于已完成的设计深度。表6-1中列出了不同设计阶段与合同类型的选择关系，供参考。

（3）施工技术的先进程度。如果施工中有较大部分采用新技术和新工艺，当业主和承包人在这方面过去都没有经验，且在国家颁布的标准、规范、定额中又没有可作为依据的标准时，为了避免投标人盲目地提高承包价款，或由于对施工难度估计不足而导致承包亏损，不宜采用固定价合同，较为保险的做法是选用成本补酬合同。

表6-1 合同类型选择参考表

合同类型	设计阶段	设计主要内容	设计应满足条件
总价合同	施工图设计	(1) 详细的设备清单; (2) 详细的材料清单; (3) 施工详图; (4) 施工图预算; (5) 施工组织设计	(1) 设备、材料的安排; (2) 非标准设备的制造; (3) 施工图预算的编制; (4) 施工组织设计的编制; (5) 其他施工要求
单价合同	技术设计	(1) 较详细的设备清单; (2) 较详细的材料清单; (3) 工程必须的设计内容; (4) 修正概算	(1) 设计方案中重大技术问题的要求; (2) 有关试验方面确定的要求; (3) 有关设备制造方面的要求
成本补酬合同 或单价合同	初步设计	(1) 总概算; (2) 设计依据、指导思想; (3) 建设规模; (4) 主要设备选型和配置; (5) 主要材料需要量; (6) 主要建筑物、构筑物的型式和估计工程量; (7) 公用辅助设施; (8) 主要技术经济指标	(1) 主要材料、设备订购; (2) 项目总造价控制; (3) 技术设计的编制; (4) 施工组织设计的编制

(4) 施工进度的紧迫程度。公开招标和邀请招标对工程设计虽有一定的要求,但在招标过程中,一些紧急工程(如灾后恢复工程等)要求尽快开工且工期较紧,此时可能仅有实施方案,还没有施工图纸,因此不可能让承包人报出合理的价格,所以采用成本补酬合同比较合理。

对于一个水利水电建设项目而言,究竟采用哪种合同形式不是固定不变的。有时候,一个项目中各个不同的工程部分或不同阶段,可以采用不同形式的合同。制定合同的分标分包规划时,必须依据实际情况,权衡各种利弊,以便作出最佳决策。

(四) 编制招标有关文件

编制招标有关文件包括招标广告、资格预审文件、招标文件、协议书及评标办法。

1. 资格预审文件

资格预审文件通常由资格预审须知和需投标人填写的资格预审表两部分构成。

(1) 资格预审须知。它包括总则、申请人应提供的资料和有关证明。资格预审要求的强制性条件,对联营体提交资格预审的要求以及其他规定。

(2) 资格预审申请表。资格预审申请表是招标单位根据投标申请人要求的条件而编制的、由投标人填写的表格,以便进行评审。通常包括申请人公司的名称和地址、公司成立的时间、公司的主要业务概况、公司的组织机构、财务状况表、公司人员情况表、施工机械设备情况说明表、执行合同的分包计划、工程业绩和经验调查表、申请人或联营体合伙人目前涉及的诉讼情况调查表、与资格预审有关的其他资料。

2. 招标文件

招标文件是投标人编制投标文件的主要依据,也是决标后签订工程施工合同的基础和合同文件的组成部分。必须使文件中各项目内容明确而不含糊，以使最大限度地减少误解和争议。招标文件主要内容如下：

（1）工程综合说明。目的在于帮助投标人了解招标工程的基本情况，包括：招标工程的概况（名称、地点、水文地质条件、规模、结构、工期等）；招标发包范围和内容；可供使用的场地情况（场地条件、设施情况等）。

（2）招标公告或投标邀请书。

（3）投标须知。投标须知是指导投标人正确地进行投标报价的文件，包括他们所应遵循的各项规定，以及编制标书和投标时所应注意、考虑的问题，避免投标人对招标文件的内容疏忽或错误理解。投标须知一般包括：项目文件简述，合同形式，现场勘察和召开标前会议的时间、地点及有关事项，填写投标书的有关注意事项，投标保证金，投标文件的递送，投标有效期，开标和评标，业主接受或拒绝任何投标书的权力，授予合同。具体内容如下。

1）承包方式。要说明是总价承包还是单价承包或其他承包方式，物价上涨因素的考虑以及对联合承包和签约后分包的有关要求。

2）投标应具备的条件。指投标单位必须具备的证件和手续，包括以下内容：

a）投标保证金。为了补偿中标的投标单价不签订合同时给业主带来的损失，要求投标人在投标前（或同时）提交投标保证金（一般工民建工程为投标总价的30%，其他大型工程为投标总价的2%～5%）。保证金交纳的形式为现金或银行支票或银行保函等。银行保函必须说明保函的有效期限（一般为3～6个月）。投标时，招标人首先要审查保证金的金额、出具保函银行的资格、有效期限等是否符合规定，否则要予以更正或取消投标资格。投标后，投标人中途退标，将被没收保证金。定标签约后，中标者可将此保证金分转为履约保证金。未中标者可收回保证金。

b）说明外地投标单位是否要到工程所在地区有关部门办理投标登记。

c）国际招标还要指出合格的投标商国籍、投标书使用的语言。

3）招标程序及时间安排。指招标主要工作的起止时间和执行地点。

4）投标单位填写投标文件应遵守的规则。填写标书是投标人对招标人规定的承诺，因此必须详尽说明填写规则。

a）指明投标单位应以招标书为填写标函的依据。投标单位应认真全面填写招标书及其附件各栏空格，如只填部分或填写不清楚、招标单位可视为废标。

b）对标函中文字涂改的规定，错误的处理方法。

c）标函递送的份数，正、副本的区别，递送的方式。

d）对投标单位签章的要求。

e）标函的密封要求。国际标函都要求用火漆密封。

f）投标人能否对招标书提出保留或补充意见或提出优惠条件及其他建设性意见。在国际招标中，投标人提出修改方案供业主考虑时，必须附有工程量及其价格表。如征得工程师同意，可予以考虑。

g）废标的处理界限。

5）对招标书的解释。

　　a）指明招标书的所有内容都作为编制投标文件的依据。

　　b）指出对招标书的说明、设计说明，合同主要条款、图纸、工程量报价表等文件的相互关系，如有矛盾以哪个为准。

　　c）指出投标文件与施工图纸的关系，合同和结算的依据。

　　6）业主的选择权。主要指明业主有权选择任何报价的投标人，业主不承担接受最低报价或任何其他投标人的义务；业主有权拒绝任何不符合投标须知的标函。

　　7）支付货币的规定。工程项目货币的计价和支付，在投标须知中必须明确规定。一般国家都规定采用本国货币计价和支付；受援国工程项目通常采用援助国的货币或美元计价和支付；世界银行资助的工程一般以美元计价和支付；此外也允许投标人以一定比例的其他国家货币作为计价和支付的要求，如日元、英镑、马克和法郎等。

　　货币的兑换率，一般规定以投标截止之日前 30 天为时间标志，以当地国家中央银行所颁布的兑换率为标准。此兑换率适用于承包合同的整个执行期。

　　8）中标后的保证条件。

　　a）履约保证金。投标人中标后，在签订协议书之前，必须先交纳履约保证金，以确保协议的正常履行。其交纳形式与投标保证金相同。履约保证金一般占报价的 10% 或为双方具体规定的数额。中标后可将投标保证金转为履约保证金，不足部分按投标保证金的办理手续办理。履约保证金若是银行保函，其有效期应延到工程完工为止。

　　b）第三方保险金。在合同执行期间，施工中可能发生对现场周围任何人的财产或人身造成损害及其赔偿，包括对业主及其雇员、过路行人等的损害和赔偿。为此支付的保险费，称为第三方保险金。最低的保险金额在标书中具体规定，保险费率一般为报价的 0.05%～0.1%。

　　c）完工期与罚款。工程的完工日期，应按业主的要求，在投标文件中明确规定。一般以月计算。如果工程拖期，则应按罚款规定处理。

　　d）维修期与保留金。维修期是工程竣工验收后的保修时间。在维修期内发现的工程质量问题，应由承包人负责修理。维修期视工程规模大小而定。保留金是指在维修期内为确保承包人尽维修责任而保留的一部分工程造价。直至维修期满方能结清。保留金一般为报价的 5%～10%。

　　9）关于投标书的附件。投标须知规定了投标文件组成部分及其附件。标函的附件一般如下，业主可根据需要选列。

　　a）工程报价汇总表。

　　b）单位费用分析表。

　　c）分年度的工程量、劳动力。

　　d）承包人自供材料价格表。

　　e）施工组织设计说明及图纸。

　　f）与标函同时递送的改进和比较方案、措施、建议及其图纸。

　　（4）投标文件格式及其附件。投标文件格式应符合有关规定。

　　（5）工程量报价表及其附录。工程量报价表是编制标底、报价和评标、决标的主要依据，是按照设计文件和技术说明书计算得出，它不能约束投标人的投标报价（因为设计文件和技术说明书才是投标报价的基本依据，招标人对工程量报表的准确性一般要负责任），但可以约束中标人对施工合同的履行（因为工程量报价是合同文件的组成部分）。

（6）合同书格式及履约保函。

（7）合同条款。一般应包括：工程开竣工日期，工程奖罚条件，材料及设备的供应方式，工程量的量测，工程款的支付方式，预付款的百分比，违约责任、材料标准价格的采用，材料及设备价差的调整方法等。

（8）技术规范。施工技术规范大都套用国家或部委、地方编制的规范、规程内容，可作为指导承包人正确施工、确保工程质量的重要文件，也是工程验收的依据。在必要时，需编制技术规范。

（五）编制标底

编制标底是建设项目招标前的一项重要准备工作，而且也是一项细致而复杂的工作。标底是建设项目的预期价格，通常由业主委托设计单位或建设监理单位制定。如果是由设计单位或其他咨询单位编制，建设监理单位在招标前要对其进行审核。标底需报请主管部门审定，审定后保密封存至开标时，不得泄露。

制定标底与设计及招标文件的编制有着密不可分的关系。编制一个先进、准确、合理、可行的标底需要认真、实事求是的精神。标底是否准确，首先取决于工程量清单中的工程量是否准确，因此，工程量清单中要尽量减少漏项，并将工程量尽可能计算准确。此外，标底的编制不同于概（预）算，它所取用的定额应建立在一个比较先进的施工方案基础上，能够反映预计参与竞争的承包人目前较为先进的施工水平，这样才可以作为评标的依据，否则，就失去了编制标底的意义。只有所依据的施工方法、施工管理、技术规范都比较先进，编出的标底才切合实际。如果是国际招标，更应注意研究和调查国际上目前先进的施工方法、施工技术和设备能力。

1. 标底的作用

（1）国家以标底为主要尺度考核发包工程的造价。标底反映定期建设招标工程的社会平均劳动水平，投标报价则反映投标人的个别劳动水平，它应该接近于社会平均劳动水平，也就是报价应该等于或略高、略低于标底。因此，国家可以根据标底对基本建设产品的发包价格进行有效的监督。

（2）招标人根据标底的浮动范围控制工程造价，避免决策中的盲目性。由于水电工程的复杂性，概算的整体性较强，招标合同划分后，常常与概算项目不一致，造成有关费用不易划分归项，甚至由于招标合同界面的变化导致增加一些费用项目，因此，通过编制工程标底的"自我预测"做到心中有数。

（3）作为评议投标报价的标准和尺度。招标工程的标底是进行评标和决标工作的重要依据，是审核标价、评标、决标的标准，因此，标底的准确与否直接影响工程项目的招标工作的成败。有些招标投标管理办法从保护承包人利益角度出发，对投标报价与标底的相差幅度作了规定，超过规定幅度，即视为废标。这时，标底的作用就更为重要，不过，对一般小型工程或重复性很强的工程而言，规定相差幅度也许可行，但对于大型工程，尤其是水利水电工程项目，硬性规定报价与标底的差别幅度不一定很适合，因为先进技术的应用，施工方案的革新，管理水平的提高，常常会大幅度降低报价。招标人以标底为基础，结合其他要求，以浮动形式选择投标企业的合理报价，确定建筑产品价格（发包造价），这有利于控制工程造价，提高投资效益。

（4）标底是保证工程质量的经济基础。经过审定的标底，不低于建造招标工程所需的活劳动和物化劳动的最低消耗量，在保证工程质量、工期定额的条件下合理确定。因此，既可避免招标人片面压价，又可防止投标人盲目投低标甚至投机报价，导致施工中出现资金短缺、偷工减料等现象。准确的标底是工程质量可靠的经济保证。

另外，在合同执行过程中，当发包人和承包人之间发生索赔争议时，标底可作为解决索赔争议的重要参考依据之一。招标设计阶段应在初步设计阶段之后进行，一般情况下各个标的标底总和不应超过相应的执行概算。

2. 标底的编制原则

标底的计算，以设计文件、技术说明书、国家规定的现行定额、材料预算价格和取费标准为主要依据，并将凡因满足招标工程特殊要求所需的措施费、材料调价发生的费用、不可预见费等列入。标底必须是持证的熟悉有关业务的概预算专业人员编制，编制标底的单位及有关人员不得介入该工程的投标书编制业务。

开标前，标底属于绝密材料，严禁以任何形式泄露，否则应给予严肃处理，直至给予法律制裁。

标底的编制遵循以下原则。

（1）招标项目划分、工程量、施工条件等应与招标文件一致。

（2）应根据招标文件、设计图纸及有关资料按照国家和有关部委颁发的现行技术标准、经济定额标准及规范等认真编制，不得简单地以概算乘以系数或用调整概算作为标底。

（3）在标底的总价中，必须按国家规定列入施工企业应得的7％计划利润。

（4）施工企业基地补贴费和特殊技术装备补贴费可暂不计入标底，使用方法遵照有关规定。

（5）一个招标项目，只能有一个标底。不得针对不同的投标单位而有不同的标底。

（6）编制标底应不突破业主预算，未编业主预算的则不应突破国家批准的设计概算中相应部分投资额。

（7）标底价格是项目法人对实施工程项目所需费用的预测价格，应力求与市场的实际变化吻合，要有利于竞争和保证工程质量。

标底突破上级批准的总概算，应说明原因，由设计单位进行调整，并经原概算批准单位审批后才可招标。

3. 标底的编制步骤

编制一个理想的标底，首先，要将工程项目的施工组织设计做得比较深入，有一个比较先进而切合实际的施工计划，包括合理的施工方案、施工进度安排、施工总平面布置和施工所需资源的估算。其次，要认真分析已颁布的各种定额，认真分析当前的加工水平，从而采用比较合理的标底定额。第三，是分析建筑市场的动态，比较实际地把握招标投标的形势。

国内标底的编制以设计概预算为基础。其编制步骤如下。

（1）编制常规设计概算。大中型基本建设项目，如水利水电、火电、化工等项目，一般难以等到施工图设计完成以后再招标，而多以初步设计为招标依据。因此，编制标底时也以常规概算为依据。而其他小型项目和一般工业民用建筑，因其设计周期短，可在施工图完成后进行招标。因此，编制标底时以常规预算为基础。

（2）计算综合单价。工程概预算一般都由主体工程费用、临时工程费用和其他费用三部分组成。按照国际惯例，在招标的标底和投标的标价中，通常不出现临时工程费用及其他费用，只有国际项目的工程量乘以某一种单价——综合单价。因此，综合单价既包含了主体工程的概预算单价，又包含了临时工程及其他费用的摊入单价。

临时工程的摊入单价按其服务对象进行分摊。例如，砂石料系统、混凝土拌和系统及浇筑系统的费用，可分摊在混凝土工程单价中，即将为混凝土工程服务的临时工程的总费用除以混凝土工程的总工程量，得出每立方米混凝土的摊入单价。又如，临时交通和风、水、电系统，临时房建及其他临建工程的费用，是为所有永久性工程服务的，可分摊给所有构成建安工作量的工程中。

（3）标底的计算。根据招标设计提供的各项工程的工程量，乘以相应的综合单价，即为各项工程的预算费用。汇总各项工程的预算费用便得出总预算费用。此外尚须考虑一些不可预见因素所引起的费用，加工料调价、赶工费、意外工程及无法估计的费用，这些也是计算标底的基础，再分析影响本次招标的各种因素，考虑一个浮动幅度，加以调整后即可作为标底。

为了便于分析各投标单位标价的合理性以及在合同实施过程中进行监督，标底的项目划分与排列序号应和招标文件的工程报价表一致。

除了以设计概预算为基础编制标底外，还可以用对照统计指标的办法来确定标底。对于中小型工程，如果本地区已修建过类似的项目，可对其造价进行统计分析，得出综合单价的统计指标，以这种统计指标为编制标底的依据，再考虑材料价格涨落，劳动工资及各种津贴等费用的变动，加以调整后得出标底。

4．工程标底的编制方法

编制工程标底的主要工作是编制基础价格和工程单价，现把基础价格和工程单价的编制方法介绍如下。

（1）基础价格。其中：

1）人工费单价。

2）材料预算价格。一般材料的供应方式有两种：一种是由承包人自行采购运输；另一种是由业主采购运输材料到指定的地点，发包人按规定的价格供应给承包人，再提货运输到用料地点。因此，在编制标底时，应严格按照招标文件规定的条件计算材料价格。

3）施工用电、风、水预算价格。

施工用电价格。一般招标文件都明确规定了承包人的接线起点和计量电表的位置，并提供了基本电价。因此，编制标底时应按照招标文件的规定确定损耗的范围，据以确定损耗率和供电设施维护摊销费，计算出电网供电电价。

自备柴油机发电的比例，应根据电网供电的可靠程度以及本工程的特性来确定。最后按比例计算出综合电价。

施工用风价格。一般承包人自行生产、使用施工用风。

施工用水价格。招标文件中常见的供水方式有两种：一是业主指定水源点，由承包人自行提取使用；二是由业主提水，按指定价格在指定接口（一般为水池出水口）向承包人供水。

4）砂石料单价。一般砂石料的供应方式有两种：一种是业主指定料场由承包人自行生产、运输、使用；另一种是由业主指定地点，按规定价格向承包人供货。承包人自行采备的砂石料单价应根据料源情况、开采条件和生产工艺流程进行计算。

一般应将砂石料场覆盖层清除和有关弃料处理费用摊入砂石料单价或列入工程量报价表的有关项目内。

砂石料单价应考虑砂石料生产加工过程中的体积变化、加工损耗、运输堆存损耗、含泥量清除等各种因素，具体按定额规定的方法计算。

在实际工程中，如施工组织设计确定的生产工艺流程与《水利水电建筑工程概算定额》中的砂石料定额子目不一致，砂石料单价可按施工组织设计确定的设备配备、加工能力、工序环节计算。

如果由业主在指定地点提供砂石料，则应按招标文件中提供的供应单价加计自供料点到工地拌和楼堆料场的运杂费用和有关损耗。

5）施工机械台时费。如果业主提供某些大型施工设备，则台时费的组成及价格标准应按招标文件规定，业主免费提供的设备就不应计算基本折旧费，又如业主提供的是新设备，本招标项目使用这些设备的时间不长，则不计入或少计入大修理费。

（2）工程单价计算。工程单价由直接工程费、间接费、利润和税金组成。直接工程费计算方法主要有工序法、定额法和直接填入法。

1）工序法是根据该项目总工程量和实施该项目各个工序所需人工、施工机械的工作时间以及相应的基础价格计算工程直接费单价的一种方法。工作时间可以通过进度计划中的逻辑顺序确定；也可以通过若干假定的生产效率确定；还可以靠概预算专业人员的经验判断确定。国外估价师广泛采用工序法，因为在土木工程造价中，施工机械使用费所占的比重相当大，而施工机械闲置时间这一重要因素在定额法中是无法恰当地加以考虑的。国外有些估价师不仅用工序法来估算以施工机械使用费为主的工程单价，而且在其余工程单价中也尽可能使用这种方法。这种方法的主要程序是：制定施工计划，确定各道工序所需的人员及设备的数量、规格、时间，计算各种人员、施工设备的费用，再加上材料费用，然后除以工程总量即可得出工程直接费单价。

2）定额法是根据预先确定的完成单位产品的工效、材料消耗定额和相应的基础价格计算工程直接费单价的一种方法。依据的定额可参照执行行业现行定额，对于少数不适用的定额作必要的调整，对采用新技术、新材料、新工艺而造成定额缺项时，可编制补充定额。编制标底时，应仔细研究施工方案，确定合适的施工方法，选用恰当的定额进行单价计算。

3）直接填入法。一项水利水电工程招标文件的工程量报价单包含许许多多工程项目，但是少数一些项目的总价却构成了合同总价的绝大部分。专业人员应把主要的精力和时间用于计算这些主要项目的单价。对总价影响不大的项目可用一种比较简单的、不进行详细费用计算的方法来估算项目单价。这种方法称为直接填入法。这种方法的基础是专业人员应有丰富的实践经验。

在计算某些工程单价时，专业人员也可以将工序法和定额法同时运用。如混凝土单价，可用定额法计算混凝土材料单价，而用工序法计算混凝土浇筑单价。

间接费可参照概算编制的方法计算，但费率不能生搬硬套，应根据招标文件中材料供应、付款、进退场费用等有关条款作调整。利润和税金按照水利部对施工招投标的有关规定进行计算，不应压低施工企业的利润、降低标底从而引导承包人降低投标报价。

（3）临时工程费用。有些业主在招标文件中，把大型临时工程单独在工程量报价表中列项，标底应计算这些项目的工程量和单价，招标文件中没有单独开列的大型临时设施应按施工组织设计确定的项目和数量计算其费用，并摊入各有关项目内。

（4）编制标底文件。在工程单价计算完毕后，应按招标文件所要求的表格格式填写有关表格，计算汇总有关数据，编写编制说明，提出分析报表，形成全套工程标底文件。

除了以上编制标底的方法外，还可以用对照统计指标的办法来确定标底。对于中小型工程，如果本地区已修建过类似的项目，可对其造价进行统计分析，得出综合单价的统计指标，以这种统计指标为编制标底的依据，再考虑材料价格涨落、劳动工资及各种津贴等费用的变动，加以调整后得出标底。

目前一般工业与民用建筑工程的国内招标常以工程预算书的格式，依据综合预算定额编制标底，亦即不计算综合单价，而是计算直接工程费、间接费、计划利润、税金直至预算造价，再考虑一个包干系数作为标底，从形式上它的编制方法同施工图预算的编制方法一样。

目前国内标底编制尚无定制。对于国际工程或国际招标项目招标标底的编制应遵守国际上通用的标底编制方法，一般应符合 FIDC 合同条件，如我国的鲁布革水电工程、二滩水电工程以及黄河小浪底水利工程。

三、招标阶段的工作内容

招标阶段的工作内容主要包括发布招标广告、进行投标申请人的资格预审、发售招标文件、组织投标人到现场考察、召开标前会议解答投标人质疑和接受标书等。

（一）发布招标公告或发送招标邀请函

招标人应按照有关法律、法规和规定发布招标公告或发送招标邀请函。

（二）资格预审

1. 资格预审程序

采用公开招标时，一般都要设置资格预审程序，其目的一是淘汰资质不合格的投标申请人；二是减少评标的工作量，通过对各申请人的全面综合审查，优选出 6～9 家投标人，再邀请他们参加投标竞争；三是通过预审投标人的资历，可作为决标时的重要参考条件。为此，招标单位应先确定一个预计邀请投标人的数量。各投标申请人递送资格预审文件后，经过综合评审编出汇总表，划分成完全符合要求、基本符合要求和不符合要求三类，然后从高分到低分，按预计数量初步确定邀请投标人的短名单。按照短名单及时发出通过资审合格的通知，并要求他们在规定时间内回函予以确认是否参加投标。如经确认有个别不愿参加者，可由候补投标人替补，并补发通知征询其意向。当然，意向确认并不具有法律效力，投标人一旦改变意向，业主不能给予任何制裁。

2. 资格预审的内容

资格预审的内容应考虑到评标的标准，凡评标时考虑的因素，一般在资格预审时不予考虑。资格预审是对投标申请单位整体资格的综合评定，因此，应包括以下几方面内容。

（1）法人地位。审查其企业的资质等级、批准的营业范围、机构及组织等是否与招标工程相适应。若为联营体投标，对合伙人也要审查。

（2）商业信誉。主要审查：在建设承包活动中都完成过哪些工程项目，资信如何，是否发生过严重违约行为，施工质量是否达到业主满意的程度，得过多少施工荣誉证书等。

（3）财务能力。财务审查除了要关注投标人的注册资本、总资产之外，重点应放在近3年经过审计的报表中所反映出的实有资金、流动资产、总负债和流动负债，以及正在实施而尚未完成工程的总投资额、年均完成投资额等。而且在投标人的总收入中还应区分承包工程施工的收入和"三产"等方面收入所占的比例，以便考察其实际承包工程的能力。另外，还要评价其可能获得银行贷款的能力，或要求其提供银行出具的信贷证明文件。总之，财务能力审查着重看投标人可用于本工程的纯流动资金能否满足要求，或施工期间资金不足时的解决办法。

（4）技术能力。主要是评价投标人实施工程项目的潜在技术水平，包括人员能力和设备能力两方面。在人员能力方面，又可以进一步划分为管理人员和技术人员的能力评价两个方面。

（5）施工经验。不仅要看投标人最近几年已完成工程的数量、规模，更要审查与招标项目相类似的工程施工经验，因此，在资格预审须知中往往规定有强制性合格标准。必须注意，施工经验的强制性标准应定得合理、分寸适当。由于资格预审是要选取一批有资格的投标人参与竞争，同时还要考虑被批准的投标人不一定都来投标这一因素，所以，标准不应定得过严。但强制性标准也不能定得过低，尤其是对一些专业性较强的工程，若标准定得过低，就有可能造成缺乏专业施工能力或经验的承包人中标。

3. 资格预审的方法

对投标人的资格一般采取评分的方法进行综合评审。

（1）首先淘汰报送资料极不完整的公司。因为资料不全，难以在机会均等的条件下进行评分。

（2）根据招标项目的特点，将资格预审所要考虑的各种因素进行分类，并确定各项内容在评定中所占的比例，即确定权重系数。每一大项下还可进一步划分若干小项，对各资格预审申请人分别给予打分，进而得出综合评分。

（3）淘汰总分低于预定及格线的投标申请人。

（4）对及格线以上的投标人进行分项审查。为了将工程任务交予可靠的承包人完成，不仅要看其综合能力评分，还要审查各分项得分是否满足最低要求。例如，某投标人虽然总分达到及格标准的 60 分，但施工经验项低于该项所要求的最低分 20 分，此时，或者予以淘汰，或者要求该公司补送资料，给予再次审查的机会。

评审结果要报请业主和上级主管部门批准，如果是使用国际金融组织贷款的建设项目，还需报请该组织批准。然后将是否批准为投标人的申请决定，通知所有资格预审的申请者。

4. 资格预审应注意的问题

(1) 在审查时，不仅要审阅其文字材料，还应有选择地做一些考察和调查工作。因为有的申请人得标心切，在填报资格预审文件时，只填那些工程质量好、造价低、工期短的工程，甚至会出现言过其实的现象。

(2) 投标人的商业信誉很重要，但这方面的信息往往不容易弄到手。应通过各种渠道了解投标申请人有无严重违约或毁约的历史记录，在合同履行过程中是否有过多的无理索赔和扯皮现象。

(3) 对拟承担本项目的主要负责人和设备情况应特别注意。有的投标人将施工设备按其拥有总量填报，可能包含了应报废的设备或施工机具，一旦中标却不能完全兑现。另外，还要注意分析投标人正在履行的合同与招标项目，在管理人员、技术人员和施工设备方面是否发生冲突，以及是否还有足够的财务能力再承担本工程。

(4) 联营体申请投标时，必须审查他们的合作声明和各合作者的资格。

(5) 应重视各投标人过去的施工经历是否与招标工程的规模、专业要求相适应。施工机具、工程技术、管理人员的数量、水平能否满足本工程的要求，以及具有专长的专项施工经验是否比其他投标人占有优势。

(三) 组织现场考察和召开标前会议

招标单位负责组织各投标人在招标文件中规定的时间到施工现场进行考察。组织现场考察的目的，一方面是让投标人了解招标现场的自然条件、施工条件、周围环境和调查当地的市场价格等，以便于编标报价；另一方面是要求投标人通过自己的实地考察，以决定投标策略和确定投标原则，避免实施过程中承包人以不了解现场情况为理由，推卸应承担的合同责任。为此，招标单位在组织现场考察的过程中，除了对现场情况进行简要介绍以外，不对投标人提出的有关问题做进一步的说明，以免干扰投标人的决策。这些问题一般都留待标前会议上去解答。

标前会议是指招标单位在招标文件规定的日期 (投标截止日期前)，为解答投标人研究招标文件和现场考察中所提出的有关质疑问题而举行的会议，又称交底会。在正式会议上，除了向投标人介绍工程概况外，还可对招标文件中的某些内容加以修改或补充说明，有针对性地解答投标人书面提出的各种问题，以及会议上投标人即席提出的有关问题。会议结束后，招标单位应按其口头解答的内容以书面补充通知的形式发给每个投标人，作为招标文件的组成部分，与招标文件具有同等的效力。书面补充通知应在投标截止日期前一段时间发出，以便让投标人有时间作出反应。时间长短应视工程规模大小和复杂程度而定，若发出的时间太短、且对招标文件有重大改动，而使投标人没有充足的时间编标报价时，投标截止日期应相应顺延。

标前会议上，招标单位对每个单位的解答都必须慎重、认真。因为其所说的任何一句话都可能影响投标人的报价决策。为此，在召开标前会议之前，招标单位应组织人员对投标人书面质疑所提的全部问题归类研究，列出解答提纲，由主答人解答。对会上投标人即席提出的问题，主答人有把握时可予以扼要答复，其他人不宜轻率插话；对把握性不大的问题，则可以宣布临时休会，由招标单位研究之后再复会答复；与招标和现场考察无关的问题，一律拒绝解答。

在有些投标过程中，业主对既不参加现场考察又不参加标前会议的投标人，往往认为他对此次投标不够重视而取消其投标资格。如有此项要求，应在投标须知中予以说明。

四、决标成交阶段的工作内容

决标成交阶段的工作内容包括开标、评标、决标和签约。其中，评标和决标工作都是在业主的主持下秘密进行的。

（一）开标

开标的方式可有投标人参加的公开开标和没有投标人参加的非公开开标两种，但开标方式应在招标文件内说明。公开开标，符合平等竞争原则，使每位投标人都知道自己的报价处于哪一位置，其他人的报价有何优势；非公开开标，投标人往往被蒙在鼓里，在不知道其他人报价的情况下，应业主的要求进行压价时，可使业主处于有利地位。但这种方式只有在特殊情况下经过招标管理部门批准后才能采用。开标人员至少由主持人、监标人、开标人、唱标人、记录人组成。上述人员对开标负责。

1. 开标程序

在招标文件规定的日期、时间和地点，由招标单位主持举行开标仪式。所有投标人参加，并邀请建设项目的有关主管部门、当地计划部门、经办银行的代表和公证机关，以及项目（监理）工程师出席。

主持人要当众打开标箱，由公证人员检查并确认标书的密封和书写符合招标文件规定后，由读标人逐一开封，宣读开标一览表中的有关要点，并由记录人在预先准备好的表册上逐一登记。表册内容一般包括投标单位、总标价、总工期、主要材料用量、附加条件、补充声明、优惠条件等内容，同时按报价金额排出标价顺序。登记表册由读标人、记录人和公证人签名后作为开标的正式记录，由招标单位保存。在宣读各投标书时，对投标致函中的有关内容，如临时降价声明、替代方案、优惠条件、其他"可议"条件等均应予以宣读，因为这些内容都直接关系到招标单位和投标单位的切身利益。

2. 公布标底

开标时是否公布标底，要根据招标文件中说明的评标原则而定。对于单位工程量价格或单位平方米造价较为固定的中小型工程，经常采用评标价（而非投标报价）最接近标底者中标的方式，同时，规定超过标底上下百分之多少范围的投标均为废标，且开标时必须公布标底，以使每个投标人都知道自己标价的位置。但对于大型复杂的建设项目，标底仅为评标的一个尺度，一般以最优评标价者中标，此时没有必要公布标底。因为对于大型复杂的工程，采用先进的技术、合理的施工组织和施工方法、科学的管理措施等，完全可以突破常规而达到质优价廉的目的。先进与落后反映在标价上会有很大出入，而且投标人所采用的施工组织和方法可能与编制标底时所依据的原则完全不同，所以，不能完全以标底价格判别报价的优劣。

3. 废标处理

开标时如果发现有下列情况之一者，均应宣布投标书作废。

（1）投标文件密封不符合招标文件要求的。

（2）逾期送达的。

（3）投标人法定代表人或其授权代表人未参加开标会议的。

（4）未按照招标文件规定加盖单位公章和法定代表人（或其授权人）的签字（或印鉴）的。

（5）招标文件规定不得标明投标人名称，但投标文件上表明投标人名称或有任何可能透露投标人名称的标记的。

（6）未按照招标文件要求编写或字迹模糊导致无法确认关键技术方案、关键工期工程质量保证措施、投标价格的。

（7）未按照规定交纳投标保证金的。

（8）超出招标文件规定，违反国家有关规定的。

（9）投标人提供虚假资料的。

所有被宣布为废标的标书，招标单位应原封不动地退回，不予评审。

（二）评标

评标的目的是根据招标文件中确定的标准和方法，对每个投标人的标书进行评审，以选出最低评标价的中标人。评标工作由评标委员会负责，为了保证评标的公正性，评标委员会由招标人的代表和有关技术、经济、合同管理等方面的专家组成，成员人数为 7 人以上单数，其中专家（不含招标人代表人数）不得少于成员总数的 2/3。公益性水利工程建设项目中，重要项目的评标专家应当从水利部或流域管理机构组建的评标专家库中抽取；地方项目的评标专家应当从省、自治区、直辖市人民政府水行政主管部门组建的评标专家库中抽取，也可以从水利部或流域管理机构组建的评标专家库中抽取。评标专家的选择应当采取随机的方式抽取。根据工程特殊专业技术需要，经水行政主管部门批准，招标人可以指定部分评标专家，但不得超过专家人数的 1/3。评标委员会成员不得与投标人有利害关系，所指利害关系包括：是投标人或其代理人的亲属；在 5 年内与投标人曾有工作关系；或有其他社会关系或经济利益关系。评标委员会成员名单在招标结果确定前应当保密。

评标委员会均不代表各自的单位或组织，并严禁私下与投标人接触，更不得泄露评标情况和评标结果。开标以后，投标人提出的任何修正声明或附加优惠条件，一律不得作为评标依据；为防止投标哄抬物价，或盲目压低报价，可确定标底，标底的确定因工程而异。开标后，对投标文件中不清楚的问题，招标人有权向投标人提出询问，对所澄清和确认的问题，应采取书面方式，经双方签字后，作为投标文件的组成部分。

1. 评标工作的一般程序

（1）招标人宣布评标委员会成员名单并确定主任委员会人选。

（2）招标人宣布有关评标纪律。

（3）在主任委员主持下，根据需要，讨论通过成立有关专业组和工作组。

（4）听取招标人介绍招标文件。

（5）组织评标人员学习评标标准和方法。

（6）经评标委员会讨论，并经 1/2 以上委员同意，提出需投标人澄清的问题，以书面形式送达投标人。

（7）对需要文字澄清的问题，投标人应当以书面形式送达评标委员会。

（8）评标委员会按照招标文件确定的评标标准和方法，对投标文件进行评审，确定中标候选人推荐顺序。

（9）在评标委员会 2/3 以上委员同意并签字的情况下，通过评标委员会工作报告，并报招标人。评标委员会工作报告附件包括有关评标的往来澄清函、有关评标资料及推荐意见等。

2. 评标工作阶段

评标工作可分为初评和详评两个阶段。

（1）初评。初评也称"审标"，是为了从所有标书内筛选出符合最低要求标准的合格标书，淘汰那些不合格的标书，以免在详评阶段浪费时间和精力。评审合格标书的主要条件是：

1）投标书的有效性。审查标书单位是否与资格预审短名单一致；递交的投标保函在金额和有效期内是否符合招标文件的规定；如果以标底衡量有效标时，投标报价是否在规定的标底上下百分比幅度范围内。

2）投标书的完整性。投标书是否包括了招标文件中规定应递交的全部文件。如果缺少一项内容，则无法进行客观、公正的评价，只能按废标处理。

3）投标书与招标文件的一致性。如果招标文件指明是"反应标"，则投标书必须严格地对招标文件的每一空白栏作出回答，不得有任何修改或附带条件。如果投标人对任何栏目的规定有说明要求时，只能在原标书完全应答的基础上，以投标致函的方式另行提出自己的建议。对原标书私自作出任何修改或用括号注明条件，都将与业主的招标要求不相一致，也按废标对待。

4）报价计算的正确性。由于只是初评，不过细研究各项目报价金额是否合理、准确，仅审核是否有计算统计错误。若出现的错误在规定的允许范围内，由评标委员会予以改正，并请投标人签字确认；若其拒绝改正，不仅按废标处理，而且按投标人违约对待；当错误值超过允许范围时，也按废标对待。

经过初评，对合格的标书再按报价由低到高的顺序重新排列名次。由于排除了一些废标和对报价错误进行了某些修正，此时的排列顺序可能和开标时的排列顺序不一致。一般情况下，评标委员会将新名单中的前几名作为初步备选的潜在中标人，在详评阶段作为重点评审对象。

（2）详评。施工评标不只是考虑投标价的组成，还要对技术条件、财务能力等进行全面评审和综合分析，然后选出最低评标价的投标。详评的内容包括以下几个方面。

1）技术评审。主要是对投标人的实施方案进行评定，包括其施工方法和技术措施是否可靠、合理、科学和先进，能否保证施工的顺利进行，能否确保施工质量；是否充分考虑了气候、水文、地质等各种因素的影响，并对施工中可能遇到的问题作了充分的估计；是否同时也设计了妥善的预处理方案；施工进度计划是否科学、可行；材料、设备、劳动力的供应是否有保障；施工场地平面图设计是否科学、合理等。

2）价格分析。不仅对各标书进行报价数额的比较，还要对主要工作内容及主要工程量的单价进行分析，并对价格组成各部分比例的合理性进行评价。分析投标价的目的在于鉴定各投标价的合理性，并找出报价高与低的主要原因。

3）管理和能力评审。主要审查承包人实施本项工程的具体组织机构是否合适，所配备的管理人员的能力和数量是否满足施工需要；是否建立起满足项目管理需要的质量、工期、安全、成本等保证体系。

4）商务法律评审。即对投标书进行响应性检查，主要审查投标书与招标文件是否有重大偏离。当承包人采用多方案报价时，要充分审查评价对招标文件中双方某些权利义务条款修改后，其方案的可行性以及可能产生的经济效益与随之而来的风险。

3. 评标方法

评标的方法很多，方式有繁有简，究竟采用哪种方法要根据招标项目的复杂程度、专业特点等来决定。目前，施工评标方法主要有以下几种。

（1）专家评议法。由评标委员会预先确定拟评定的内容，如工程报价、合理工期、主要材料消耗、施工方案、工程质量和安全保证措施等项目，经过对共同分项的认真分析、横向比较和调查后进行综合评议，最终通过协商和投票，选择各项都较优良的投标人作为中标候选人推荐给业主。这种方法实际上是一种定性的优选法，虽然能深入地听取各方面的意见，但容易发生众说纷纭、意见难于统一的情况，而且由于没有进行量化评定和比较，评标的科学性较差。其优点是评标过程简单、在较短时间内即可完成，一般仅适用于小型工程或规模较小的改扩建项目。

（2）综合评分法。评标委员会事先根据招标项目特点，将准备评审的内容进行分类，各类内再细化成小项，并确定各类及小项的评分标准。如某工程评标的分值划分是：工程报价 30 分，工期 30 分，工程质量 15 分，材料 15 分，施工组织 10 分。评分标准确定后，再根据对标书的评审给予打分，各项统计之和即为该标书得分。如报价以标底价为标准，报价低于标底 5% 范围内为满分；高于标底 8% 范围内和低于标底 10% 范围内，比标底每增加 1% 或比 95% 的标底每减少 1% 均扣减 2 分；报价高于标底的 8% 以上或低于 10% 以下均为 0 分。最终以得分的多少排出次序，作为综合评分的结果。这种定量的评标方法，在评定因素较多而且繁杂的情况下，可以综合评定出各投标人的素质情况，既是一种科学的评标方法，又能充分体现平等竞争原则。

（3）低标价法。以评审价格（或称评标价）作为衡量标准，选取最低评标价者作为推荐中标人。评标价并非投标价，它是将一些因素折算为价格，然后再评定标书次序。由于很多因素不能折算为价格，如施工组织机构、管理体系、人员素质等，因此，采用这种方法必须建立在严格的资格预审基础上。只要投标人通过了资格预审，就被认为已具备可靠承包人条件，投标竞争只是一个价格的比较。投标人的报价，虽然是评标价的基本构成要素，但如果发现有明显漏项时，可予相应的补项而增加其报价值。如某项税费在报价单内漏项，可将合同期内按规定税率计算的应交纳税费加入其报价内。尽管从理论上讲，承包人报价过低的后果由其自负，但承包人在实施过程中如果发生严重亏损，必然会将部分风险转移给业主，使业主实际支出的费用超过原合同价。

评标价的其他构成要素还包括工期的提前量、标书中的优惠条件、技术建议而导致的经济效益等，这些条件都折算成价格作为评标价内的扣减因素。如标书中工期提前较多，可以视为单位将业主所得收益按一定比例折合为优惠价格计入评标价内；技术建议的实际经济效益也按一定的比例折算。以工程报价为基础，对可以折合成价格的因素经换算后加以增减，就组成了该标书的评标价。

但应注意，评标价仅是评标过程中以货币为单位的评定比较方法，而不是与中标人签订合同的价格。业主接受了最低评标价的投标人后，合同价格仍为该投标人的报价值。

（4）A＋B值法。当评标委员会对所有标书进行全面审查评定后，凡满足要求条件的标书均被认为具备投标资格，此时就以标书中报价的合理性作为选定最终中标者的依据。通常的做法是以标底价格作为衡量标准，与标底最接近的为最优标书。但如果出现多家具有投标资格的投标人，其投标报价均低于标底时，则很有可能是标底编制得不够科学，不能充分地反映出较为先进的施工技术和管理水平，若以标底作为衡量标准就显得有失公允。为了弥补这一缺陷，可以采用以标底价的修正值作为衡量标准，也即"A＋B值法"。它是将低于标底某一预定百分比范围内的投标报价算术平均值作为 A，将标底或评标委员会在评标前确定的标价作为 B，然后将 A 和 B 的加权平均值作为衡量标准，再选定与 A＋B 值最接近的为最优标书。

（5）记分法。该方法一般从 6 个方面进行评议，即投标价、企业素质、主要工程机械设备、施工组织规划、商业信誉和附加优惠条件。根据国际工程招标常采用的公式，结合国内的实际情况，有些工程在评标时以如下公式计算各标书的评分：

$$P = Q + (B - b)/B \times 200 + S + M + N \tag{6-1}$$

式中　P——最终得分；

　　　Q——投标报价，一般该项占 40～70 分；

　　　B——标底价；

　　　b——分析报价；

　　　S——投标人素质得分，一般取 10～25 分（包括技术人员素质、设备情况、财务状况三项指标）；

　　　M——投标人的信誉，上限一般为 10～25 分；

　　　N——投标人的施工经验。特别应注意与招标工程类似工程的经验，上限一般取10～20 分。

4. 评标报告

评标报告是评标阶段的结论性报告，由评标委员会将评标结果报送业主，供业主决标时参考。评标报告一般包括以下内容。

（1）评标情况介绍。说明共收到多少标书；评审过程中判定有哪些标书是废标，并分列出废标单位的名称、废标的原因。

（2）对合格标书的评价。重点应放在有可能中标的几份标书，详细作出评标说明。主要内容包括标价分析、技术建议分析、合同建议分析、实施能力分析、风险分析等。

（3）推荐中标人名单。评标报告应明确提出推荐的中标人和备选中标人。推荐的中标人应是所递交的标书最合理、最经济和风险最小的投标人。

（三）决标和授标

1. 决标前谈判

业主根据评标报告所推荐的中标人名单，约请被推荐者进行决标前谈判，业主谈判的主要目的如下。

（1）标书通过评审，虽然从总体上可以接受投标人的报价，但仍可能发现有某些不够合理之处，希望通过谈判压低报价额成为正式合同价格。

（2）发现标书中某些建议（包括技术建议或商务建议）是可以采纳的，有些可能是其他投标人的建议，业主希望备选的中标人也能接受，需要与其讨论这些建议的实施方案，并确定由于采纳建议而导致的价格变更。

（3）进一步了解和审查备选中标人的施工规划和各项技术措施是否能保证工程质量和工期要求。

对于较简单的工程项目，可以在开标当场经过评审决定中标人；规模较大、内容较复杂的工程，则由招标人根据评标委员会推荐的候选中标人，全面衡量，择优选择中标人。决标应在招标有效期内确定中标人，如是特殊情况，招标人可发出通知，延长投标有效期，但投标人也可以不接受这种延长。中标人确定后，经报上级招标投标管理机构批准，即向中标人发出中标通知书。

2. 授标

中标人接到中标通知书后，即成为该招标工程的施工承包人，应在规定时间内与业主签订施工合同。此时，业主和中标人还要进行决标后的谈判，将双方以前谈判过程中达成的协议具体落实到合同内，并最后签署合同。

自中标通知书发出之日起 30 日内，中标人持中标通知书和施工合同草稿，以及履约保函，与招标人进行协商，就施工合同条款达成协议，签订施工合同。招标人和中标人不得另行订立背离招标文件实质性内容的其他协议。招标人在确定中标人后，应当在 15 日之内按照项目管理权限向水行政主管部门提交招标投标情况的书面报告。当确定的中标人拒绝签订合同时，招标人可与确定的候补中标人签订合同，并按照项目管理权限向水行政主管部门备案。

投标人接到中标通知后，借故拖延不签合同，招标人可没收其投标保证金。因招标人本身原因致使招标失败，招标人应按双倍投标保证金的数额赔偿投标人的经济损失，同时退还投标保证金。

业主与中标人签署施工合同后，对未中标的投标人也应当发出落标通知书，并退还他们的投标保证金。招标人无需向未中标人解释未中标原因。

第四节　水利水电工程施工投标

一、投标条件

凡持有营业执照、具有法人资格、取得施工企业资质等级证书、具备相关专业资质要求的水利水电施工企业，均可参加与其资质相适应的水利水电工程施工投标。非水利水电行业的施工企业参加投标，其资质应符合"水利水电施工企业资质等级标准"；参加有特殊水工要求的建设项目的投标，还应取得有关招标投标管理机构核发的针对该工程项目的投标许可证。跨地区承包任务时，必须向工程所在地区建设主管部门注册，取得在当地承包工程的许可证。跨国承包工程时，必须持有与招标工程所在国有业务往来的银行或信托担保的证明文件。

二、投标风险

在资本主义国家中，承包人破产倒闭的比率超过其他任何行业。美国平均每年有13％的承包人破产倒闭，可见投标风险之大。而投标风险是由投标工作不当所致，其主要原因有以下几种。

(1) 标书或合同条款不合理，把本来属于招标人的责任强加在投标者身上，迫使承包人遭受损失。

(2) 自然条件超乎寻常的变化，而又够不上合同规定的"人力不可抗拒"的条款时，投标者必须额外增加费用，甚至因无法按期完工而被罚款。

(3) 通货膨胀和物价上涨超过预计情况。

(4) 当地劳动力困难，不得不用高价从外地雇用劳动力。

(5) 发生意外损失，如没有办理保险，给投标者带来损失。

(6) 管理不当，不能按工程质量要求或工期完成任务。

(7) 分包失误使承包人担负赔偿责任。

(8) 经济核算不严格，使工程亏本。

许多风险是可以预见的，只要投标者事先认真研究标书及合同条款，抓住工程关键，对可能发生的问题有足够的估计，并采取预防措施，就可以避免遭受意外损失，从而获得一定利润。

三、投标的一般过程和工作内容

企业为了在投标竞争中获胜，应设置有实权，懂技术、经济、法律，会管理的专门投标工作机构，承担从收集招标投标情报信息资料开始，直至中标后签约的一系列工作。投标工作机构成员不仅应熟悉投标工作的程序和内容，而且还应掌握选择投标项目的原则，投标报价的规律和方法，以充分发挥企业优势，创造一切可能条件，争取中标。工程建设施工投标一般程序如图 6-2 所示。

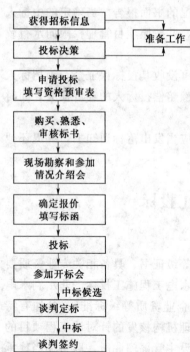

图 6-2 工程建设施工
投标一般程序

(一) 日常准备工作内容

(1) 收集招标投标信息。在建筑市场激烈的竞争中，掌握信息十分重要。企业要在竞争中获胜，必须建立有效的信息系统，及时、全面、准确地收集与企业投标有关的经济、技术和社会方面的信息。

(2) 准备投标资格预审资料。投标单位应按资格预审公告（通知）的要求，填写资格预审文件，并向招标单位提供下列材料。

1) 施工企业资质证书（副本），营业执照（副本）及会计师事务所或银行出具的资信证明。

2) 企业职工人数、技术人员、技术工人数量及平均技术等级，企业主要施工机械设备。

3) 近 5 年承建的主要工程情况（要附有质量监

督部门出具的质量评定意见）。

4）现有主要施工任务（包括在建和已中标尚未开工的建设项目）。

5）近两年企业的财务状况。

（二）投标阶段的工作内容

1. 申请投标和投递资格预审书

在前期工作的基础上，投标单位即可依照投标原则，选择那些有兴趣的招标项目，提出投标申请，提交资格预审资料，获得审查同意后，购买招标文件，并立即着手进行研究。应当注意，收集信息的工作贯穿投标活动始终，而非仅仅在申请投标之前。

需要指出的是，一般情况下，业主规定投标人通过资格预审后才能购买标书，但也有的业主允许先购买标书，并要求投标人同时提交资格预审材料，待开标后评标谈判时，再将投标人的资信作为首要条件考虑。

2. 标书的购买与研究

施工企业只有接到招标人发出的投标通知书或邀请书后，才具有参加该项目投标竞争的资格，才可按指定日期和地点，凭资格预审合格通知和有关证件去购买标书，或采用汇款邮寄的方式购买标书。国外工程常采用后一种方式，国内项目以派专人去购买为宜。

购得标书后，承包人必须先对标书进行全面透彻的研究。研究内容包括投标须知、承包的一般条款和特殊条款、工程技术质量要求、工程说明书及施工图纸等。其目的在于弄清承包人的责任和报价范围、工程规模和复杂程度、设计深度及资料完整性、各项技术要求、地质资料能否满足施工要求、施工工期是否足够、合同中的财务条款及支付程序、申诉仲裁和解决争议的方式是否公平合理等，以便最后判断是否投标和确定能保证质量、工期的施工方案。还要查明需要专门询价的特殊材料、设备，以便及时调查价格及正确估价。同时理出含糊不清的问题，以便及时提请业主或咨询工程师予以解答澄清，从而能够制定一份有竞争力又可获得利润的标函。

因为获得标书至投标截止日期的时间有限，因而在审核过程中，一旦发现问题或把握不准之处，应及时用书面形式向招标人询问。

研究标书要求全面消化，既不放过任何一个细节，又要特别注意一些重点问题。有的投标人草率地对待标书，可能认为一般条款比较标准化，致使未对其中包含的发包人给承包人规定的某些非一般性的条款予以应有的重视。一旦中标签约，由于承包人对自己的责任范围认识不清，很可能陷入被动，甚至导致经济损失或破产。

3. 勘察现场，参加招标会议

工程现场的自然、经济和社会条件，均是制约施工的重要因素，应在报价中予以考虑。除平时收集的有关资料外，应参加招标单位组织的现场勘察，深入了解现场位置、地质地貌、交通及通信设施、供水供电、当地材料供应等情况，以利于合理报价。

研究招标文件和勘察现场过程中发现的问题，应在招标会议上提出，并力求得到解答，而且自己尚未注意到的问题，可能会被其他投标单位提出。设计单位、招标单位等也将会就工程要求和条件、设计意图等问题作出交底说明。因此，参加招标会议对于进一步吃透招标文件，了解招标单位意图，工程概况和竞争对手情况等均有重要作用，投标单位不应忽视。

4. 确定投标策略

施工企业参加投标竞争，目的在于得到对自己有利的施工合同，从而获得尽可能多的盈利。为此，必须注意正确运用投标策略。

需要注意，在确定投标策略之前，经过前期准备工作及对招标文件的研究、招标项目可靠性的分析和现场勘察，如得出下列结论之一时，则应及早放弃投标，以免造成更大损失。

（1）本企业主营或兼营能力之外的项目。

（2）工程规模或技术要求超出本企业技术等级的项目。

（3）企业等级、信誉、能力明显竞争不过对手的项目。

（4）建设单位工作态度不利于本企业承包的项目。

（5）资金、材料等条件不落实，本企业又无垫支能力的项目。

（6）本企业生产任务饱满，而招标工程本身预期盈利水平又较低或风险较大的项目。

5. 编制投标书

投标书是投标单位争取中标的书面承诺，是以完全同意招标文件为前提编报的，投标单位应按照招标文件的要求，认真编制投标书，并做到以下各条要求。

（1）充分理解招标文件和项目法人（或建设单位）对投标者的要求。

（2）弄清工程性质、规模和质量标准。

（3）确定本企业的各种定额水平。

（4）施工企业应得的 7% 计划利润要计入单价。

（5）拟定最优投标方案。

投标文件的内容应符合招标书的要求，主要应包括以下内容。

（1）投标书综合说明，工程总报价。

（2）按照工程量清单填写单价分析、单位工程造价、全部工程总造价、三材用量。

（3）施工组织设计，包括选用的主体工程和导流工程施工方案，参加施工的主要施工机械设备进场数量、型号清单。

（4）保证工程质量、进度和施工安全的主要组织保证和技术措施。

（5）计划开工、各主要阶段（截流、下闸蓄水、第一台机组发电、竣工等）进度安排和施工总工期。

（6）参加工程施工的项目经理和主要管理人员、技术人员名单。

（7）工程临时设施用地要求。

（8）招标文件要求的其他内容和其他应说明的事项。

投标单位对招标文件个别内容不能接受者，允许在投标书中另作声明。投标时未作声明，或声明中未涉及的内容，均视为投标单位已经接受，中标后，即成为双方签订合同的依据。不得以任何理由提出违背招标文件的附加条件，或在中标后提出附加条件。

施工企业在规定投标内容以外，可以附加提交"建议方案"，包括修改设计、更改合同条款和承包范围等，并做出这类变更的报价，供招标单位选用。在投标书封面上应注明"建议方案"字样，招标单位有权拒绝或接受"建议方案"。

如果一个施工企业力量不足以承担招标工程的全部任务，或不能满足投标资格的全部条件时，允许由两个或两个以上施工企业组成联营体，接受资格审查，进行联合投标。联合投标应出具联合协议书，明确责任方和联营体各方所承担的工程范围和责任，并由责任方作为联营体的法人代表。联合协议书应经公证处公证。

联合投标，不得以变换责任单位的方式来增加投标的机会。

投标单位必须出具银行的投标保函，保证金额按工程规模大小在招标文件中明确规定。投标书提交招标单位后，在投标截止时间前，允许投标单位以正式函件调整已报的报价，或作出附加说明。此类函件与投标书具有同等效力。投标书分为"正本"和"副本"，"正本"具有法律效力。

6. 投标

全部投标文件编好之后，经校核无误，由负责人签署，按"投标须知"的规定分装并密封之后即成为标函——投递（或邮寄）的投标文件。标函要在投标截止期之前送到招标人指定的地点，并取得收据。标函一般要派人专送。如必须邮寄，应充分考虑函件在途中时间，避免迟到作废。国外投标可发电传或快件寄出。

标函以正式递交招标人的为正本。此正本应以投标人的名义签署，其中若有添字或删改处，应由投标单位的主管负责人在此处签字盖章。

投标文件发出后，在投标截止期或开标日前可以修改其中事项，但应以信函形式发给招标人。

7. 参加开标会

投标人必须按标书规定的时间和地点派人出席开标会议，否则即被认为退出投标竞争。

开标宣读标函前，要复验其密封情况。宣读标函过程中，投标人应认真记录其他投标人的标函内容，特别是报价。有的投标人用录音机录下开标会议全过程，以便对本企业报价、各竞争对手报价和标底进行比较，判断中标可能性，了解各对手实力，为今后竞争积累资料。

宣读标函后，投标人还要及时回答招标人要求补充说明的问题，但不能修改标价、工期等实质性内容。

开标会议后到决标前，往往有一个评标过程，这时投标人还要随时准备就招标人提出的问题进行答辩，使招标人进一步了解标函的含义。

8. 谈判定标

开标以后，投标人的活动往往十分活跃，采用公开或秘密的手段，同业主或其代理人频繁接触，以求中标。而业主在开标后往往要把各投标人的报价和其他条件加以比较，从中选出几家，就价格和工程有关问题进行面对面谈判，然后择优定标，这叫商务谈判或定标答辩会。但是也有业主把这种商务谈判分为定标前、后两个阶段进行。

定标前，业主与初选出的几家（一般是前3标）投标人谈判，其内容一般有：①要求投标人参加技术答辩；②要求投标人在价格及其他一些问题上再作些让步。

技术答辩由招标委员会主持。主要是了解投标人如果中标，将如何组织施工，如何保证工期和质量，如何计划使用劳动力、材料和机械，对难度较大的工程将采取什么技术措施，对可能发生的意外情况是否有所考虑。一般说来，在投标人已经做出施工规划的基础上，是不难通过技术答辩的。

在这一时期，业主占有绝对主动地位。业主常常利用这一点，要求甚至强求投标人压低报价，并就工程款中自由外汇比例、付款期限、贷款利率（如果是贷资投标的话）等方面作出让步。在这种情况下，投标人一点不让步几乎是不可能的。对于业主的要求，投标人不可断然拒绝，也不能轻易承诺。而要据理力争，保护自己，同时也要根据竞争的情况和自己报价的情况，认真分析业主的要求，确定哪些可以让步，哪些不能让步，报价可降低多少，然后在适当时期向业主作出妥协让步。在实际谈判中，这种讨价还价要反复多次，有的要持续几个月时间。这时投标人通过自己的代理人等关系及时了解业主同另外几家投标人的谈判情况是十分必要的。

为了使报价在关键时刻能降得下来，投标人在确定报价时应留有余地。显然，这个余地又不能留得很大。究竟留多大余地合适，没有现成答案，得靠投标人在实践中积累经验，根据不同项目来确定。

9. 谈判签约

在中标后，业主印发出中标通知书，中标人一旦收到通知，就应在规定期限内与招标人谈判。谈判的目的是把前阶段双方达成的书面和口头协议，进一步完善和确定下来，以便最后签订合同协议书。

中标后，中标人可以利用其被动地位有所改善的条件，积极地有理有节地同业主谈判，尽可能争取有利的合同条款。如认为某些条款不能接受，还可退出谈判，因为此时尚未签订合同，尚在合同法律约束之外。

当业主和中标人对全部合同条款没有不同意见后，即签订合同协议书。合同一旦签订，双方即建立了具有法律保护的合作关系，双方必须履约。有的国家在签约后，还须到法律机关公证，合同才有法律效用。

我国招标投标条例规定，确定中标人后，双方必须在一个月内谈判签订承包合同。借故拒绝签订承包合同的招标或中标单位，要按规定或按投标保证金金额赔偿对方的经济损失。

投标单位若接到失标通知，即结束了在该招标工程中与业主的招投标关系，终止了招投标文件的法律效力。

四、投标报价与报价的编制

（一）投标报价的类型

对于建筑施工企业，不同时期，不同竞争环境，其所确定的长期利润目标和近期利益目标是不相同的。而不同的利润目标，又决定着企业参加投标竞争时，采用不同的报价策略。就利润目标来说，施工企业的报价类型可分为四种。

（1）以获得较大利益为投标目的。在施工企业的经营业务处于长期比较饱和状态的情况下，或信誉、实力比较强时，其参加投标的战略思想，往往是以考虑中长期利润目标和经营效果为主，以获得"自己满意"的利润为目的。这种企业投标时，往往不是压价投标，而是投"中标"或"高标"。

宜报较高报价的情况如下。

1）宜报较高报价的工程项目有：技术复杂的工程，大型工程，施工条件恶劣的工程，现行定额不适用的工程。

2）宜报较高报价的企业内部情况有：任务饱满、对招标项目兴趣不大、但愿意陪标，或者有绝对取胜的把握；竞争对手明显不如自己时，判定招标项目是本企业的优势施工项目，或独家具有承建能力，无人竞争时。

（2）以保本或微利为投标目的。建筑企业在业务不饱满的情况下，为解决企业"窝工"现象，其参加投标的战略思想往往是以保本或微利为主。这种企业投标时，可能会投与成本相同或稍高于成本的低标。

（3）以开拓新业务及某地区或国家建筑市场为投标目的。建筑市场的开放，打破了行业和地区的界限，为施工企业开辟了广阔的竞争舞台。建筑企业为开拓新业务或为打入某行业、某地区和某国家的建筑市场，并创造良好的社会信誉，往往会采取保本、甚至赔本的低报价。

（4）面临生存危机的超常规报价。当建筑企业面临生存危机，或为了保住声誉时，往往不得不咬牙压价，采取低于成本较多的（超低标）超常规报价。

施工企业要根据建筑市场、竞争对手和本企业的主客观情况，决定自己的报价类型。如果确定以利润为目的，则要明确达到该目的的报价范围。这就涉及预期利润问题。

（二）确定投标报价的策略

1. 分析预期利润制定报价策略

投标人决定投标并买得标书后，要估算工程成本。估算成本往往不会等于实际成本，而且由于各投标人的管理和技术水平不同，估算的成本也会不同。为了便于制定投标策略，各家就以自己的估算成本 C 作为依据，加上它所希望的盈利金额 L，构成投标报价 B。这个盈利金额，称为直接利润，即

$$L = B - C \qquad\qquad (6-2)$$

在竞争的环境中，这个利润能否得到呢？投标人若希望获得较高利润而投高标时，则中标的机会就小甚至失标；若压缩利润，投以低标，则中标的机会就大。也就是说这个利润的多少，与中标概率 P 有关。因此必须引入预期利润的概念。

预期利润 E 就是直接利润考虑中标概率后的利润，即

$$E = LP \qquad\qquad (6-3)$$

它是承包人在一个较长时期的平均利润，所以也称远期利润。它不仅与标价中利润高低有关，还与企业的中标概率有关，这里的中标概率只能是企业的以往中标概率。

设有一项工程，承包人估算成本为 200 万元。拟以高、中、低三种标价进行投标，其标价和赢标概率如表 6-2 所示，并据此计算预期利润。

表 6-2　　　　　　　　　　预期利润比较　　　　　　　　　　　单位：万元

标价方案	标价 B	直接利润 L	中标概率 P	预期利润 E
高	300	100	0.2	20
中	250	50	0.8	40
低	220	20	1.0	20

从表 6-2 看出，虽然按高标投标有较高的直接利润（100 万元），但其获胜机会较少，从长远看，并不是获得最大利润的标价。而中标方案有最高预期利润，承包人按中标方案投标，其直接利润为 50 万元或零元（失标），而预期利润为 40 万元。

由于直接利润没有考虑赢标概率，而预期利润考虑了概率因素，所以在投标决策时用预期利润比用直接利润更合理。

2. 根据竞争对手制定报价策略

在投标竞争中，承包人可能面临下列几种情况。

（1）知道竞争对手多少和对手是谁。这是最理想的情况。如果已掌握了对手的历史资料就可以制定取胜策略。

（2）知道对手多少，但不知道他们是谁。在这种情况下，由于没有掌握对手是哪些人其投标策略就缺乏肯定性，可靠性就差些。

（3）对手多少和对手是谁均不知道。在这种情况下，由于缺乏完整的资料，制定的投标策略很少有现实性，取胜的可能性很小。

根据投标竞争对手的情况，可以有以下四种报价策略。

（1）只有一个已知竞争对手的报价策略。如果投标人在本次投标竞争中，已经知道唯一的一个对手的情况，就要仔细分析平时掌握的该对手的各种资料，作出准确的报价决策。掌握的资料越多，越准确，决策成功的机会就越大。一般讲来，在只有一个已知竞争对手的情况下，需要掌握的资料包括：对手历次投标的报价 B_i；投标人对对手投标的各项工程成本的估算 C_i。

制定对策的具体步骤如下。

1）计算对于每次中标的报价 B_i 与本企业对其历次中标工程的估计成本 C_i 的比值 K_i，即 $K_i = B_i/C_i$，我们称之报价比值。表 6-3 中收集了该对手 70 次中标的投标报价。

2）将比值 K_i 划分为若干段。表 6-3 中 K_i 以 0.1 为划分区段的步长。

3）计算各区段的中标频率 F_i。先统计每个区段的中标次数 f_i（即频数），频数 f_i 除以总中标次数 $\sum f_i$，就是各区段的中标频率，即 $F_i = f_i / \sum f_i$。

表 6-3　　　　　　　　　　一个竞争对手时竞标获胜概率及预期利润

对手报价÷本企业估算成本 $K_i = \dfrac{B_i}{C_i}$	频 数 f_i	频 率 $F_i = \dfrac{f_i}{\sum f_i}$	本企业获胜概率 P	本企业低于对手的报价 B	本企业直接利润 $L=B-C$	本企业预期利润 $E=LP$
0.8	1	0.01	1.00	0.75C	−0.25C	−0.25C
0.9	2	0.03	0.99	0.85C	−0.15C	−0.149C
1.0	7	0.10	0.96	0.95C	−0.05C	−0.048C
1.1	12	0.17	0.86	1.05C	0.05C	0.043C
1.2	21	0.30	0.69	1.15C	0.15C	0.104C
1.3	18	0.26	0.39	1.25C	0.25C	0.098C
1.4	7	0.10	0.13	1.35C	0.35C	0.046C
1.5	2	0.03	0.03	1.45C	0.45C	0.014C
1.6	2	0.03	0	1.55C	0.55C	0
Σ	70	1.00				

注　C 表示本企业的估算成本。

4）计算本企业报价比值低于某一比值 K_i 时的取胜概率 P。

如果本企业这次投标报价 B 仅为估算成本的 95％，即 $K=B/C=0.95$，那么其投标取胜概率为多少呢？

由于比值 $K=0.95$，接近并小于 $K_3=1.0$，因此我们可以先求出对于报价比值小于 $K_3=1.0$ 时的对手取胜概率，再推求本企业的取胜概率。

根据概率原理，两个事件中至少有一个事件发生的概率，等于两个事件各自概率之和。同时，多个事件中至少有一个事件发生的概率，等于多个事件概率之和。那么，现在小于 $K_3=1.0$ 的比值有两个，即 $K_1=0.8$ 和 $K_2=0.9$，其出现频率分别为 $F_1=0.01$ 和 $F_2=0.03$，因此，当对手报价比值小于 $K_3=1.0$ 时，其中标率为 $F_1+F_2=0.04$。

那么，本企业报价比值 $K<1.0$ 时，中标率应为 $P=1-0.04=0.96$。

5）计算预期利润。根据预期利润的定义，必须先算出直接利润 L 值，然后再乘以中标概率 P 即可，见表 6-3，当本企业投标报价 B 为估算成本 C 的 95％时，其预期利润为 $E=-0.048C$。而选择预期利润最大（$E=0.104C$）的投标报价 $1.15C$，才是本企业要选择的最优报价，这时有 69％战胜对手的概率。

（2）有数家已知对手的报价策略。如果某工程有甲、乙、丙、丁四家企业参加投标，其中丁企业战胜对手的报价决策步骤如下。

1）按两家竞争时的办法，分别计算丁企业报价低于甲、乙、丙三家企业时的取胜概率 $P_甲$、$P_乙$、$P_丙$。

2）计算本企业报价同时低于甲、乙、丙三家企业的概率。丁企业报价分别低于甲、乙、丙三家企业报价是互不相关的独立事件，它们同时发生的概率等于它们各自概率之积。即

$$P = P_甲 \, P_乙 \, P_丙 \qquad\qquad (6-4)$$

3）根据丁企业报价 B 和同时战胜三家对手的概率，计算预期利润。

由表 6-4 中，报价 $B=1.15C$ 时预期利润 $E=0.048C$ 最大，即报价 $B=1.15C$ 的方案最优。

但是，从表 6-3、表 6-4 可知，丁企业报价为 $B=1.15C$ 的方案，其预期利润已从只有一个竞争对手时的 $0.104C$ 降到有三个竞争对手时的 $0.048C$。由此可见，竞争者越多，得标的可能性越小，预期利润也越低。

在有更多的企业参加某项工程投标时，其计算方法和以上相同，只不过是多几个概率值相乘而已。

实际投标中，原来的对手可能处于某种原因中途弃标。所以战胜一个已知对手的概率可修正为 P'：

$$P' = (1-f)P + f \qquad\qquad (6-5)$$

式中　P——战胜一个竞争对手的概率；

　　　　f——对手可能放弃投标的概率。

因此，对于 n 个已知对手的竞标，出于某些对手可能中途放弃投标，可按上式分别算出战胜各对手的修正概率 P'，然后按下式计算战胜所有已知对手的概率：

$$P' = P_1' \times P_2' \times \cdots \times P_i' \times \cdots \times P_n' \qquad\qquad (6-6)$$

表6-4　　　　　　　　　　战胜已知数家对手的计算表

$K_i = \dfrac{B_i}{C_i}$	战胜各个对手的概率			同时战胜三家对手的概率 $P = P_甲 P_乙 P_丙$	本企业报价 B	直接利润 $L = B - C$	预期利润 $E = LP$
	$P_甲$	$P_乙$	$P_丙$				
0.8	1.00	1.00	1.00	1.00	0.75C	-0.25C	-0.25C
0.9	0.99	0.99	1.00	0.98	0.85C	-0.15C	0.014C
1.0	0.96	0.96	0.98	0.90	0.95C	-0.05C	-0.04C
1.1	0.86	0.86	0.80	0.59	1.05C	0.05C	0.030C
1.2	0.69	0.67	0.70	0.32	1.15C	0.15C	0.048C
1.3	0.39	0.36	0.60	0.32	1.25C	0.25C	0.020C
1.4	0.13	0.28	0.27	0.01	1.35C	0.35C	0.004C
1.5	0.03	0.03	0	0	1.45C	0.45C	0
1.6	0	0	0	0	1.55C	0	0

注　C表示本企业的估算成本。

（3）有数家未知对手时的报价策略。如果本企业知道对手数量，但不知道他们是谁，这时可假设这些对手中有一个"平均对手"，然后收集"平均对手"的投标报价资料，求出本企业报价低于"平均对手"时的获胜概率 P_0 和预期利润 E_0，见表6-5。

如果"平均对手"代表 n 家企业，则战胜 n 家对手的概率 P 为

$$P = \underbrace{P_0 P_0 \cdots P_0}_{n} = P_0^n \tag{6-7}$$

表6-5　　　　　　　　　击败平均对手的概率与预期利润计算表

$K_i = \dfrac{B_i}{C_i}$	对手标价次数百分数（%）	n个平均对手的概率和预期利润率									
		1个对手		2个对手		3个对手		4个对手		5个对手	
		P	E	P	E	P	E	P	E	P	E
0.95	5	1.00	-0.05C	1.00	-0.05C	1.00	-0.05C	1.00	-0.05C	1.00	-0.05C
1.0	5	0.95	0	0.90	0	0.85	0	0.81	0	0.77	0
1.05	5	0.90	0.045C	0.81	0.04C	0.73	0.036C	0.66	0.033C	0.59	0.030C
1.10	10	0.85	0.085C	0.72	0.072C	0.62	0.062C	0.52	0.052C	0.44	0.044C
1.15	15	0.75	0.1125C	0.56	0.084C	0.42	0.063C	0.32	0.048C	0.24	0.036C
1.20	20	0.60	0.120C	0.36	0.072C	0.22	0.044C	0.13	0.026C	0.08	0.016C
1.25	20	0.40	0.100C	0.16	0.940C	0.06	0.015C	0.01	0.008C	0.01	0.0025C
1.30	20	0.20	0.060C	0.04	0.012C	0.01	0.003C	0	0	0	0
1.35	15	0.5	0	0	0	0	0	0	0	0	0
1.40	15	0	0	0	0	0	0	0	0	0	0

注　C表示本企业的估算成本；本表中假定一个对手的概率为平均对手的概率。

（4）对手数量和对手情况均未知时的报价策略。本企业在竞争中，如果既不知对手的数量，也不知对手是谁，就很难掌握战胜对手的主动权。为了尽可能掌握主动，必须预估对手的数量和每个对手可能参加竞争的概率后按平均对手法计算本企业获胜的概率 P：

$$P = f_0 + f_1 P_0 + f_2 P_0^2 + \cdots + f_n P_0^n \tag{6-8}$$

式中　P_0——本企业战胜平均对手的概率；

　　　f_0——估计没有竞争者的概率（一般来讲，没有竞争者式不可能的，即 $f_0 = 0$）；

　　　f_1——估计只有一个对手的概率；

　　　f_2——估计有两个对手的概率；

　　　f_n——估计有 n 个对手的概率。

上式中 $f_0 + f_1 + f_2 + \cdots + f_n = 1$。

在实际投标竞争中，对手有些是已知的。对此，可以把已知对手法和未知对手法结合起来，求出战胜所有对手的概率：

$$P = P_A P_B \tag{6-9}$$

以上获胜标价决策的讨论均是以本企业获得的对手以往标价资料为基础的。正确的决策，必须满足下列两个假定条件：一是对手的工程预计成本与我方预计成本之间有一个固定的关系，并接近于工程实际成本；二是对手今后的做法与他们过去的做法相同。实际竞争的环境要复杂得多。某一对手急于降价承包工程、工程任务的性质和大小对竞争者的吸引力、承包人自己对招揽工程有缓有急等都将影响投标结果。所以上述定量分析，只能作为决策者参考。

（三）投标报价的技巧

报价艺术是指投标工作中针对具体情况而采取的报价技巧。它与一般确定报价的方法不同，也不能代替确定报价的细致工作。但不论是国内投标，还是国际投标，研究并掌握报价技巧，对夺取投标胜利将起到重要作用。

综合各国的投标报价技巧，主要有以下几种。

1. 修改设计以降低造价取胜

这是投标报价竞争中的一个有效方法。投标人在编制投标文件的过程中，应仔细研究设计图纸。如果发现改进某些不合理的设计或利用某项新技术可以降低造价时，投标人除按原设计提出报价外，还可另附一个修改设计的比较方案及相应的低报价。这往往能得到业主的赏识而收到出奇制胜的效果：①改正设计错误，显示投标企业的雄厚技术实力，在相同报价下能够增强竞争力；②改进设计，在原设计功能不变的情况下，降低工程造价。以原设计内容为准编制一个报价，再以修改后的设计为准编制一个报价，同时报出，以期比较；③改进设计，保持工程造价不变，大大改善设计功能，这一方面可以显示投标单位的技术力量，另一方面直接提高了投资效益，等于间接节约了投资，降低了工程造价。

2. 标函中附带优惠条件制胜

在投标时，根据所掌握的招标单位的信息，结合企业的实际能力，提出对招标单位有吸引力、在众多投标者中有竞争力的优惠条件，以此来创造中标机会。在实践中，优惠条件五花八门，种类繁多，主要有以下几种。

（1）提出垫支工程款、不收预付工程款，工程开工一段时间内不收工程价款，或按比例减收工程款，以缓解招标单位的筹资困难。

（2）解决主材、主设备的采供问题。有些招标单位采购工程所需的主要材料、设备有困难，投标单位就以帮助其解决困难为优惠条件。解决业主的某些困难，有时是投标取胜的重要因素。如上海石洞口电厂主厂房基础打桩工程招标中，二十冶获得业主缺乏钢板桩的信息。就在标函中提出可以垫借 1.2 万根钢板桩给业主，并可力争提前 15 天完工（工期与对手一样），解决了业主材料短缺的燃眉之急。虽然报价比对手高，却中了标。

（3）协助招标单位进行三大目标控制。有些招标项目的建设单位技术、管理力量薄弱，对做好工程项目的三大目标控制工作心中无数，希望得到帮助。投标单位针对这种情况，可以在标书中提出帮助其进行三大目标控制和其他工程管理工作的计划，以解其忧。

（4）提出工期优惠。在一些招标项目中，工期要求特别紧急，按正常工期施工，则招标单位觉得时间太长；向前赶工，又会大大增加造价。在这种情况下，经验丰富、实力雄厚的投标企业就可以在标书中提出既能满足招标单位的工期要求，又不增加工程造价的条件，并附上详细的计划，以吸引招标单位。

3. 不平衡单价法

采取不平衡单价是国际投标报价常见的一种手法。所谓不平衡单价，就是在不影响总标价水平的前提下，某些项目的单价定得比正常水平高些，而另外一些项目的单价则比正常水平低些。但要注意避免显而易见的畸高畸低，以免降低中标机会或成为废标。有些国家的标书中就明确规定：如果工程师判定投标者有标价不平衡现象，可以宣布这份标函无效。

4. 多方案报价法

这是利用工程说明书或合同条款不公正或不明确之处，争取达到修改工程说明书和合同为目的的一种报价方法。合同条款和工程说明书不公正或不明确，投标人往往要承担很大风险。为了减少风险就须扩大工程单价，增加"不可预见费"，但这样做又会因报价过高而增加被淘汰的可能性。这时可采用多方案报价法，即在标函上报两个单价。一是按原工程说明书和合同条款报价；二是加以注解："如工程说明书或合同条款作某些改变，则可降低多少费用"。既吸引业主修改说明书和合同条款，又使报价较低。

5. 预备标价法

建筑工程招标的全过程也是施工企业互相竞争的过程。竞争对手们总是随时随地互相侦察对方的报价动态。而要做到报价绝对保密又很难，这就要求参加投标报价的人员能随机应变，当了解到第一报价对己不利时，可用预备的标价投标。如石塘水电站的招标，水电第十二工程局于开标前一天带着高中低三个报价到达杭州后，就千方百计通过各种渠道了解投标者到达的情况，及可能出现的对手情况。直到截止投标前 10min，他们发现主要竞争对手已放弃投标，立即决定不用最低报价。同时又考虑到第二竞争对手的竞争力，决定放弃最高报价，选择了中标报价，结果成为最低标，为该局中标打下了基础。

6. 逐步升级法

在邀请招标或邀请议标方式中，投标单位可以利用竞争对手少或没有竞争对手的优势，先报出较低的报价，然后再反复的协商、洽谈过程和拟定施工合同的过程中，提出种种制约施工的因素或其他对投标单位不利的因素，并借故要求加价，逐步升级，最后协商成功时的发包造价，已远远高于开始时的报价。

（四）投标报价的编制步骤

投标报价的编制步骤，具体如下。

1. 核对或计算工程量

工程量是计算投标报价的重要依据。在招标文件中均有实物工程量清单，投标单位在投标作价前应进行核对。遇有工程量清单与设计图纸不符的情况，则投标单位就应详细计算工程量后再据以逐项分析单价，从而确定标价。

2. 编制分部工程单价表

此表是计算标价的又一重要依据，它的编制分为两个基本步骤，即先确定直接费诸因素的基础单价，再按不同分部分项工程的工料等消耗定额确定其预算单价，此预算单价为计算标价的基础。

3. 施工间接费率的测算

在报价中，施工间接费占有一定的比重，要做到合理报价并科学地确定本企业的间接费开支水平，应根据本单位的实际情况，进行必要的测算。

4. 资金占有和利息分析

根据我国现行规定，建筑企业的流动资金实行有偿占用，即由银行提供贷款，由建筑企业按规定利率支付利息，所以在投标报价时要对资金占用和利息进行分析。

建筑企业在一个建设项目施工中的利息支出，决定于占用资金的数量、时间和利率三个因素。降低利息支出的关键在于占用资金数量少，占用时间短，即周转速度快。

5. 不可预见因素的考虑

因材料价格变化，基础施工遇到意外情况以及因其他意外事故造成停工、窝工等，都会影响工程造价。因此，在投标报价时应对这些因素予以适当考虑，特别是采用固定总价合同时，更应充分注意，酌加一定的系数（例如3%～5%，或更低些），以不可预见费的名目，列为标价的组成部分。

6. 预期利润率的确定

我国建筑业实行低利润率政策，现行计划利润率仅为7%，但在实行招标承包制的条件下，为了鼓励竞争，建筑企业在投标报价时，应允许采取有适当弹性的利润率，即为了争取中标，预期利润率可低于7%，甚至在某一工程上有策略性的亏损，以提高报价的竞争力。在降低成本、保证工程量的前提下，预期利润率也可以高于7%。对此，投标单位应自主作出决策。

7. 确定基础报价

将分别确定的直接费、间接费、不可预见费以及预期利润汇总，即得出造价。汇总后须进行检查，必要时加以适当调整，最后形成基础标价。

8. 报价方案

在投标实践中，基础报价不一定就作为正式报价，还应作多方案比较，即进行可能的低标价和高标价方案的比较分析，为决策提供参考。

低报价应该是能够保本的最低报价。高报价是充分考虑可能发生的风险损失以后的最高报价。

至于对某一具体工程，究竟以什么样的报价作为投标的正式报价，应根据竞争情况和自身条件作出决策。

（五）投标报价编制方法

编制报价的主要依据有：招标文件及有关图纸，企业定额，如无企业定额，则可参照国家颁布的行业定额和有关参考定额及资料；工程所在地的主要材料价格和次要材料价格；施工组织设计和施工方案；以往类似工程报价或实际完成价格的参考资料。

编制投标报价的主要程序和方法与编制标底基本相同，但是出于立场不同、作用不同，因而方法有所不同，现在把主要不同点介绍如以下几个方面。

1. 人工费单价

人工费单价的计算不但要参照现行概算编制规定的人工费组成，还要合理结合本企业的具体情况。如果按以上方法算出的人工费单价偏高，为提高投标的竞争力，可适当降低。可考虑的降低途径有：更加详细地划分工种；各项工资性津贴按照调查资料计算；工人年有效工作日和工作小时数按工地实际工作情况进行调整。

2. 施工机械台时费

施工机械台时费与机械设备来源密切相关，机械设备可以是施工企业已有的和新增的，新增的包括购置的或是租赁的。

（1）购置的施工机械。其台时费包括购置费和运行费用，即包括基本折旧费、轮胎折旧费、修理费、机上人工和动力燃料费、车船使用费、养路费和车辆保险费等可视招标文件的要求计入施工机械台时费或计入间接费内。施工机械台时费的计算可参照行业有关定额和规定进行计算，缺项时，可补充编制施工机械台时费。

（2）租借的施工机械。根据工程项目的施工特点，为了保证工程的顺利实施，业主有时提供某些大型专用施工机械供承包人租用，或承包人根据自己的设备状况而租借其他部门的施工机械。此时，施工机械台时费应按照业主在招标文件中给出的条件或租赁协议的规定进行计算。对于租借的施工机械，其基本费用是支付给设备租赁公司的租金。编制标价时，往往要加上操作人员的工资、燃料费、润滑油费、其他消耗性材料费等。

3. 工程直接费单价编制

按照工程呈报价单中各个项目的具体情况，可采用编制标底的几种方法，即定额法、工序法、直接填入法。采用定额法计算工程单价应根据所选用的施工方法，确定适用的定额或补充定额进行单价计算，关于定额，最好是采用本企业自己的定额，因为企业定额充分反映了本企业的实际水平。

编制报价的其他方法还有包含法、条目总价包干法、暂定金额法等。现分别介绍如下。

（1）包含法。概预算专业人员可在某一工程条目上注明已包括在其他条目内，即其他工程项目中包含了这条项目的工作内容，所以不再单独计算此条约单价。

（2）条目总价包干法。工程量报价表中可能有一些项目没有给出工程量，要求估价人员填入一个包干价，这种方法常用于一些与合同要求和特定要求有关的一般条目中，如场地清理费、施工污染防治费等。

（3）暂定金额法。为了一些尚未确定的工程施工、物资材料供应、提供劳务或不可预见项目临时确定的金额，有的招标文件中列有"暂定金额"条目，在招标文件发布时这些项目还不能充分预见、定义或做出具体说明，在工程实施中可能全部或部分地发生，或根本不发生，这些未定项目发生与否将根据（监理）工程师的判断确定，投标单位不能改动暂定金额，因为它不包含承包人的利润。所以，工程量报价单中如有这种项目时，承包人需将完成这些项目应获得的利润包括在报价中。一般而言，暂定金额条目下部有一条子目，供投标人填写调整百分数，这个调整百分数按人工、施工设备、计日工费用为计取基数，其目的是包含有关费用和利润。

4. 间接费计算

计算间接费时要按施工规划、施工进度、施工要求确定下列数据或资料。

(1) 管理机构设置及人员配备数量。

(2) 管理人员工作时间和工资标准。

(3) 合理确定人均每年办公、差旅、通信等费用指标。

(4) 工地交通管理车辆数量、工作时间及费用指标。

(5) 其他，如固定资产折旧、职工教育经费、财务费用等归入间接费项目的费用估算。

按照以上资料可粗略算出间接费率与主管部门规定的间接费率相比较，前者一般不能大于后者。间接费的计算既要结合本企业的具体情况，更要注意投标竞争情况，过高的间接费率，不仅会削弱竞争能力，也表示本企业管理水平低下。

5. 利润、税金

投标人应根据企业状况、施工水平、竞争情况、工作饱满程度等确定利润率，并按国家规定的税率计算税金。

6. 确定报价

在投标报价工作基本完成后，概预算专业人员应向投标决策人员汇报工作成果，供讨论修改和决策。

7. 填写投标报价书

投标总报价确定后，有关费用在工程量报价单中的分配，并不一定按平均比例进行。也就是说，在保持总价不变的前提下，有些单价可以高一些，而另一些单价则低一些。其目的在于：①工程量报价单中的某些工程量，经造价或设计人员核对，可能少了，于是就可能有机会通过提高这些工程条目的单价和利用实际结算工程量的增加来获取额外收入；②造价人员常用提高早期完工项目的工程单价来增加前期收入，从而缓解承包人的资金压力；③在通货膨胀较高时，利率低于通货膨胀率，加大项目后期完工工程的费用可能有利于价差调整。

单价调整完成后，填入工程单价表，并进行汇总计算和详细校核。最后将填好的工程量报价表以及全部附表与正式的投标文件一起报送业主。

(六) 投标报价中有关问题的处理

投标决策以后总报价就固定下来了，但待摊费用应该怎样在各工程单价内进行分配平衡，哪些单价宜高些，哪些单价宜低些，业主在评标过程中对不平衡报价如何评定，这些问题是值得投标人员认真加以分析和研究的。

1. 待摊费用的分摊办法

待摊费用指工程报价表中没有工程项目而在报价中又必须包含的费用。这些费用主要有间接费、投标费用、保函手续费、保险费，招标文件规定的价差调整范围以外的价差、次要工程项目以及不可预见费等。严格来讲，待摊费用应根据工程费用发生的额度和时间分配在相应时段的工程条目单价内。但往往由于工程条目十分繁多，待摊费用又繁又杂，要准确计算分摊是不现实的。另外，承包人往往从自身效益和改善资金流动出发有意在待摊费用分摊上做文章。主要有以下几种分摊方法。

（1）均摊法。平价摊入各工程项目的费用，是指随工程进度平稳发生，难于预测或按完成工作量计算的费用，如利润、税金、保险费和不可预见费用等。

（2）早摊法。将待摊费用摊入早期施工的项目，其目的是尽快将资金收回，减少贷款利息。早期摊入的费用项目有投标过程中的费用、施工机械进场费、保函手续费、临时工程费。

（3）递增法。有些费用在工程后期发生，此时，可按递增法分摊有关费用。

（4）递减法。有些费用随工程进展而逐渐减少，此时，可按递减方式分摊有关费用。

在实际工程中往往是综合运用上述分摊方法。分摊的实质是确定工程量报价单中所填入的工程条目单价的高低。在总报价一定的条件下，哪些单价可高些，哪些单价可低些，这对改善承包人资金流动或获得额外盈利十分有益。一般原则如下。

1）估计到以后工程量会增加的项目，其单价可定得高些；估计到以后工程量会减少的项目，其单价可适当降低。

2）对先期施工的项目（如土方开挖），其单价可定得高一些，有利于增加早期收入，减少贷款利息或增加存款利息；对后期施工的项目，其单价可低些。

3）没有工程量，只填单价的项目，其单价宜高些，因为它不在总报价之内。这样做既不影响投标总报价，以后发生时又可获利。

4）图纸有缺陷的，估计今后会修改的项目，其单价可高些。

5）计日工单价和机械台时费单价可稍高于工程单价的人工、施工设备台时费单价。尽管在投标报价中可能有列有此项，但并不构成承包总价的范围，发生时实报实销，也可多获利。

6）在通货膨胀较高时，利率低于通货膨胀率，在有价差调整条款时，加大项目后期完工工程的费用可能是有利的。

7）对于暂定金额，估计暂定金额会发生的项目，其调整百分率可高一些，估计暂定金额不会发生的项目，其调整百分率可低一些。

2. 不平衡单价

按照上述分摊方法和原则进行分配的结果是可能产生不平衡单价。在这种情况下，承包人从自身利益出发，在确定费用分摊时采取措施，对工程单价进行调整——通常称为"单价重分配"。但应该认识到业主可以通过编制标底和从各投标单价横向对比中发现不平衡单价。业主评标人员的主要任务之一是审查投标人所报的单价，从中找出不符合实际的单价，旨在从修改设计和工程量变化中获得好处的策略性单价以及错误和漏项。过度的不平衡单价会使评标人员产生反感，影响评标得分，即使勉强中标，业主往往会要求提高履约保证金的额度以使业主免除中标者一旦不能履约后造成的损失。

3. 工程单价水平

对于水利水电工程而言，不好一概而论什么样的单价是合适的，不同类别的工程单价变化幅度也不同。如土石方单价主要是和施工机械生产效率有关，材料和人工费用占的比例不大，而混凝土单价则人工费和材料费占的比重较大。一般而言，土石方单价在合理单价上下变化 20% 以内还可接受，混凝土单价在合理单价上下变化 10% 以内也可接受。

第五节　水利水电建设项目材料、设备采购招投标

采购水利水电工程项目建设过程中所需的材料和设备，以满足施工的需要，是水利水电建设项目招标工作的内容之一。采购货物质量的好坏和价格的高低，对水利水电项目建设的成败和经济效益都有着直接、重大的影响。根据水利水电建设项目的特点和要求，采购的内容可划分为单纯采购大宗建筑材料和定型生产的设备。采购类型包括生产、运输、安装、调试各阶段的综合采购和大型复杂设备的"交钥匙"采购，即指完成设计、设备制造、土建施工、安装调试等实施阶段全过程工作的采购。

货物采购招标与工程施工招标有很多相似之处，但由于采购的标的物不同，故在具体运作过程中又有其独特性。

一、材料、设备的采购方式与分标原则

（一）材料设备的采购方式

为水利水电建设项目采购材料、设备而选择供货商，并与其签订物资购销合同或加工订购合同，大多采用如下三种方式之一。

1. 招标选择供货商

这种方式大多用于采购水利水电建设项目的大型货物或永久设备，标的金额较大、市场竞争激烈的情况。招标方式可以是公开招标，也可以是邀请招标。在招标程序上，与施工招标基本相同。

2. 询价选择供货商

这种方式是采用询价——报价——签订合同的程序，即采购方对 3 家以上的供货商就采购的标的物进行询价，对其报价经过比较后，选择其中一家与其签订供货合同。这种方式实际上是一种议标的方式，无需采用复杂的招标程序，又可以保证价格有一定的竞争性。一般适用于采购建筑材料或价值较小的标准规格产品。

3. 直接定购

这种方式由于不能进行产品的质量和价格比较，因此是一种非竞争性采购方式。一般适用于以下几种情况。

（1）为了使设备或零部件标准化，向原经过招标或询价选择的供货商增加购货，以使适应现有设备。

（2）所需设备具有专卖性质，并只能从一家制造商获得。

（3）负责工艺设计的承包人要求从指定供货商处采购关键性部件，并以此作为保证工程质量的条件。

（4）尽管询价通常是获得最合理价格的较好方法，但在特殊情况下，由于需要某些特

定货物早日交货，也可直接签订合同，以免由于时间延误而增加开支。

（二）材料设备采购分标的原则

货物采购分标的原则也是为了吸引更多的投标人参加竞争，以发挥各个供货商的专长，达到降低货物价格、保证供货时间和质量的目的；同时，还要考虑到便于招标工作的管理。

业主在进行货物采购的分标和分包时，主要应考虑以下几方面因素。

1. 招标项目的规模

根据水利水电建设项目所需材料、设备之间的关系、预计金额的大小进行适当的分标和分包。如果标和包划分得过大，会使一般中小供货商无力问津，而有实力参与竞争的承包人过少就会引起投标价格较高。反之，如果标分得过小，虽可以吸引较多的中小供货商，但很难吸引实力较强的供货商，尤其是外国供货商来参加投标；若包分得过细，则不可避免地会增大招标、评标的工作量。因此，分标、分包要大小恰当，既要吸引更多的供货商参与投标竞争，又要便于买方挑选，并有利于合同履行过程中的管理。

2. 货物性质和质量因素

水电工程项目建设所需的材料、设备，可划分为通用产品和专用产品两大类。通用产品可有较多的供货商参与竞争，而专用产品由于对货物的性能和质量有特殊要求，则应按行业来划分。对于成套设备，为了保证零部件的标准化和机组连接性能，最好确定为一个标，由某一供货商来承包。在既要保证质量又要降低造价的原则下，凡国内制造厂家可以达到技术要求的设备，应单列一个标进行国内招标；国内制造有困难的设备，则需进行国际招标。

3. 工程进度和供货时间

按时供应质量合格的货物，是水利水电建设项目能够顺利实施的物质保证。如何恰当分标，应按供货进度计划满足施工进度计划要求的原则，综合考虑资金、制造周期、运输、仓储能力等条件，既不能延误施工的需要，也不应过早到货。过早到货虽然对施工需要有保证，但它会影响资金的周转，需要额外支出对货物的保管与保养费用。

4. 供货地点

如果建设项目的施工点比较分散，则所需货物的供货地点也势必分散，因此，应考虑外埠供货商和当地供货商的供货能力、运输条件、仓储条件等进行分标，以利于保证供应和降低成本。

5. 市场供应情况

大型建设项目需要大量的建筑材料和较多的设备，如果一次采购，可能会因需求过大而引起价格上涨，因此，应合理计划、分批采购。

6. 资金来源

由于建设项目投资来源多元化，应考虑资金的到位情况和周转计划，合理分标，分项采购。

二、资格审查与评标

（一）资格审查

货物采购招标程序中，对投标人的资格审查，包括投标人资质的合格性审查和所提供货物的合格性审查两个方面。

1. 投标人资质审查

投标人填报的"资格证明文件"，应能表明他有资格参加投标和一旦投标被接受后有履行合同的能力。如果投标人是生产厂家，他必须具有履行合同所必需的财务、技术和生产能力；若投标人按合同提供的货物不是自己制造或生产的，则应提供货物制造厂家或生产厂家正式授权同意提供该货物的证明资料。

2. 货物合格性审查

投标人应提交根据招标要求提供的所有货物及其辅助服务的合格性证明文件，这些文件可以是手册、图纸和资料说明等。证明资料应说明以下情况。

(1) 表明货物的主要技术指标和操作性能。

(2) 为使货物正常、连续使用，应提供货物使用两年期内所需的零配件和特种工具等的清单，包括货源和现行价格情况。

(3) 资格预审文件或招标文件中指出的工艺、材料、设备、参照商标或样本目录号码，仅作为基本要求的说明，并不作为严格的限制条件。投标人可以在标书说明文件中选用替代标准，但替代标准必须优于或相当于技术规范所要求的标准。

(二) 评标方法

货物采购评标与施工评标有很大差异，它不仅要看采购时所报的现价是多少，还要考虑设备在使用寿命期内可能投入的运营费和管理费的高低。尽管投标人所报的货物价格较低，但如果运营费很高，仍不符合业主以最合理价格采购的原则。因此，在货物采购评标过程中所考虑的因素和评审方法，与施工评标不同。而评标过程中的初评程序，与施工评标基本相同。下面仅介绍详评阶段的工作。

1. 评审的主要内容

(1) 投标价。对投标人的报价，既包括生产制造的出厂价格，还包括其所报的安装、调试、协作等售后服务的价格。

(2) 运输费。包括运费、保险费和其他费用，如对超大件运输时道路、桥梁加固所需的费用等。

(3) 交付期。以招标文件中规定的交货期为标准，如果投标书中所提出的交货期早于规定时间，一般不给予评标优惠，因为当施工还不需要货物时，要增加业主的仓储管理费和货物的保养费；如果迟于规定的交货日期，但推迟日期尚属于可接受的范围之内，则应在评标时考虑这一因素。

(4) 设备的性能和质量。主要比较设备的生产效率和适应能力，还应考虑设备的运营费用，即设备的燃料、原材料消耗、维修费用和所需运行人员费等。如果设备性能超过招标文件要求使业主受益时，评标时也应考虑这一因素。

(5) 备件价格。对于各类备件（特别是易损备件）在两年内取得的途径和价格，也要作为评标考虑因素。

(6) 支付要求。合同内规定了购买货物的付款条件，如果标书内投标人提出了付款的优惠条件或其他的支付要求，而这种与招标文件规定的偏离是业主可以接受的，也应在评标时加以计算和比较。

（7）售后服务。包括可否提供备件、进行维修服务，以及安装监督、调试、人员培训等的可能性和价格。

（8）其他与招标文件偏离或不符合的因素等。

2. 评标方法

货物采购的评标方法通常有以下几种。

（1）最低标价法。采购简单商品、半成品、原材料，以及其他性能、质量相同或容易进行比较的货物时，价格可以作为评标时考虑的唯一因素，以此作为选择中标单位的尺度。

国内生产的货物，报价应为出厂价。出厂价包括为生产所提供的货物购买的原材料和零配件所支付的费用，以及各种税款，但不包括货物售出后所征收的销售税以及其他类似税款。如果所提供的货物是投标人早已从国外进口、目前已在国内的，则应报仓库交货价或展室价，该价格应包括进口货物时所交付的进口关税，但不包括销售税。

（2）综合标价法。综合标价法是指以报价为基础，将评标时所考虑的其他因素也折算为一定价格而加到投标价上，得到综合标价，然后再根据综合标价的高低决定中标人。对于采购机组、车辆等大型设备时，大多采用这种方法。评标时具体的处理办法如下。

1）运费、保险及其他费用。按照铁路（公路、水运）运输、保险公司以及其他部门公布的费用标准，计算货物运抵最终目的地将要发生的运费、保险费及其他费用。

2）交货期。以招标文件中"供货一览表"规定的具体交货时间为标准，若标书中的交货时间早于标准时间，评标时不给予优惠；如果迟于标准时间，每迟交货一个月，可按报价的一定百分比（货物一般为2%）计算折算价，将其加到报价上。

3）付款条件。投标人必须按招标文件中规定的付款条件来报价，对于不符合规定的投标，可视为非响应性投标而予以拒绝。但在采购大型设备的招标中，如果投标人在投标致函中提出，若采用不同的付款条件可使其报价降低而供业主选择时，这一付款要求在评标过程中也应予以考虑。当投标人提出的付款要求偏离招标文件的规定不是很大，尚属可接受范围，则应根据偏离条件给业主增加的费用，按招标文件中规定的贴现率换算成评标时的净现值，加到投标人在致函中提出的修改报价上，作为评标价格。

4）零配件和售后服务。零配件的供应和售后服务费用要视招标文件的规定而异。若这笔费用已要求投标人包括在报价之内，则评标时不再考虑这一因素；若要求投标人单报这笔费用，则应将其加到报价上。如果招标文件中没有作出上述两种规定中的任何一种，那么，在评标时要按技术规范附件中开列的、由投标人填报的、该设备在运行前两年可能需要的主要部件、零部件的名称、数量，计算可能需支付的总价格，并将其加到报价上去。售后服务费用如果需要业主自己安排的话，这笔费用也应加到报价上去。

5）设备性能、生产能力。投标设备应具备技术规范中规定的起码生产效率，评标时应以投标设备实际生产效率单位成本为基础。投标人应在标书内说明其所投设备的保证运营能力或效率，若设备的性能、生产能力没有达到技术规范要求的基准参数，凡每种参数比基准参数降低1%时，将在报价上增加若干金额。

6）技术服务和培训。投标人在标书中应报出设备安装、调试等方面的技术服务费用，以及有关培训费。如果这些费用未包括在总报价内，评标时应将其加到报价中，作为评标价来考虑。

（3）以寿命周期成本为基础的标价法。在采购成套设备、车辆等运行期内各种后续费用（零配件、油料及燃料、维修等）很高的货物时，可采用以设备寿命周期成本为基础的标价法。评标时应首先确定一个统一的设备运行期，然后再根据各标书的实际情况，在标书报价上加上一定年限运行期间所发生的各项费用，再减去一定年限运行期后的设备残值。在计算各项费用或残值时，都应按招标文件中规定的贴现率折算成现值。

这种方法是在综合标价法的基础上，再加上运行期内的费用。这些以贴现值计算的费用包括以下三部分。

1）寿命期内所需的燃料估算费用。

2）寿命期内所需零件及维修估算费用。

3）寿命期末的估算残值。

（4）打分法。打分法是评标前将各评分因素按其重要性确定评分标准，然后按此标准对各投标人提供的报价和各种服务进行打分，得分最高者中标。

采用打分法时，首先要确定各因素所占的比例，再以计分评标。以下是世界银行贷款项目通常采用的比例，供参考：

投标价	60~70 分
零配件价格	0~10 分
技术性能、维修、运行费	0~10 分
售后服务	0~5 分
标准备件等	0~5 分
总计	100 分

打分法简便易行，能从难以用金额表示的各个标书中，将各种因素量化后进行比较，从中选出最好的投标人。缺点是独立给分，对评标人的水平和知识面要求高，否则，主观随意性较大；另外，难以合理确定不同技术性能的有关分值和每一性能应得的分数，有时会忽视一些重要的指标。若采用打分法评标，评分因素和各个因素的分值分配均应在招标文件中说明。

第七章 水利水电工程造价管理

第一节 概 述

一、基本建设工程概预算概述

基本建设工程概预算，是根据不同设计阶段的具体内容和有关定额、指标分阶段进行编制的。

基本建设在国民经济中占有重要的地位。国家每年用于基本建设的投资占财政总支出的40％左右。其中用于建筑安装工程方面的资金约占基本建设总投资的60％。为了合理而有效地利用建设资金，降低工程成本，充分发挥投资的效益，必须对基本建设项目进行科学的管理和有效的监督。

基本建设工程概预算所确定的投资额，实质上是相应工程的计划价格。这种计划价格在实际工作中，通常称为概算造价和预算造价，它是国家对基本建设实行科学管理和有效监督的重要手段之一。对于提高企业的经营管理水平和经济效益，节约国家建设资金具有重要的意义。

（1）根据我国基本建设程序的规定，在工程的不同建设阶段，要编制相应的工程造价，一般有以下几种。

1）投资估算。它是指在项目建议书阶段、可行性研究阶段对建设工程造价的预测，它应考虑多种可能的需要、风险、价格上涨等因素，要打足投资、不留缺口，适当留有余地。它是设计文件的重要组成部分，是编制基本建设计划，实行基本建设投资大包干、控制其中建设拨款、贷款的依据，也是考核设计方案和建设成本是否合理的依据。它是可行性研究报告的重要组成部分，是业主为选定近期开发项目、作出科学决策和进行初步设计的重要依据。投资估算是工程造价全过程管理的"龙头"，抓好这个"龙头"有十分重要的意义。

投资估算是建设单位向国家或主管部门申请基本建设投资时，为确定建设项目投资总额而编制的技术经济文件，它是国家或主管部门确定基本建设投资计划的重要文件。主要根据估算指标、概算指标或类似工程的预（决）算资料进行编制。投资估算控制初期概算，它是工程投资的最高限额。

2）设计概算。它是指在初步设计阶段，设计单位为确定拟建基本建设项目所需的投资额或费用而编制的工程造价文件。它是设计文件的重要组成部分。由于初步设计阶段对建筑物的布置、结构形式、主要尺寸以及机电设备型号、规格等均已确定，所以概算是对建设工程造价有定位性质的造价测算，设计概算不得突破投资估算。设计概算是编制基本建设计划，实行基本建设投资大包干，控制其中建设拨款、贷款的依据，也是考核设计方案和建设成本是否合理的依据。设计单位在报批设计文件的同时，要报批设计概算，设计概算经过审批后，就成为国家控制该建设项目总投资的主要依据，不得任意突破。水利水电工程采用设计概算作为编制施工招标标底、利用外资概算和执行概算的依据。

工程开工时间与设计概算所采用的价格水平不在同一年份时，按规定由设计单位根据开工年的价格水平和有关政策重新编制设计概算，这时编制的概算一般称为调整概算。调整概算仅仅是在价格水平和有关政策方面的调整，工程规模及工程量与初步设计均保持不变。

水利水电工程的建设特点决定了在水利水电工程概预算工作中，概算比施工图预算重要，而对一般建筑工程，施工图预算更重要。水利水电工程到了施工阶段其总预算还未做，只做到局部的施工图预算，而一般建筑工程则常用施工图预算代替概算。

3）修改概算。对于某些大型工程或特殊工程当采用三阶段设计时，在技术设计阶段随着设计内容的深化，可能出现建设规模、结构造型、设备类型和数量等内容与初步设计相比有所变化的情况，设计单位应对投资额进行具体核算，对初步设计总概算进行修改，即编制修改设计概算，作为技术文件的组成部分。修改概算是在量（指工程规模或设计标准）和价（指价格水平）都有变化的情况下，对设计概算的修改。由于绝大多数水利水电工程都采用两阶段设计（即初步设计和施工图设计），未作技术设计，故修改概算也就很少出现。

4）业主预算。它是在已经批准的初步设计概算基础上，对已经确定实行投资包干或招标承包制的大中型水利水电工程建设项目，根据工程管理与投资的支配权限，按照管理单位及分标项目的划分，进行投资的切块分配，以便于对工程投资进行管理与控制，并作为项目投资主管部门与建设单位签订工程总承包（或投资包干）合同的主要依据。它是为了满足业主控制和管理的需要，按照总量控制、合理调整的原则编制的内部预算，业主预算也称为执行概算。

5）标底与报价。标底是招标工程的预期价格，它主要是以招标文件、图纸，按有关规定，结合工程的具体情况，计算出的合理工程价格。它是由业主委托具有相应资质的设计单位、社会咨询单位编制完成的，包括发包造价、与造价相适应的质量保证措施及主要施工方案、为了缩短工期所需的措施费等。其中主要是合理的发包造价，应在编制完成后报送招标投标管理部门审定。标底的主要作用是招标单位在一定浮动范围内合理控制工程造价，明确自己在发包工程上应承担的财务义务。标底也是投资单位考核发包工程造价的主要尺度。

投标报价，即报价，是施工企业（或厂家）对建筑工程施工产品（或机电、金属结构设备）的自主定价。它反映的是市场价格，体现了企业的经营管理、技术和装备水平。中标报价是基本建设产品的成交价格。

6）施工图预算。它是指在施工图设计阶段，根据施工图纸、施工组织设计、国家颁布的预算定额和工程量计算规则、地区材料预算价格、施工管理费标准、计划利润率、税金等，计算每项工程所需人力、物力和投资额的文件。它应在已批准的设计概算控制下进行编制。它是施工前组织物资、机具、劳动力，编制施工计划，统计完成工作量，办理工程价款结算，实行经济核算，考核工程成本，实行建筑工程包干和建设银行拨（贷）工程款的依据。它是施工图设计的组成部分，由设计单位负责编制的。它的主要作用是确定单位工程项目造价，是考核施工图设计经济合理性的依据。一般建筑工程以施工图预算作为编制施工招标标底的依据。

7) 施工预算。它是指在施工阶段，施工单位为了加强企业内部经济核算，节约人工和材料，合理使用机械，在施工图预算的控制下，通过工料分析，计算拟建工程施工材料和机具等需要量，并直接用于生产的技术经济文件。它是根据施工图的工程量、施工组织设计或施工方案和施工定额等资料进行编制的。

8) 竣工结算。它是施工单位与建设单位对承建工程项目的最终结算（施工过程中的结算属于中间结算）。竣工结算与竣工决算是完全不同的两个概念，其主要区别在于：一是范围不同，竣工结算的范围只是承建工程项目，是基本建设的局部，而竣工决算的范围是基本建设的整体；二是成本不同，竣工结算只是承包合同范围内的预算成本，而竣工决算是完整的预算成本，它还要计入工程建设的其他费用、临时费用、建设期还贷利息等工程成本和费用。由此可见，竣工结算是竣工决算的基础，只有先办竣工结算才有条件编制竣工决算。

9) 竣工决算。它是指建设项目全部完工后，在工程竣工验收阶段，由建设单位编制的从项目筹建到建成投产全部费用的技术经济文件。它是建设投资管理的重要环节，是工程竣工验收、交付使用的重要依据，也是进行建设项目财务总结，银行对其实行监督的必要手段。

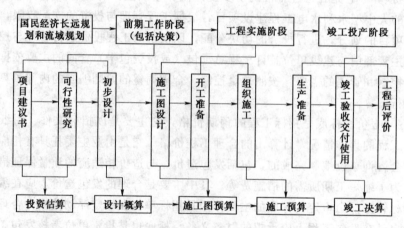

图 7-1　基本建设程序与概预算关系简图

基本建设程序与各阶段的工程造价之间的关系如图 7-1 所示。从图 7-1 中可以看出建设项目估算、概算、预算及决算，从确定建设项目，确定和控制基本建设投资，进行基本建设经济管理和施工企业经济核算，到最后来核定项目的固定资产，它们以价值形态贯穿于整个基本建设过程中。其中设计概算、施工图预算和竣工决算，通常简称为基本建设的"三算"，是建设项目概预算的重要内容，三者有机联系，缺一不可。设计要编制概算，施工要编制预算，竣工要编制决算。

一般情况下，决算不能超过预算，预算不能超过概算，概算不能超过估算。此外，竣工结算、施工图预算和施工预算一起被称为施工企业内部所谓的"三算"，它是施工企业内部进行管理的依据。

（2）设计概算与施工图预算的区别。建设项目概预算中的设计概算和施工图预算，在编制年度基本建设计划，确定工程造价，评价设计方案，签订工程合同，建设银行据以进行拨款、贷款和竣工结算等方面有着共同的作用，都是业主对基本建设进行科学管理和监督的有效手段，在编制方法上也有相似之处。但由于两者的编制时间、依据和要求不同，它们还是有区别的。设计概算与施工图预算的区别有以下几点。

1）编制费用内容不完全相同。设计总概算包括建设项目从筹建开始至全部项目竣工和交付使用前的全部建设费用。施工图预算一般包括建筑工程、设备及安装工程、临时工程等。建设项目的设计总概算除包括施工图预算的内容外，还应包括水库淹没处理补偿费和其他费用等。

2）编制阶段不同。建设项目设计总概算的编制，是在初步设计阶段进行的，由设计单位编制。施工图预算是在施工图设计完成后，由设计单位编制的。

3）审批过程及其作用不同。设计总概算是初步设计文件的组成部分，由有关主管部门审批，作为建设项目立项和正式列入年度基本建设计划的依据。只有在初步设计图纸和设计总概算经审批同意后，施工图设计才能开始，因此它是控制施工图设计和预算总额的依据。施工图预算是先报建设单位初审，然后再送交建设银行经办行审查认定，就可作为拨付工程价款和竣工结算的依据。

4）概预算的分项大小和采用的定额不同。设计概算分项和采用定额，具有较强的综合性，设计概算采用概算定额。施工图预算用的是预算定额，预算定额是概算定额的基础。另外设计概算和施工图预算采用的分级项目不一样，设计概算一般采用三级项目，施工图预算一般采用比三级项目更细的项目。

二、水利水电工程概预算编制概述

1. 项目划分

如前所述，建设项目的建筑与安装工程的造价计算是比较复杂的。为了便于精确计算，运用系统分析方法，将它逐级分解，一直分解到易于计算工料消耗的基本构成要素为止。然后将各要素的造价逐级综合，即可求出项目的总造价。通常将一个建设项目逐级分解成若干单项工程，进而分解成若干单位工程，若有必要再分解为若干分部工程，甚至分为若干分项工程，最后一级即为基本要素。但由于水利水电工程是包含各种性质的复杂建筑群体，除拦河坝（闸），主、副电站厂房外，还有变电站，开关站，引水、输水系统，泄洪设施，过坝建筑，输变电线路，公路，铁路，桥涵，码头，通信系统，给排水、供风、制冷设施以及附属辅助企业和文化福利建筑等，难以严格按单项工程、单位工程来确切划分项目。因此1985年水利电力部颁布了《水利水电基本建设工程项目划分》（试行）。该规定将水利水电工程项目划分为五个部分，即第一部分建筑工程、第二部分机电设备及安装工程、第三部分金属结构及安装工程、第四部分临时工程和第五部分独立费用。每部分再从大到小划分为一级项目、二级项目和三级项目。其一级项目相当于单项工程，二级项目相当于单位工程，三级项目相当于分部工程。

2. 水利水电工程费用划分

水利水电工程一般投资多，规模庞大，包括的建筑物及设备种类繁多，形式各异，因此，在编制概预算时，必须深入工程现场、搜集第一手资料，熟悉设计图纸，认真划分工程建设包含的各项费用，既不重复又不遗漏。水利系统水利水电工程建设项目费用按现行划分办法包括建筑工程费、安装工程费、设备费、临时工程费、其他费用、预备费、建设期还贷利息和水库淹没处理补偿费等。其中建筑工程费、安装工程费和临时工程费，由直接工程费、间接费、计划利润和税金四部分组成；直接工程费又分为直接费、其他直接费和现场经费；直接费又分为人工费、材料费和机械使用费。电力系统水力发电工程建设项目投资与上述划分办法略有不同，它是由枢纽建筑物投资及水库淹没补偿投资两大部分组成，枢纽建筑物投资由建筑及安装工程费、设备费、其他费用、预备费和工程建设期贷款利息组成，建筑及安装工程费由直接费、间接费、企业利润和税金组成，直接费由基本直接费和其他直接费组成。编制水利水电工程概预算，就是在不同的设计阶段，根据设计深度及掌握的资料，按设计要求编制这些费用。因此，针对具体工程情况，认真分析费用的组成，是编制工程概预算的基础和前提。

3. 编制水利水电工程概预算的程序

在搜集各种现场资料、定额、文件等并划分好工程项目以后，应编制工程的人工预算单价、材料预算价格和施工机械台班费，水、电、风、砂、石单价，作为编制概预算单价的基础资料，然后编写分部分项工程概预算，汇总分部分项工程概预算以及其他费用，编制工程总概算。

在选用定额编制工程概预算单价时，应根据施工组织设计规定的施工方法、工艺流程、机械设备配置、运输距离，选定条件相符的定额，乘以各项价格，即可求得所需的工程单价。由于每个具体工程项目施工时，实际情况和定额规定的劳动组合、施工措施不可能完全一致，这时应选用定额条件与实际情况相近的规定，不允许对定额水平作修改和变动。当定额条件与实际情况相差较大时，或定额缺项时，应按有关规定编制补充定额，经上级主管部门审批后，作为编制概预算的依据。

三、工程定额概述

(一) 定额的概念

在社会生产中，为了生产出合格的产品，就必须消耗一定数量的人力、材料、机具、资金等。由于受各种因素的影响，生产一定量的同类产品，这种消耗量并不相同。消耗越大，产品的成本就越高，在产品价格一定的条件下，企业的盈利就会降低，对社会的贡献也就较低，对国家及企业本身都是不利的，因此降低产品生产过程中的消耗具有十分重要的意义。产品生产过程中的消耗不可能无限降低，在一定的技术组织条件下，必然有一个合理的数额。根据一定时期的生产力水平和产品的质量要求，规定在产品生产中人力、物力或资金消耗的数量标准，这种标准就称为定额。确切地说，定额就是在合理的劳动组织和合理地使用材料和机械的条件下，完成单位合格产品所消耗的资源数量标准。

定额水平是一定时期社会生产力水平的反映，它与操作人员的技术水平、机械化程度及新材料、新工艺、新技术的发展和应用有关，与企业的组织管理水平和全体技术人员的社会主义劳动积极性有关。所以定额不是一成不变的，而是随着生产力水平的变化而变化的。一定时期的定额水平，必须坚持平均先进的原则，也就是在一定生产条件下大多数企业、班组和个人，经过努力可以达到或超过的标准。因此，定额必须从实际出发，根据生产条件、质量标准和工人现有的技术水平等经过测算、统计、分析而制定，并随着上述条件的变化而进行补充和修订，以适应生产发展的需要。

（二）定额的作用

建筑工程、安装工程定额是建筑安装企业实行科学管理的必备条件。无论是设计、计划、生产、分配、估价、结算等各项工作，都必须以它作为衡量工作的尺度。具体地说，定额主要有以下几方面的作用。

（1）定额是编制计划的基础。无论是国家计划还是企业计划，都直接或间接地以各种定额为依据来计算人力、物力、财力等各种资源需要量，所以，定额是编制计划的基础。

（2）定额是确定产品成本的依据，是评比设计方案合理性的尺度。建筑产品的价格是由其产品生产过程中所消耗的人力、材料、机械台班数量以及其他资源、资金的数量所决定的，而它们的消耗量又是根据定额计算的，定额是确定产品成本的依据。同时，同一建筑产品的不同设计方案的成本，反映了不同设计方案的技术经济水平的高低。因此，定额也是比较和评价设计方案是否经济合理的尺度。

（3）定额是提高企业经济效益的重要工具。定额是一种法定的标准，具有严格的经济监督作用，它要求每一个执行定额的人，都必须严格遵守定额的要求，并在生产过程中尽可能有效地使用人力、物力、资金等资源，使之不超过定额规定的标准，从而提高劳动生产率，降低生产成本。

企业在计算和平衡资源需要量、组织材料供应、编制施工进度计划和作业计划、组织劳动力、签发任务书、考核工料消耗、实行承包责任制等一系列管理工作时，都要以定额作为标准。因此，定额是加强企业管理，提高企业经济效益的工具。

（4）定额是贯彻按劳分配原则的尺度。由于工时消耗定额反映了生产产品与劳动量的关系，可以根据定额来对每个劳动者的工作进行考核，从而确定他所完成的劳动量的多少，并以此来支付他的劳动报酬。多劳多得、少劳少得，体现了社会主义按劳分配的基本原则，这样企业的效益就同个人的物质利益结合起来了。

（5）定额是总结推广先进生产方法的手段。定额是在先进合理的条件下，通过对生产和施工过程的观察、实测、分析，综合制定的，它可以准确地反映出生产技术和劳动组织的先进合理程度。因此，可以用定额标定的方法，对同一产品在同一操作条件下的不同生产方法进行观察、分析，从而总结比较完善的生产方法，并经过试验、试点，然后在生产过程中予以推广，使生产效率得到提高。

合理制定并认真执行定额，对改善企业经营管理，提高经济效益具有重要的意义。

（三）定额的特性

定额的特性是由定额的性质决定的，社会主义定额的特性有以下五个方面内容。

（1）定额的法令性。定额是由被授权部门根据当时的实际生产力水平而制定，经授权部门颁发供有关单位使用。在执行范围内任何单位必须遵照执行，不得任意调整和修改。如需进行调整、修改和补充，必须经授权编制部门批准。因此，定额具有经济法规的性质。

（2）定额的群众性。定额是根据当时的实际生产力水平，在大量测定、综合、分析、研究实际生产中的有关数据和资料的基础上制定出来的，因此，它具有广泛的群众性；同时，当定额一旦制定颁发，运用于实际生产中，则成为广大群众共同奋斗的目标。总之，定额的制定和执行都离不开群众，也只有得到群众的充分协助，定额才能定得合理，并能为群众所接受。

（3）定额的相对稳定性。定额水平的高低，是根据一定时期社会生产力水平确定的。当生产条件发生了变化，技术水平提高了，原定额已不适应了，在这种情况下，授权部门应根据新的情况制定出新的定额或补充原有的定额。但是，社会的发展有其自身的规律，有一个量变到质变的过程，而且定额的执行也有一个相对稳定的时间过程，决不可朝订夕改，否则会伤害群众的积极性。

（4）定额的针对性。一种产品（或者工序）一项定额而且一般不能互相套用。一项定额，它不仅是该产品（或工序）的资源消耗的数量标准，而且还规定了完成该产品（或工序）的工作内容、质量标准和安全要求。

（5）定额的科学性。制定工程定额要进行"时间研究"、"动作研究"以及工人、材料和机具在现场的配置研究，有时还要考虑机具改革、施工生产工艺等技术方面的问题等。工程定额必须符合建筑施工生产客观规律，这样才能促进生产的发展，从这一方面来说定额是一门科学技术。

（四）定额的种类

定额的种类很多，按其性质、用途、内容、管理体制的不同，可以划分为很多的类别。

1. 按生产因素分

（1）劳动定额。劳动定额也称人工定额或工时定额，是在正常施工技术组织条件下，完成单位合格产品所必需的劳动消耗数量的标准。劳动定额有两种表示形式，即时间定额和产量定额，时间定额和产量定额互为倒数。

（2）材料消耗定额。它是指在节约与合理使用材料条件下，生产单位合格产品所必须消耗的一定规格的建筑材料、成品、半成品或配件的数量标准。

（3）机械作业定额。它是指施工机械在正常的施工条件下，合理地、均衡地组织劳动和使用机械时，在单位时间内应当完成合格产品的数量，称机械产量定额。或完成单位合格产品所需的时间，称机械时间定额。

（4）综合定额。它是指在一定的施工组织条件下，完成单位合格产品所需人工、材料、机械台班（时）数量。

（5）机械台班（时）定额。它是指施工过程中使用施工机械一个台班（时）所需机上人工、动力、燃料、折旧、修理、替换配件、安装拆卸以及牌照税、车船使用税、养路税等的定额。

（6）费用定额。它是指除以上定额以外的其他直接费定额、间接费定额及其他费用定额等。

2. 按建设阶段分

（1）投资估算指标。它是在可行性研究阶段作为技术经济比较或建设投资估算的依据。是由概算定额综合扩大和统计资料分析编制而成的。

（2）概算定额和概算指标。概算定额是国家职能部门控制建设项目投资、审查初步设计或扩大初步设计经济合理性的依据，也是建设单位申请项目投资额及材料计划和初步设计阶段对不同方案进行技术经济比较的依据，也是建设单位申请国家职能部门、审批项目的共用标准。它以预算定额为基础，根据已建、在建工程的施工、设计资料及常用的施工方法，由预算定额经过适当综合、扩大和合并而成。其定额水平为社会平均水平。由预算定额过渡到概算定额一般采用的扩大系数为 1.05，即两者的幅度差为 5%。它是以分部工程或扩大分项工程为制定对象的。由此可见，一个预算定额数据中综合了若干施工定额数据；一个概算定额数据中又综合了若干预算定额数据；从定额项目划分来看，预算定额比施工定额粗些，概算定额又比预算定额粗些。从应用来讲，概算定额与预算定额基本相似。它的作用是：是编制总概算的依据；是进行设计方案技术经济比较的依据；是编制施工组织设计中拟定总进度计划及各种资源需要量计划的依据；是编制概算指标的依据。

概算指标比概算定额更为综合和概括，它是以各类建筑物的单位面积、体积或万元造价为计量单位，确定所需资金、人工、材料、机械消耗的标准，按表现形式和用途有以下几种概算指标。

1）基本建设百万元投资参考指标。

2）建筑工程每万元或每百平方米消耗工料指标。

3）工业建筑概算指标。包括冶炼、矿山、化工、电厂、纺织车间、热处理车间等单项工程每平方米造价、人工及主要材料消耗指标。

4）工业辅助建筑概算指标。包括机修车间、锅炉房、配电所、泵房、汽车房等单项工程的耗用指标。

5）民用建筑概算指标。包括住宅、办公楼、幼儿园、教学楼、图书馆、影剧院等房屋的耗用指标。

6）构筑物概算指标。包括烟囱、水塔、蓄水池等的耗用指标。

7）水暖卫生及照明设备估算表。

其他尚有土地征用、青苗补偿、拆迁费指标等。

(3) 预算定额。它是在施工图设计阶段编制施工图预算的依据，由施工定额综合扩大而成。预算定额是确定建筑安装工程预算成本的统一标准，是确定建筑产品计划价格的依据，是建筑产品生产者和使用者进行等价交换的基础，并为两者所通用。因此它的定额水平为社会平均水平，而不能按平均先进水平来制定，否则势必会使多数企业达不到定额而招致亏损。预算定额是施工定额的综合与扩大，从施工定额过渡到预算定额一般采用扩大系数 1.1，即两者的幅度差为 10% 左右。

预算定额是以建筑安装工程基本构成要素（分项工程）为制定对象的，它的作用为：是编制施工图预算的依据，也是建设单位编制标底的依据；在编制施工组织设计中，是计算各种资源需要量和制定资源供应计划的依据；是对设计方案进行经济评价对比及对新结构、新材料、新技术进行技术经济分析的依据；是施工企业进行经济核算和编制投标报价的对比标尺；是测算建筑施工企业百元产值工资含量的主要依据；是编制地区单位估价表和概算定额的依据。

(4) 施工定额。它是指一种工种完成某一计量单位合格产品（如打桩、砌砖、浇筑混凝土等）所需的人工、材料和施工机械台班消耗量的标准。是施工企业内部作为编制施工作业进度计划、进行工料分析、签发工程任务单和考核预算成本完成情况、计算超额奖和材料节约奖等方面的依据。主要用于施工阶段施工企业编制施工预算。

　　按建设阶段划分的工程定额的组成如图7-2所示。

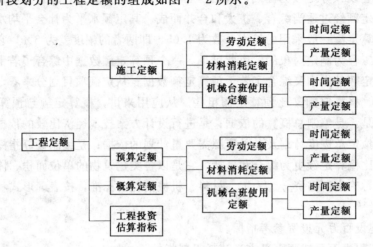

图7-2　工程定额组成

　　3. 按我国现行管理体制和执行范围分

　　(1) 全国统一定额。它是指在工程建设中，各行业、部门普遍使用，在全国范围内统一执行的定额。一般由国家计委或授权某主管部门组织编制颁发。如送电线路工程预算定额、电气工程预算定额、通信设备安装预算定额等。

　　(2) 全国行业定额。它是指在工程建设中，部分专业工程在某一个部门或几个部门使用的专业定额。经国家计委批准，由一个主管部门或几个主管部门组织编制颁发，在主管部门下属单位执行。如水利水电建筑工程预算定额、水力发电建筑工程概算定额、公路工程预算定额等。

　　(3) 地方定额。一般指省、自治区、直辖市根据地方工程特点，在不宜执行国家统一或行业定额情况下组织编制颁发的、在本地区执行的定额。

　　(4) 企业定额。它指建筑、安装企业在其生产经营过程中，在国家统一定额、行业定额、地方定额的基础上，根据工程特点和自身积累资料，结合本企业具体情况自行编制的定额，供企业内部管理和企业投标报价用。

　　4. 按费用性质划分

　　(1) 直接费定额。它是指由直接进行施工所发生的人工、消耗及其他直接费组成。是计算工程单价的基础。

　　(2) 间接费用定额。它是指企业为组织和管理施工所发生的各项费用，一般以直接费或直接人工工资作为基础计算。

　　(3) 其他基本建设费用定额。是指不属于建筑安装工作量的独立费用定额，如科研、勘测、设计费定额，技术装备费定额等。

　　(4) 施工机械台班费用定额。是指施工过程中所使用的施工机械每运转一个台班所发生的机上人员、动力、燃料消耗数量和折旧、大修理、经常修理、安装拆卸、保管等摊销费用的定额。

第二节　业主预算的编制

一、概述

业主预算是在初步设计审批之后，为满足业主投资管理与控制的需要而编制的一种预算，也称为执行概算。一般情况下，业主预算的价格水平与设计概算的人、材、机等基础价格水平应保持一致，以便于与设计概算进行对比。

水利水电工程具有工期长、施工技术复杂、比较选择方案较多等特点，在初步设计审批之后，随着设计工作的深化，设计单位或有关部门会提出优化的设计方案、施工方案、分标计划等，对于这些变化的情况，及时跟踪工程概算的变化趋势是工程造价管理的一项基本任务。初步设计总概算一经主管部门审定，不得随意突破，这时应根据情况变化后的初设概算按照"总量控制、合理调整"的原则编制业主预算，以反映这些变化因素，为科学管理提供可靠根据。实践证明，业主预算对业主的投资管理和控制起到了促进作用，取得了较好的效果，已被广泛接受。通过编制业主预算，可以对工程项目的投资进行合理调整，以利于投资归口管理；有针对性地进行项目划分和临时工程与费用的摊销，便于业主预算和承包合同价作同口径对比，考核各招标项目的造价执行情况。

二、业主预算的作用

业主预算具有以下主要作用。

(1) 是向主管部门或业主列报年度静态投资完成额的依据。

(2) 是控制静态投资最高限额的依据。

(3) 是控制标底的依据。

(4) 是考核工程造价盈亏的依据。

(5) 是进行限额设计的依据。

(6) 是作为年度价差调整（指业主与建设单位之间）的基本依据。

三、业主预算的编制依据

业主预算编制的依据如下。

(1) 行业主管部门颁发的建设实施阶段造价管理办法。

(2) 行业主管部门颁发的业主预算编制办法。

(3) 批准的初步设计概算。

(4) 招标设计文件和图纸。

(5) 业主的招标分标规划和委托任务书。

(6) 国家有关的定额标准和文件。

(7) 董事会的有关决议、决定。

(8) 出资方资本金协议。

(9) 工程贷款、发行债券协议。

(10) 有关合同、协议。

四、项目划分

业主预算项目，原则上划分为四个部分和四个层次。即第一层次划分为业主管理项目、建设单位管理项目、招标项目和其他项目四部分。第二、第三、第四层次的项目划分，原则上按行业主管部门颁布的工程项目划分，结合业主预算的特点、工程的具体情况和工程投资管理的要求设定。

（1）第一部分业主管理项目。主要指业主直接予以管理和不通过建设单位直接拨付工程费用的项目，如水库淹没处理补偿费、部分价差预备费、建设期贷款利息、业主管理费等，其子项内容的设置，可根据设计概算批准的费用内容和工程实际情况设立。

（2）第二部分建设单位管理项目。主要指由建设单位管理（不含主体建安工程、设备采购和一般建筑工程）的项目和费用。如建设管理费、生产准备费、科研勘测费、工程保险费、预留费、基本预备费等。应根据建设单位管理的范围和深度，在设计概算的基础上予以调整变动。

（3）第三部分招标项目。主要指进行招标的主体建安工程和设备采购，按照招标分标项目，独立列项，与招标项目相一致。如大坝工程、溢洪道工程、厂房工程、机组采购等。

（4）第四部分其他项目。主要指不包括上述第一～第三部分项目内容在内，由建设单位直接管理的其他建安工程项目。

五、业主预算文件的组成内容

业主预算文件由编制说明、总预算表、预算表及有关计算书（表）组成，主要包括以下各项。

（1）编制说明。主要说明工程概况，编制依据，由初步设计概算过渡到业主预算的主要问题，以及其他应说明的问题。

（2）总预算表。按四部分分别列出各部分的建筑工作量、安装工作量、机械费和其他费用，静态总投资，总投资。

（3）预算表，按四部分分别编制。

（4）主要单价汇总表，工程单价应分别列出基本直接费、其他直接费、间接费、施工利润、税金等。

（5）单价计算表。按主要工程项目分列，单价均应计算出人工费、材料费、机械使用费、其他直接费、间接费、施工利润和税金等。

（6）人工预算单价、主要材料预算价格汇总表。

（7）调价权数汇总表。

（8）主要材料、工时、施工机械台时数量汇总表。

（9）分年度资金流程表。

（10）业主预算与设计概算投资对照表。

（11）业主预算与设计概算工程量对照表。

（12）有关协议、文件。

六、业主预算的编制原则和方法

（1）在编制业主预算时，可一次编制整个工程的业主预算，也可分期分批编制单项工程业主预算，最后汇总成整个工程的业主预算。无论采用哪种方式，业主预算总额必须控制在主管部门审批的初步设计概算之内，不得突破。

（2）各单项业主预算的项目划分和工程量一般应与招标文件工程量报价单中的项目和工程量一致，基础价格水平应保持与审定的初步设计概算编制年份的价格水平一致。

（3）基础单价可按工程实际情况进行调整。

（4）其他直接费率、间接费率可采用初设概算值，也可按招标的具体情况进行调整，以反映临时工程费用的分摊情况和提高施工管理水平。

（5）施工利润和税金一般应采用初设概算值，不宜变动。

（6）人工工效，材料消耗定额及施工设备生产效率，根据施工组织设计和工地实际情况，参考有关定额标准，可以进行适当优化提高。

（7）工程单价的总水平，应与概算单价基本持平或略低于概算单价水平，但为区别不同情况，招标项目或单项工程之间可进行适当调整。

（8）基本预备费，指为某一特定工程项目实施过程中发生不可预见因素而预留的费用，可参照设计的深度和设计工程量变动情况进行调整。一般来说，随着设计工作的深入，初设阶段未预见因素，大多已在技术设计阶段或招标设计阶段出现和量化，基本预备费率可低于初设概算采用值。

第三节　概预算的审查

工程概预算编制完成后，必须经过审批后才能生效。主管审批部门应请工程咨询公司、建设银行、建设单位参加审查，也可请施工单位及有关咨询人员参加。

一、审查的主要内容

（1）概预算文件必须符合国家的政策及有关法律、制度，坚持实事求是，遵守基本建设程序，不允许多要投资和硬留投资缺口。

（2）概预算文件必须完整。设计文件内的项目不能遗漏、重复，设计外的项目不能列入。概算投资应包括工程项目从筹备到竣工投产的全部建设费用。

（3）审查各项技术经济指标是否先进合理。可与同类工程的相应技术经济指标进行对比，分析高低的原因。

（4）针对各项具体概预算表格审查。

二、审查的一般步骤和方法

概预算的审查是一项复杂细致的工作，既要懂得设计、施工专业技术知识，又要懂得概预算知识，要深入现场调查，掌握第一手材料，使审批后的概预算更加确切。

1. 审查步骤

（1）掌握必要的资料。要熟悉图纸和说明书，弄清概预算的内容、编制依据和方法，收集有关的定额、指标和有关文件，为审查工作做好必要的准备。

（2）进行对比分析，逐项核对。利用规定的定额、指标以及同类工程的技术经济指标进行对比，找出差距的原因。根据设计文件所列的项目、规模、尺寸等，与概预算书计算采用的项目、数据核对；根据概预算书引用的定额、标准与原定额、标准核对，找出差别或错漏。

（3）调查研究。对于在审查中遇到的问题，包括随着设计、施工技术的发展所遇到的新问题，一定要深入实际调查研究，弄清建筑的内外部条件，了解设计是否经济合理，概预算所采用的定额、指标是否符合现场实际等。

2. 审查方法

由于工程的规模大小、繁简程度不同，设计施工单位情况也不同，所编工程概预算的繁简和质量水平也就有所不同。因此，参加审核概预算的人员应采用多种多样的审核方法，例如，全面审核法、重点审核法、经验审核法、分解对比审核法以及用统筹法原理审核等，以便多快好省地完成审核任务。下面以预算的审查说明这些方法。

(1) 全面审核法。全面审核法是指按照全部施工图的要求，结合有关预算定额分项工程中的工程细目，逐一进行审核的方法。其具体计算方法和审核过程与编制预算时的计算方法和编制过程基本相同。

全面审核法的优点就是全面、细致，所审核过的工程预算质量较高，差错较少，但工作量太大。

作为建设单位，对于一些工程量较小、工艺比较简单的工程，特别是由集体所有制建设队伍承包的工程，由于编制工程预算的技术力量较弱，并且有时缺少必要的资料，工程预算差错率较大，应该尽量采用全面审核法，逐一地进行审核。作为建设银行，对于某些已定型的标准施工图，适于采用全面审核法，因为审核一个，就等于审核了一批，即使有些设计有了变更，因有了全面审核的基础，再把设计变更部分作增减或估算，也就方便多了。

(2) 重点审核法。抓住工程预算中的重点进行审核的方法，称为重点审核法。什么是工程预算的重点？怎样进行重点审核？现介绍如下。

1) 选择工程量或造价较高的项目进行重点审核。如水利水电枢纽工程中的大坝、溢洪道、厂房、泄洪洞、机电设备及金属结构设备等。

2) 审核基础单价计算的正确性。其人工工资标准是否正确、是否与本地区的工资标准相符合、各数据引用是否准确、计算是否合理等，以及材料的来源、各材料预算价格的计算、施工单位或建设单位直接向厂家采购材料的手续费、运输工具的合理性等需要逐项进行审核。

3) 工程单价是否正确。单价包括的内容是否重复、遗漏，引用定额是否正确，以及补充单价等应进行重点审核。在工程预算中，由于定额缺项，施工企业根据有关规定编制补充单价是经常发生的，审核预算人员应把补充单价作为重点。主要审核补充单价的编制依据和方法是否符合规定，材料用量预算价格组成是否齐全、准确，人工工日或机械台班计算是否合理等。

4) 工程量计算是否正确。审批时应抓住重点，例如，对工程量较大的挡水工程、厂房工程，主要安装工程要逐项核对，其他分项工程可作一般性的审查。要注意各工程的构件配件名称、规格、数量和单位是否与设计和施工的规定相符合。

5) 各项费用标准，应根据有关规定查对，对采用费率计算的，例如间接费、计划利润、税金等应对计算基础费率标准进行逐一审查，防止错算和漏算。审查各项其他费用，尤其要注意土地征用费、移民安置费、库区淹没赔偿费等，是否符合国家和地方的有关规定，要进行实地调查。

应用重点审核法审核工程预算时，应灵活掌握审核范围。如没有发现问题，或者发现的差错很小，应考虑适当缩小审核范围。此外，如果建设单位工程预算的审核力量相对来说较强，或时间比较充裕，则审核的范围可宽一些；反之，则应适当缩小。

（3）分解对比审核法。所有单位工程，如果其用途、建筑结构和建筑标准都一样，在一个地区范围内，其预算单价也应基本相同，特别是采用标准施工图或复用施工图的单位工程更是如此。把一个单位工程，按直接费与间接费进行分解，然后再把直接费按工种工程和分部工程进行分解，分别与审定的标准预算进行对比分析的方法，称为分解对比审核法。

分解对比法的步骤如下：

1）全面审核某种建筑的定型标准施工图或复用施工图的工程预算，审核后作为审核其他类似工程预算的对比标准。

2）把上述已审定的定型标准施工图的工程预算分解为直接费和间接费（包括所有应取费用）两部分，再把直接费分解为各工种工程和部分工程预算，分别计算出它们的预算单价。

3）把拟审的同类型工程预算造价，先与上述审定的工程预算造价进行对比。如果出入不大，就可以认为本工程预算问题不大，不再审核；如果出入较大，假如超过已审定的标准设计施工图预算造价的1％或少于3％（根据本地区要求），再按分部分项工程进行分解，边分解边对比，哪里出入较大，就进一步审核哪一部分工程项目的预算价格。

分解对比审核的方法如下：

1）经过分解对比，如发现应取费用相差较大，应考虑承包企业的所有制及其取费项目和取费标准是否符合规定；材料调价所占的比重如何。如与作为对比标准的工程预算中的材料调价相差较大，则应进一步审核《材料调价统计表》，将表中的各种调价材料的用量、单位差价及其调整数等逐项进行对比。如果发现某项出入较大（调价材料的单价差价应与规定的完全一致，数量应与审定的标准施工图预算基本一致），则需进一步查找该项目所差的原因。

2）经过分解对比，发现某一部分工程预算价格的差异较大时，就应进一步对比各项工程或工程细目。对比时，应首先检查所列工程细目多少是否一致，预算合价是否一致。对比发现相差较大者，再进一步查看所套用的预算单价，最后审核该项目工程细目的工程量。

（4）用统筹法原理审核工程量。任何工作都有自己的规律，编制与审核工程概预算也不例外。这个规律应该基本上反映编、审工程预算的特点，并能满足准确、及时地编审工程预算的需要。统筹法是一种先进的数学方法，运用统筹法原理可以方便地计算出主要工程量，据以核实工程预算中的工程量，从而加快审核工程预算的速度。

统筹法原理的最大特点，就是不完全按照预算定额中的分项工程顺序计算工程量，而是按下述顺序统筹计算出有关的工程量。

1）凡是有减与被减关系的工程细目，先计算应减工程量。如在工业与民用建筑中，计算砌墙体积的，先计算应扣除的门窗、洞口面积及钢筋混凝土构件体积，后计算砌墙体积；装修工程中，先计算应扣除的局部面积，再计算整片的装修面积。

2）先计算可以作其他数据基数的数据，一个数据可以多次使用的，应连续使用，连续计算。例如，工业与民用建筑中外城外边线（外包线）是一个基数，可以依据它计算出多项工程量，就要先计算它。

使用统筹法原理审核工程量，应遵守本地区预算定额中的工程量计算规则，必要时应编制本地区的计算项目和计算程序，以免产生差错。

统筹法原理也可以用于编制工程概预算时计算工程量，但计算前最好先根据本地区概预算定额列出所需的工程细目，然后再将各工程细目尽量纳入某一个工程量统筹计算表中。不能纳入工程量统筹计算表中的工程细目，则仍按前面介绍的方法计算工程量，然后再一起填入工程概预算表。采用统筹法原理的工程量计算程序和计算方法，同时使用前面介绍的工程量计算表，对于加快计算速度也有一定作用。

（5）经验审核法。经验审核法是指根据以前的实践经验，审核容易发生差错的那一部分工程细目的方法。

第八章 水利水电建设项目合同管理

第一节 概　　述

一、水利水电建设工程合同及其特征

（一）合同与合同形式

1. 合同及其分类

根据《中华人民共和国合同法》，合同是指"平等主体的自然人、法人、其他组织之间设立、变更、终止民事权利义务关系的协议"。

按《合同法》分类，合同有买卖合同，供用电、水、气、热力合同，赠与合同，借款合同，租赁合同，融资租赁合同，承揽合同，建设工程合同，运输合同，技术合同，保管合同，仓储合同，委托合同，居间合同。

2. 合同形式

合同有书面形式、口头形式和其他形式。法律、行政法规规定采用书面形式的，应当采用书面形式；当事人约定采用书面形式的，应当采用书面形式。书面形式是指合同书、信件和数据电文（包括电报、电传、传真、电子数据交换和电子邮件）等可以有形地表现所载内容的形式。

（二）水利水电建设工程合同及其特征

水利水电建设工程合同是承包人进行水电工程建设、发包人支付价款的合同，包括工程勘察、设计、施工合同。水利水电建设工程合同应当采用书面形式。

水利水电建设工程合同具有以下法律特征。

1. 合同主体的严格性

水利水电建设工程合同主体一般只能是法人。发包人应是经过批准能够进行水电工程建设的法人，必须有国家批准的项目建设文件，并具有相应的组织协调能力。承包人必须具备法人资格，同时具有从事相应工程勘察、设计、施工的资质条件。由于水利水电建设工程合同所要完成的是投资大、周期长、质量要求高的建设项目，公民个人无能力承揽，无营业执照或无承包资质的单位不能作为水利水电建设项目的承包人，资质等级低的单位也不能越级承包水利水电建设项目。

2. 合同标的特殊性

水利水电建设工程的标的是各类水利水电建设项目，属于不动产，其基础部分与大地相连，有的甚至就是大地的一部分，不可移动。这就决定了每个水利水电建设工程合同的标的都是特殊的，具有不可替代性。

3. 合同履行的长期性

由于水利水电建设项目结构复杂、工程量庞大，使得合同履行期限都比较长。不仅是

合同订立和履行需要较长的准备期，而且在合同的履行过程中，还可能因为不可抗力、工程变更、材料设备供应不及时等原因，导致合同履行期限延长。

4.合同管理的计划性和程序性

由于水利水电建设项目对国民经济的发展和人民生活有着重大的影响，因此，国家水利水电对建设项目投资计划有着严格的管理制度。对于国家重大水利水电建设工程合同，应当根据国家规定的程序和国家批准的投资计划和任务书签订。即使是国家投资以外的、以其他方式投资建设的工程项目，也要纳入国家计划，按国家规定的建设程序订立和履行合同。

二、合同的谈判与订立

（一）合同谈判

合同谈判是指业主与中标承包人经过认真仔细的会谈、商讨、讨价还价，将双方在招投标过程中达成的协议具体化或做某些增补与删改，对价格和所有合同条款进行法律认证，最终订立一份对双方都有法律约束力的合同文件的过程。

1.合同谈判的准备

合同谈判是业主与承包人面对面的较量，谈判的结果直接关系到合同条款的订立是否于己有利。因此，在合同正式谈判开始之前，必须要深入细致地做好充分的思想准备、组织准备、资料准备等，做到知己知彼，心中有数，为合同谈判的成功奠定坚实的基础。

（1）合同谈判的思想准备。合同谈判是一项艰苦复杂的工作，只有做好充分的思想准备，才能在谈判中坚持立场，适当妥协，最后达到目标。谈判前，必须对以下问题进行充分准备。

1）谈判的目的。这是必须明确的首要问题。因为不同的目的决定了谈判的方式和最终的谈判结果。一切具体的谈判行为方式与技巧都是为谈判的目的服务的。因此，谈判前首先要确定自己的目标，同时也要尽可能摸清对方的谈判目标，从而有针对性地进行准备，并采取相应的谈判方式和谈判策略。明确目标是思想准备的首要环节。

2）确定谈判的原则和态度。确定了谈判目标之后，谈判原则和态度的确定就成了实现目标的重要环节。围绕着谈判目标的实现，要确立自己在谈判中的基本立场和原则，从而确定谈判中哪些问题是必须坚持的、哪些问题可以做出一定的合理让步，以及让步的程度等。同时，还应具体分析在谈判中可能遇到的各种复杂情况及其对谈判目标实现的影响，谈判有无失败的可能，遇到实质性问题争执不下时如何解决等。这些问题都应在谈判前有充分的思想准备。

3）谈判对手的谈判意图。"知己知彼，百战不殆。"合同谈判也是一种斗智斗勇的工作，只有在充分了解对手的意图，并对此已有充分的思想准备之后，才能在谈判中始终掌握主动权。这里所说的意图，包含对方谈判的诚意和动机两个方面。对方参加这次谈判有无诚意，是主动接洽还是被动应付，持积极态度还是消极态度；对方谈判的动机是只为了摸底还是为了正式与自己商讨具体事宜，是希望应付一次后通过函电达成协议，还是希望在面对面的会谈中取得成果等。

（2）合同谈判的组织准备。在明确了谈判目标并做好了应付各种复杂局面的思想准备之后，谈判者就需要着手组织一个精明强干、经验丰富的谈判班子，具体进行谈判准备和谈判工作。谈判班子的知识专业结构、基本素质和综合业务能力，对谈判结果有着重要的影响，一个合格的谈判小组通常由技术人员、财务人员、法律人员以及懂业务的人员组成。在谈判组中，领导的作用是至关重要的。因为他是主谈人，他的思路一定要始终清楚，对谈判内容要熟悉，还必须有丰富的谈判技巧和经验；同时，他也必须具备很强的组织能力和应变能力，以便在遇到意外情况时，能够调动谈判组成员的思路进行妥善处理。

（3）合同谈判的资料准备。合同谈判中必须有理有据，切忌空谈。因此，在会谈前必须准备好充足的资料。

（4）谈判方案的准备。在具体会谈开始前，应仔细研究分析有关合同谈判的各种文件资料，拟订谈判提纲。同时，要根据会谈的目标要求，准备几个不同的谈判方案，并研究和考虑其中哪个方案较好，以及对方可能会倾向于哪一个方案。这样，当对方不愿接受某一方案时，就可以改换另一方案。谈判中切忌只有一种方案，当对方不接受时，容易使谈判陷入僵局。

（5）会议具体事务的安排准备。这方面主要包括三方面的内容：一是选择谈判的时机。谈判主要考虑双方的横向联系情况，对方将与几家公司商谈，己方将面对几家公司，何时与某一公司会谈，这是一种谈判策略。二是谈判地点的选择。一般来说应选在于己方有利的地点。三是会谈议程的安排。议程要安排得松紧适度，不要拖得时间太长，同时要避免过于紧张、连续作战，还要注意到双方谈判的习惯。

（6）了解对手的情况。着重了解谈判对手的年龄、健康、资历、职务、谈判风格等情况，以便己方有针对性地安排谈判人员，并做好思想和技术上的准备，同时要了解对方是否熟悉己方。此外，还必须了解对方谈判人员的构成及对谈判所持的态度、意见，从而尽量分析并确定谈判的关键问题、关键人物的意见与倾向。

2. 合同谈判过程

合同谈判一般分为初步接洽、实质性谈判和合同拟订与签约三个阶段。

（1）初步接洽阶段。双方当事人一般是为了达到预期的效果，就双方各自最感兴趣的事项，相互向对方提出，澄清一些问题。这些问题包括项目的名称、规模、内容和所要达到的目标与要求，项目是否列入年度计划或实施的许可，当事人双方的主体性质，双方主体以往是否参与过同类或相似项目的开发、实施，双方主体的资质状况与信誉，项目是否已具备实施条件等。有的问题可以当场澄清，有的可能当场不能澄清。如果双方了解的资料和信息同各自所要达到的预期目标相符，觉得有继续保持接触与联系的必要，就可为实质性谈判做准备。

（2）实质性谈判阶段。实质性谈判是双方在广泛取得相互了解的基础上进行的，主要就项目合同的主要条款进行具体商谈。项目合同的主要条款一般包括标的、数量和质量、价款或酬金、履行、验收、违约责任等。

1）标的。是指合同权利义务所指向的对象。有关标的谈判，双方当事人必须严肃对待。特别是项目合同的标的比较复杂，要力求叙述完整、准确，不得出现遗漏及概念混淆的情况。

2）数量和质量。项目合同中应严格注明各标的物的数量和质量要求。由于数量和质量涉及双方的权利和义务，所以要慎重处理。

3）价款或酬金。这是谈判中最主要的议项之一。价款或酬金采用何种货币计算与支付是事先要确定的。这在国内合同中不成问题，但在涉外合同中却是至关重要的。这里还涉及一个汇率问题，一般可以选择汇率比较稳定的硬通货。

4）履行期限、方式和地点。合同谈判中应逐项加以明确规定。

5）验收方法。合同谈判中应明确规定何时验收、验收的标准及验收机构。

6）违约责任。当事人应就双方可能出现的错误而导致影响项目的完成。订立违约责任条款，明确双方的责任。具体规定还应符合法律规定的违约金限额和赔偿责任。

（3）合同拟定与签约阶段。项目合同必须尽可能明确、具体，条款完备。避免使用含糊不清的词句。一般应严格控制合同中的限制性条款，明确规定合同生效条件、合同有效期以及延长的条件、程序，对仲裁和法律适用条款作出明确的规定，对选择仲裁或诉讼作出明确的约定。另外，在合同文件正式签订前，应组织有关专业人员、律师等，对合同进行仔细推敲，在双方对合同内容达成一致意见后进行签字盖章。

（二）合同的订立

1. 合同订立的一般程序

双方当事人就合同的主要条款经过反复协商和谈判，才能最终达成一致意见。订立合同要经过要约和承诺两个阶段才能完成。

（1）要约。是希望和他人订立合同的意思表示，该意思表示的内容必须确定，并表明经特定人同意后即受其约束。商品带有标价的陈列、投标书的寄送等，一般都被视为要约。

要约对受要约人而言，并无承诺的义务，但其一旦承诺（同意）后，即应受其约束。要约对要约人有约束力，受要约人如果接受要约，要约人负有与对方签订合同的义务。

对有些合同，当事人为获得要约而发出要约邀请。要约邀请是订立合同的内容不确定，或者虽然内容确定、但表明经特定人同意后不受其约束的意思表示，该意思表示的目的是希望他向自己发出要约。招标公告、价目表的寄送、商品广告等，一般被视为要约邀请。

（2）承诺。是受要约人作出的同意要约的意思表示。承诺必须以明示方式作出。

承诺的表示方式应当符合要约的要求。承诺应当在要约规定的期限内作出。要约没有规定期限的，承诺应当在以下期限内作出。

1）要约以对话方式作出的。应当立即承诺。要约以电话方式作出的，视为对话方式。

2）要约以非对话方式作出的，应当在合理的期限内作出承诺。该期限应当根据交易的性质、习惯以及要约采用的通信方法予以确定。

2. 合同订立应遵循的原则

（1）平等自愿原则。合同当事人的地位平等，一方不得将自己的意志强加给另一方。订立合同时应当在自愿的基础上充分协商，使合同能反映当事人的真实意思表示。

（2）诚实信用原则。合同的订立应当是在互相信任的基础上完成的，不应进行欺诈。

（3）合法原则。合法的合同才是有效合同。订立合同应遵守国家法律和行政法规，尊重社会公德，不得扰乱社会经济秩序，损坏社会公共利益。

三、合同的履行与担保

（一）合同的履行

合同的履行是指当事人双方按照合同规定的标的、数量和质量、价款或酬金、履行期限、履行地点、履行方式等，全面地完成各自承担的义务。严格履行合同是双方当事人的义务。因此，合同当事人必须共同按计划履行合同，实现合同所要达到的各类预定目标。

建设项目合同的履行原则是全面履行和实际履行。

1. 全面履行

全面履行也称适当履行或正确履行，它要求当事人必须按照法律和合同规定的标的，按质、按量地履行，债务人不得以次充好，以假乱真，否则，债权人有权拒绝接受。因此，在签订合同时，必须对标的物的规格、数量、质量作出具体规定，以便债务人按规定履行，债权人按规定验收。

2. 实际履行

实际履行即要求当事人按合同规定的标的来履行，不能以其他标的代替约定标的。一方违约时，也不能以偿付违约金、赔偿金的方式代替履约；对方要求继续履行合同的，仍应继续履行。

（二）合同的担保

合同的担保是指由国家法律、行政法规规定的或由双方当事人协商确定的，保证合同能够切实履行的一种法律措施。合同担保方式有保证、抵押、质押、留置和定金五种。

（1）保证。保证是指保证人和债权人约定，当债务人不履行债务时，保证人按照约定履行债务或者承担责任的行为。具有代为清偿债务能力的法人、其他组织或者公民，可以做保证人。

同一债务有两个以上保证人的，保证人应当按照保证合同约定的保证份额，承担保证责任。没有约定保证份额的，保证人承担连带责任，债权人可以要求任何一个保证人承担全部保证责任，保证人都负有担保全部债权实现的义务。

（2）抵押。抵押是指债务人或者第三人不转移对所提供财产的占有，而将该财产作为债权的担保。债务人不履行债务时，债权人有权依法以该财产折价或者以拍卖、变卖该财产的价款优先受偿。

可以抵押的财产有：抵押人所有的房屋和其他地上定着物；抵押人所有的机器、交通运输工具和其他财产；抵押人依法有权处置的国有土地使用权、房屋或其他地上定着物；抵押人依法有权处置的国有机器、交通运输工具和其他财产；抵押人依法承包并经发包方同意抵押的荒山、荒沟、荒丘、荒滩等荒地的土地使用权；依法可以抵押的其他财产。

（3）质押。质押是指债务人或者第三人将其动产或者权利凭证移交债权人占有，将该动产或者权利作为债权的担保。质押分为动产质押和权利质押两类。

可以质押的权利包括汇票、支票、本票、债券、存款单、仓单、提单；依法可以转让的股份、股票；依法可以转让的商标专用权、专利权、著作权中的财产权；依法可以质押的其他权利。

(4) 留置。留置是指债权人按照合同约定占有债务人的动产，债务人不按照合同约定的期限履行合同债务的，债权人有权依照法律规定留置该财产，以该财产折价或者以拍卖、变卖该财产的价款优先受偿。

(5) 定金。定金是指在债权债务关系中，一方当事人在债务未履行之前，交付给另一方当事人的一定数额货币的担保。债务人履行债务后，定金应当抵作价款或者收回。给付定金的一方不履行约定债务的，无权要求返还定金；收受定金的一方不履行约定债务的，应当双倍返还定金。

定金应当以书面形式约定。当事人在定金合同中应当约定交付定金的期限，定金合同从实际交付定金之日起生效。定金的数额由当事人约定，但不得超过主合同标的额的 20%。

第二节　水利水电建设项目勘察、设计合同管理

水利水电建设项目勘察、设计合同，是指业主或有关单位与勘察设计单位为完成一定的勘察、设计任务，明确双方权利、义务关系的协议。业主或有关单位称为委托人，勘察、设计单位称为承包人。根据双方签订的勘察、设计合同，承包人应完成委托人委托的勘察、设计任务，委托人接受符合合同约定要求的勘察、设计成果，并向承包人付予报酬。

一、勘察、设计合同的签订

合同双方当事人必须是具有法人资格的社会组织，而且勘察、设计单位必须是国家认可的，必须持有"勘察许可证"和"设计许可证"，并且是通过招标或设计方案竞标确定的。

签订勘察、设计合同，要符合国家基本建设程序。勘察设计合同，由建设单位（或建设单位授权的监理单位、设计单位）和有关单位提出委托，与勘察设计部门协商即可签订合同；设计合同，须有上级机关批准的可行性研究报告（设计任务书）或立项批准书才能签订。小型单项工程也要有上级机关批准的文件才能签订，如单独委托施工图设计，应同时具有上级批准的初步设计文件才能签订合同。

编制水利水电建设工程勘察、设计合同，可参照所推荐使用的示范文本，必须采用书面形式，并由合同双方法人签字、盖章后才能生效。

酬金按国家规定并经协商决定。委托人须先付定金，定金为勘察费用的 30% 或估算的设计费用的 20%。委托人不履行合同，无权请求退回定金；承包人不履行合同，应双倍返还定金。

二、勘察、设计合同的履行

合同双方都有规定的权利和义务，双方均须履行合同规定的义务。

1. 委托人的义务

按合同约定的时间，向承包人提供勘察、设计所需的有关建设项目的设计依据和基础资料，并对基础资料承担责任。主要内容如表 8-1 所示。

表 8－1　　　　　　　　　　　　　勘察、设计合同所需提供的基础资料

合 同 名 称	编制依据及基础资料内容
勘察合同	勘察技术要求及附图（勘察范围的地形图和建筑平面布置图）
初步设计合同	批准的可行性研究报告，批准的选址报告，初步勘察资料，外部协作条件，与地方政府的协议书，建设规模和有关的技术经济条件
施工图设计合同	批准的初步设计，详细勘察报告，施工条件，有关设备的各种技术资料
勘察作业期间和施工期间的合同	向勘察设计单位提供所需的生产和生活条件

2. 承包人的义务

（1）勘察单位应按现行已颁发的有关标准、规范、规程和技术条例，开展所承担的勘察工作，并按合同规定的时间与质量要求，向委托人提交勘察成果。

（2）设计单位依据批准的可行性研究报告或相应前阶段设计的文件，以及有关设计的技术经济文件、设计标准与定额、技术规范与规程、勘察成果资料等进行设计，并满足合同规定的深度与质量要求，按进度要求提交设计文件。对有重大工程变更，需重做或修改设计的情况，可由合同双方协商，补充合同或另订合同完成。

（3）设计单位对所承担设计任务的建设项目，应按业主、（监理）工程师的要求配合施工，进行设计技术交底，对施工过程中有关设计的问题予以解决，并负责完成设计变更和修改预算。

承包人的勘察、设计单位应按设计进度的要求，提交所完成的勘察报告、设计成果，并承担其合同责任。设计文件批准后，未经委托人同意，不得擅自修改或变更。

委托人不得随意变更设计范围或设计标准，若需变更，须经有关批准机关同意，并经合同双方协商后另订合同完成。对已经进行了的设计所花的费用，由委托人负责支付。

委托人应保护承包人的利益，对承包人所提供的勘察、设计成果，不得擅自修改，不得任意转让给第三方。

三、违约责任

双方各自违约给对方造成损失的，违约方都要给对方以赔偿。

1. 委托人违约责任

因计划变更、所提委托资料不准或未按期提供资料或工作条件，造成承包人返工、停工、窝工或修改，委托人应按承包人实际消耗的工作量增付费用。因委托人责任而造成重大返工或重做设计时，应按合同另行增加勘察、设计费。委托人应按合同约定，按期、按量交付勘察费、设计费。若超过合同规定的日期付款时，委托人应偿付逾期违约金。偿付办法与金额，由双方按有关规定协商确定。

2. 承包人违约责任

因勘察、设计质量低劣，引起工程返工或未按期提交勘察、设计文件而拖延工期造成损失，由承包人继续完善勘察设计工作，并视造成损失、浪费大小，减收或免收勘察、设计费。对因勘察、设计错误而造成工程重大质量事故者，承包人除免收受损部分勘察、设计费外，还应支付与直接受损部分勘察、设计费相等的赔偿金。承包人不履行合同的，应当双倍返还定金。

按照《建设工程质量管理》规定，勘察、设计单位有下列行为之一的，责令其改正，并处 10 万元以上、30 万元以下的罚款。

（1）勘察单位未按照工程建设强制性标准进行勘察的。

（2）设计单位未根据勘察成果文件进行工程设计的。

（3）设计单位指定建筑材料、建筑构配件的生产厂、供应商的。

（4）设计单位未按照工程建设强制性标准进行设计的。

如果因上述行为造成工程质量事故的，责令其停业整顿、降低资质等级；情节严重者，吊销资质证书；造成损失的，依法承担赔偿责任。如果造成重大安全事故、构成犯罪的，还要对直接责任人员依法追究刑事责任。

第三节　水利水电建设项目施工合同管理

施工合同是指建筑安装工程承包合同，它是水利水电建设项目的主要合同，是由具有法人资格的发包人（业主或总承包人等）和承包人（施工单位或分包人）为完成商定的建筑安装工程，明确双方权利、义务关系的合同，也是控制工程建设质量、进度、投资的主要凭据。因此，要求承发包双方签订施工合同，需具备相应的资质条件和履行合同的能力。发包人对合同范围内工程的建设必须具备组织协调能力；承包人必须具备有关部门核定的资质等级并持有营业执照，有能力完成所承包的工程建设任务。

由于施工合同具有合同标的特殊性、合同履行期限的长期性、合同内容的多样性与复杂性、合同管理的严格性（包括对合同的签订和履行的管理、对合同主体的管理）等特点，因此，对施工合同的签订、履行与管理，应更为谨慎、严格与负责。

一、施工合同的签订

水利水电建设项目施工合同按其所涉及的施工内容不同，可分为土木工程施工合同、设备安装施工合同、管道线路敷设施工合同等。无论施工合同的种类如何，签订施工合同所遵循的程序是基本相同的。

（一）签订施工合同应具备的条件

签订施工合同必须具备以下条件。

（1）初步设计已经批准。

（2）建设项目已经列入年度建设计划。

（3）有能够满足施工需要的设计文件和有关技术资料。

（4）建设资金和主要建筑材料设备的来源已经落实。

（5）招投标工程的中标通知书已经下达。

除此之外，承发包双方签订施工合同，必须具备相应的资质条件和履行施工合同的能力。承办人员签订合同，应取得法定代表人的授权委托书。

（二）签订施工合同的程序

水利水电建设工程施工合同作为合同的一种，其签订也应经过要约和承诺两个阶段，发包人应通过招标方式选择施工承包人。

中标通知书发出后，中标人应当与发包人及时签订施工合同，对双方的责任、义务、权益等合同内容作出进一步的文字说明。依照《中华人民共和国招标投标法》的规定，中标通知书发出 30 天内，中标人应与发包人依据招标文件、投标书等，签订施工合同。投标书中已确定的合同条款在签订时不得更改，确定的合同价应与中标价相一致。如果中标人拒绝与发包人签订合同，发包人有权不再返还其投标保证金，中标人还应当依法承担法律责任。

（三）合同双方当事人的责任和义务

1. 发包人的责任和义务

（1）发包人及时向承包人提供所需的指令、批准、图纸，并履行其他约定的义务。

（2）按协议条款约定的时间和要求，一次或分阶段完成土地征用、房屋拆迁、场地平整及水、电、通信、道路等的畅通工作。

（3）向承包人提供施工场地所需的工程地质、水文地质和地下管网资料，并保证资料数据真实准确。

（4）办理施工所需的各种证件、批件、施工临时用地、道路挤占及铁路专用线的申报批准手续。

（5）以书面形式将水准点、坐标安置点等交给承包人，并进行现场交验。

（6）协调处理施工现场周围地下管线和邻近建筑物、构筑物的保护，并承担有关费用。

（7）组织承包人、设计单位进行图纸会审与技术交底。

（8）按工程进度支付工程款，并有权要求承包人的施工质量达到合同所规定的质量标准。

发包人不按合同约定完成以上工作、造成施工进度拖后，应承担由此造成的经济支出，赔偿承包人有关损失，工期相应顺延。

2. 承包人的责任和义务

（1）在其资格证书允许的范围内，按发包人的要求完成施工组织设计，完成需要的施工图设计或配套设计，并经发包人代表或（监理）工程师批准后使用。

（2）向发包人代表或（监理）工程师，提供年、季、月工程进度计划和相应进度统计报表、工程事故报告。

（3）按工程需要，提供和维修施工使用的照明、围栏、值班看守警卫等。

（4）按协议条款约定的数量和要求，向发包人代表或（监理）工程师提供施工现场办公和生活的房屋及设施，发生的费用由发包人负责。

（5）遵守地方政府和有关部门对施工场地交通和施工噪音等的管理规定，经发包人同意后办理有关手续，除因承包人责任罚款外应由发包人承担有关费用。

（6）按协议条款约定，负责对已完工程的成品保护工作，并对其间所发生的工程损坏进行维修。

（7）保证施工现场的清洁符合有关规定，交工前清理现场达到合同文件的要求，承担因违反有关规定而造成的损失和罚款。

（8）按合同协议条款约定，有权按进度获得工程价款；与发包人签订提前竣工协议，有权获得工期提前奖励或提前竣工收益的分享。

（9）对发生的不可预见事件而引起合同中断或延期履行，承包人有权提出解除施工合同或提出赔偿的要求。

二、施工合同的管理

施工合同的管理，是指各级工商行政管理机关、建设行政主管部门和金融机构，以及工程发包单位、社会监理单位、承包人，依照法律和行政法规、规章制度，采取法律的、行政的手段，对施工合同关系进行组织、指导、协调及监督，保护施工合同当事人的合法权益，处理施工合同纠纷，防止和制裁违法行为，保证施工合同全面履行的一系列活动。

施工合同的管理可分为两个层次：第一层次为国家机关及金融机构对施工合同的管理；第二层次则为建设工程施工合同当事人及监理单位等对施工合同的管理。这里仅讨论发包人及监理单位、承包人对施工合同的管理。

（一）发包人和（监理）工程师对施工合同的管理

1. 施工合同的签订管理

在发包人具备了与承包人签订施工合同的条件下，发包人或者（监理）工程师，可以对承包人的资格、资信和履约能力进行预审、对承包人的预审，招标工程可以通过招标预审进行，非招标工程可以通过社会调查进行。

发包人和（监理）工程师还应做好施工合同的谈判签订管理工作。使用《建设工程施工合同示范文本》时，要依据合同条件，逐条与承包人进行谈判。经过谈判，双方对施工合同内容取得完全一致的意见后，即可正式签订施工合同文件；经双方签字、盖章后，施工合同即生效。

2. 施工合同的履行管理

发包人和（监理）工程师在合同履行中，应当严格按照施工合同的规定，履行应尽的义务。施工合同内规定应由发包人负责的工作，都是合同履行的基础，是为承包人开工、施工创造的先决条件，发包人必须严格履行。

在履行管理中，发包人及其代表、（监理）工程师也应行使自己的权利、履行自己的职责，对承包人的施工活动进行监督、检查。发包人对施工合同履行的管理，主要是通过发包人代表或（监理）工程师进行的。在合同履行过程中应进行以下管理工作。

（1）进度管理方面。按合同规定，要求承包人在开工前提出包括分月、分阶段施工的进度计划，并加以审核；按照分月、分阶段进度计划，进行实际进度检查。对影响进度的因素进行分析，属于发包人的原因，应及时主动解决；属于承包人的原因，应督促其迅速解决。在同意承包人修改进度计划时，审批承包人修改的进度计划；审核确认工程延期等。

（2）质量管理方面。检验工程使用的材料、设备质量；检验工程使用的半成品及构件质量；按合同规定的规范、规程，监督检验施工质量；按合同规定的程序，验收隐蔽工程和需要中间验收的工程质量；验收单项工程和参与验收全部竣工工程的质量等。

（3）投资管理方面。严格进行合同约定的价款管理；当出现合同约定的调价情况时，对合同价款进行调整；对预付工程款进行管理，包括批准和扣还；对工程量进行核实确认，进行工程款的结算和支付；对变更价款进行确定；对施工中涉及的其他费用，如安全施工方面的费用。专利技术等涉及的费用进行管理；办理竣工结算；对保修金进行管理等。

3. 施工合同的档案管理

发包人和（监理）工程师应做好施工合同的档案管理工作。工程项目全部竣工之后，应将全部合同文件加以系统整理，建档保管。在合同的履行过程中，对合同文件，包括有关的签证、记录、协议、补充合同、备忘录、函件、电报、电传等都应做好系统分类，认真管理。

（二）承包人对施工合同的管理

1. 施工合同的签订管理

在施工合同签订前，应对发包人和建设项目进行了解和分析，包括建设项目是否列入国家投资计划、施工所需资金是否落实、施工条件是否已经具备等，以免遭到重大损失。

承包人通过投标中标后，在竣工合同正式签订前还需与发包人进行谈判。当使用《建设工程施工合同文本》时，同样需要逐条与发包人谈判，双方达成一致意见后，即可正式签订合同。

2. 施工合同的履行管理

在合同履行过程中，为确保合同各项内容的顺利实现，承包人需建立一套完整的施工合同管理制度。主要有以下几方面内容。

（1）工作岗位责任制度。这是承包人的基本管理制度。它具体规定承包人内部具有施工合同管理任务的部门和有关管理人员的工作范围、履行合同中应负的责任，以及拥有的职权。只有建立起这种制度，才能使分工明确、责任落实，促进承包人施工合同管理工作的正常开展，保证合同内容的顺利实现。

（2）监督检查制度。承包人应建立施工合同履行的监督检查制度，通过检查发现问题，督促有关部门和人员改进工作。

（3）奖惩制度。奖优罚劣是奖惩制度的基本内容。建立奖惩制度有利于增强有关部门和人员在履行施工合同中的责任心。

（4）统计考核制度。这是运用科学的方法，利用统计数字，反馈施工合同履行情况的一项制度。通过对统计数字的分析，总结经验和教训，为企业的经营决策提供重要依据。

3. 施工合同的档案管理

施工企业同样应做好施工合同的档案管理工作。不但应做好施工合同的归档工作，还应以此指导生产、安排计划，使其发挥重要作用。

第四节　水利水电建设项目物资采购合同管理

水利水电建设项目物资采购合同，是指具有平等民事主体的法人及其他经济组织之间，为实现建设物资买卖，通过平等协商，明确相互权利义务关系的协议。依照协议，卖方（供货单位）将建设物资交付给买方（采购单位）。买方接受该项建设物资并支付价款。

水利水电建设项目物资采购合同属于买卖合同，除具有买卖合同的一般特点外，又具有一些独特的特点，如应依据工程承包合同订立；合同以转移财物和支付价款为基本内容；标的物品种繁多、数量巨大，供货条件与质量要求复杂；合同的卖方必须以实物的方式履行合同等。因此，物资采购合同的签订与履行，显得尤为重要。

一、物资采购合同的签订

物资采购合同按其采购物资的类别，可分为材料采购合同、设备采购合同和成套设备采购合同。

（一）材料采购合同

材料采购合同是以水利水电建设项目所需材料为标的，以材料采购为目的，明确当事人相互权利义务关系的协议。材料采购合同主要包括以下几方面的内容。

（1）双方当事人的名称、地址、代理人的姓名与职务，法定代表人的姓名与授权委托书等。

（2）材料的名称、品种、型号与规格等，应符合采购单的规定。

（3）材料技术标准和质量要求。

（4）材料数量与计量方法的规定。

（5）材料的包装要求。

（6）材料的交付方式与交货期限。

（7）材料的价格与付款方式。

（8）违约责任及其他有关的特殊条款。

（二）设备采购合同

设备采购合同是指以水利水电建设项目所需设备为标的，以设备买卖为目的，明确当事人相互权利义务关系的协议。

设备采购合同的主要内容可分为两部分：第一部分是约首，即合同开头部分，包括项目名称、合同号、签约日期、签约地点、双方当事人名称等条款。第二部分为文本，即合同的主要内容，包括合同文件、合同范围和条件、货物及数量。合同金额、付款条件、交货时间和交货地点及合同生效等条款。其中合同文件包括合同条款、投标格式和投标人提交的投标报价表、要求一览表。技术规范、履约保证金、规格响应表、买方授权通知书等；货物及数量、交货时间和交货地点等均在要求一览表中明确；合同金额指合同的总价，分项价格则在投标报价表中确定；合同生效条款规定该合同经双方授权的部分为合同约尾，即合同的结尾部分包括双方的名称、签字盖章及签字时间、地点等。

（三）成套设备采购合同

成套设备采购合同与建设材料采购合同一样都是买卖合同，但它本身具有特殊性。首先，设备成套采购合同的需方必须是已经列入国家基本建设计划的建设单位；其次，设备成套采购合同的供方一般是国家为水利水电工程建设服务而专门组织的设备成套公司。

设备成套公司根据水利水电项目建设单位的要求，可分别采取下列三种承包供应合同。

1. 委托承包

设备成套公司根据发包单位按设计委托的成套设备清单进行承包供应，收取一定的成套业务费，其费率为成套设备总价的 1%。少数供应时间紧、供应难度较大的设备，或按机组、系统、组织成套设备的，以及需要进行技术咨询、开展现场服务的，可适当增加费率，具体由承发包双方商定。

2. 按设备费包干

根据发包单位提出的设备清单及双方核定的设备预算总价，由设备成套公司承包供应。

3. 采购招标

发包单位对成套设备进行招标，设备成套公司参加投标，按照中标结果承包供应。

中标单位在接到中标通知书后，应在规定的时间内由招标单位组织与设备需方签订设备采购合同。如果投标单位中标后拒签合同，按违约处理，招标单位和设备需方可将投标保证金予以没收。也可要求中标单位赔偿经济损失，赔偿额不超过中标金额的2%，如果设备需方在中标通知发出后拒签合同，亦应承担赔偿责任，赔偿额为中标金额的2%。

合同生效后，招标单位可向中标单位收取少量服务费，服务费一般不超过中标设备金额的1.5%。

除上述三种方式外，设备成套公司还可以根据建设单位的要求以及自身的能力，联合科研单位、设计单位、制造厂家和设备安装企业等，从产品设计到现场设备安装调试，实行设备成套总承包。

成套设备采购合同条款的内容一般包括产品的名称、品种、型号、规格、等级、技术标准或技术性能指标；数量和计量单位；包装标准及包装物的供应与回收规定；交货单位、交货方法、运输方式、到货地点、接（提）货单位；交（提）货期限；验收方法；产品价格；结算方式、开户银行、账户名称、账号、结算单位；违约责任；其他事项。

除上述内容外，还应包括成套设备价格的确定，成套设备数量及需配置的辅机、附配件等，成套设备所应达到的技术标准和技术性能指标，交货单位，现场服务及保修的规定等。

二、物资采购合同的履行管理

（一）材料采购合同的履行管理

材料采购的履行包括以下内容。

1. 按约定的标的履行

供货方交付的货物必须与合同规定的名称、品种、规格、型号相一致，不得擅自以其他货物、违约金或赔偿金的方式代替履行合同。

2. 按合同规定的期限，地点交付货物

提前交付货物，采购方可拒绝接受；逾期交付，供货方应承担逾期交付的责任。采购方若不再需要，应在接到供货方交货通知后15天内通知供货方。

3. 按合同规定的数量和质量交付货物

对交付货物的数量与质量应当场检验，必要时还须做化学或物理试验以检验其内在质量，检验的结果作为验收的依据，由双方当事人签字。

4. 按约定的价格与结算条款履行合同义务

价款或者报酬不明确的，按照订立合同时履行地的市场价格履行；依法应当执行政府定价或者政府指导价的，按照规定履行。

5. 明确双方违约的责任

采购合同双方应就违约事项约定解决方式以及法律责任，以此来维护自己的合法权益。例如约定在违反合同事项时支付违约金。

（二）设备采购合同的履行管理

设备采购合同的履行包括以下内容。

1. 交付货物

供货方应按合同规定，按时、按质、按量地履行供货义务，并做好现场服务工作，及时解决有关设备的技术质量、缺损件等问题。

2. 验收

采购方对供货方交付的货物应及时进行验收。依据合同规定，对设备的质量及数量进行核实检验，如有异议，应及时与供货方协商解决。

3. 结算

采购方对供货方交付的货物检验没有发现问题，应按合同的规定及时付款；如果发现问题，在供货方及时处理达到合同要求后，也应及时履行付款义务。

4. 违约责任

在合同履行过程中，任何一方都不应借故延迟履约或拒绝履行合同义务，否则，应追究违约当事人的法律责任。

（1）由于供货方交货不符合合同规定，如交付的设备不符合合同的标的，或交付的设备未达到质量技术要求，或数量、交货日期等与合同规定不符时，供货方应承担违约责任。

（2）由于供货方中途解除合同，采购方可采取合理的补救措施，并要求供货方赔偿损失。

（3）采购方在验收货物后，不能按期付款，应按有关规定支付违约金。

（4）采购方中途退货，供货方可采取合理的补救措施，并要求采购方赔偿损失。

（三）成套设备采购合同的履行管理

1. 设备成套公司的职责

设备成套公司承包的设备如因自身的原因，未能按承包合同规定的质量、数量、时间供应而影响项目建设进度的，设备成套公司要承担经济责任。在项目建设过程中，设备成套公司对承包项目要派驻现场服务组或驻厂员，负责现场成套设备的技术服务。现场服务的主要职责如下。

（1）组织机械工业有关企业到现场进行技术服务，处理有关设备方面的问题。

（2）了解、掌握工程建设进度和设备到货、安装进度，协助联系设备的交、到货等工作。

（3）参与大型、专用、关键设备的开箱验收，配合建设单位或安装单位处理设备在接运过程中发现的设备质量和缺损件等问题，并按《工业产品质量责任条例》明确产品质量责任。

（4）及时向主管部门报告重大设备的质量问题，以及项目现场不能解决的其他问题。当出现重大意见分歧时，施工单位或用户单方坚持处理的，应及时写出备忘录备查。

（5）参加工程的竣工验收，处理工程验收中发现的有关设备问题。

（6）关心和了解生产企业派往现场的技术服务人员的工作情况和表现，建议有关部门或生产企业予以表扬或批评。

（7）做好现场服务工作日志，及时记录日常服务工作情况、现场发生的设备质量问题和处理结果，定期向上级主管部门和有关单位报送报表、汇报工作情况。做好现场服务工作总结。

2.（监理）工程师对成套设备采购合同的管理

（1）对设备供应合同及时编号，统一管理。

（2）参与合同的编写、签订，并就设备的技术要求及交货期限、质量标准提出要求。

（3）驻厂监造，监督设备采购合同的履行。

3.业主设备采购合同的管理

业主要向设备成套公司提供设备的详尽设计技术资料和施工要求；要配合设备成套部门，做好接运计划工作，安置并协助驻现场服务组开展工作；要按照合同要求，督促施工安装单位按进度计划组织施工安装；牵头组织各有关单位完成验收工作等。

第九章　实施阶段工程项目管理

第一节　施　工　准　备

一、图纸会审和技术交底

业主应在开工前向有关规划部门送审初步设计及施工图。初步设计文件审批后，根据批准的年度基建计划，组织进行施工图设计。施工图是进行施工的具体依据，图纸会审是施工前的一项重要准备工作。

图纸会审工作一般在施工承包人完成自审的基础上，由业主单位主持，监理单位组织，设计单位、施工承包人、银行、质量监督管理部门和物资供应单位等有关人员参加。对于复杂的大型工程，业主单位应先组织技术部门的各专业技术人员预审，将问题汇总，并提出初步处理意见，做到在会审前对设计心中有数。会审的各方都应充分准备、认真对待，对设计意图及技术要求彻底了解、融会贯通，并能发现问题，提出建议与意见，提高图纸会审的工作质量，把图纸上差错、缺陷的纠正和补充完成在施工之前。

业主单位有责任组织设计单位，对于图纸的设计意图、工程技术与质量要求等，向施工单位做出明确的技术交底。通过图纸会审，重点应解决以下问题。

（1）理解设计意图和业主对工程建设的要求。

（2）审查设计深度是否满足指导施工的要求，采用新技术、新工艺、新材料、新设备的情况，工程结构是否安全合理。

（3）审查设计方案及技术措施中，贯彻国家及行业规范、标准的情况。

（4）根据设计图纸要求，审查施工单位组织施工的条件是否具备，施工现场能否满足施工需要。

（5）审查图纸上的工程部位、高程、尺寸及材料标准等数据是否准确一致，各类图纸在结构、管线、设备标注上有无矛盾，各种管线走向是否合理，与地上建筑、地下构筑物的交叉有无矛盾等。如发现错误，应提出更正，避免影响工期及增加投资。

（6）施工承包人应检查图纸上标明的工作范围与合同中明确的工作范围有无差异，如因差异较大将影响工期及造价时，应向监理单位提出"工程变更"；如图纸所描述的工程超出合同规定的工作范围，则应属"额外工程"，在费用和工期上应与业主另行讨论。

会审时要有专人作好记录，会后做出会审纪要，注明会审时间、地点、主持单位及参加单位、参会人员，就会审中提出的问题，着重说明处理和解决的意见与办法。会审纪要经参加会审的单位签字认同后，一式若干份，分别送交有关单位执行及存档，将作为竣工验收依据文件的组成部分。

在图纸会审的基础上，按施工技术管理程序，应在单位工程或分部、分项工程施工前，逐级进行技术交底。如对施工组织设计中涉及的工艺要求、质量标准、技术安全措施、规范要求和采用的施工方法，图纸会审中涉及的要求及变更等的内容，向有关的施工人员交底。

二、审查施工组织设计

业主应在施工承包合同中明确审查施工组织设计的权力，在下达开工令前应委托监理单位对施工组织设计进行审查。审查的内容包括：施工方案、施工进度计划、施工平面图以及材料、劳动力、设备需用计划等。

（一）施工方案的审查

施工方案是施工组织设计的核心，方案确定的优劣直接影响到现场的施工组织及工期。施工方案的审查重点包括以下内容。

1. 主要施工过程施工方法和施工机械的确定

对于主要施工过程选择施工方法和施工机械时，应考虑工程的特点、结构性质和要求，工程量，气候与地形、地貌、地质，现场及周围的施工环境，工期，施工单位技术装备和管理水平等。

2. 施工流向的确定

施工流向是指在工程立体空间及平面位置施工开始的部位及其流动方向，其确定应满足施工组织及业主对工程分期分批竣工投产的要求。

3. 施工顺序的确定

施工顺序是指在各施工阶段中主要施工过程客观存在的先后顺序及相互间的制约关系。确定施工顺序应遵循以下原则：应符合施工技术和施工工艺的要求，应与选择的施工方法及施工机械相适应，应满足施工组织与施工进度的要求，应符合施工质量及安全施工的要求，应考虑现场不利自然条件的影响。

4. 各项施工技术组织措施的确定

应重点审查施工方案中为保证工程质量、工期、降低成本，现场安全施工与文明施工所采取的技术组织措施。

（二）施工进度计划的审查

施工进度计划反映完成工程项目的各施工过程的组成、施工顺序、逻辑关系及完成所需要的时间，同时也反映各施工过程的劳动组织及配备的施工机械台班数。施工进度计划应采用网络计划技术编制，应合理地利用流水作业和交叉作业，以获得最优的施工组织效果。施工进度计划编制后，即可编制各种资源的需要量计划。

施工进度计划应符合招标文件及施工合同中对工期的要求；必须具备真实性和科学性。真实性要求承包人根据现场的施工条件和组织管理能力进行编制，真实反映承包人按进度计划组织施工的可能性；科学性要求施工进度计划安排得既合理、又符合施工合同的要求，确保工程质量。因此，业主应要求监理单位细致、认真地审核承包人的施工进度计划。审查要点如表9-1所示。

表 9 - 1　　　　　　　　　　　　　施工进度计划的审查要点

审查要点	具　体　内　容
工期	(1) 计划工期及阶段工期目标是否符合合同规定的要求； (2) 计划工期完成的可靠性，计划是否留有余地
施工顺序	各施工过程的施工顺序是否符合施工技术与组织的要求
持续时间	主导施工过程的起、讫时间及持续时间安排是否正确合理
技术间歇	应有的技术和组织间歇时间是否安排，并且是否符合有关规定的要求
交叉作业	从施工工艺、质量与安全要求，审核平行、搭接、立体交叉作业的施工项目安排是否合理
需提供的 场地与交通	(1) 业主提供的施工场地与进度计划所需的场地供需是否一致； (2) 各承包人施工场地的利用是否相互干扰，影响进度； (3) 运输路线的数量、距离及路况是否满足进度计划的要求
资源	动力、材料、机械及气、水、电等的需要量是否落实及均衡利用

（三）施工平面图的审查

施工平面图是安排和布置施工现场的基本依据，也是施工现场组织文明施工和加强科学管理的重要条件。在施工的不同阶段，现场的施工内容不同，要求具备反映相应内容的施工平面图。施工平面图的审查重点包括以下内容。

1. 施工平面图的内容是否全面

施工平面图应以主体工程为目标，统筹安排、合理布置施工现场。其内容应包括：在施工用地范围内，一切已建及拟建的建筑物、构筑物和各管线的平面位置及尺寸；移动式起重机开行路线及轨道铺设，固定式垂直运输设施的平面位置，以及各类起重机的工作幅度；拟建工程的定位桩、测量基桩及取弃土方地点；为施工服务的生产、生活临时设施的位置、大小及相互关系。

2. 空间利用是否合理

应节约用地，统筹兼顾布置临时设施，既要利于生产、管理，方便生活，也要减少临时设施的费用。

3. 料场、取弃土方地点、路线等安排是否合理

应尽量缩短运距，减少二次搬运。

4. 安全、消防、环保等方面要求是否满足

施工平面布置应遵守国家有关的法规，如劳动保护、技术安全、防火条例、市容卫生和环境保护等。

（四）材料、劳动力、设备需用计划的审查

主要审查建设项目所需的材料、劳动力和设备是否能得到供应，主要建筑材料的规格型号、性能技术参数及质量标准能否满足工程需求；材料、劳动力、设备供应计划是否与施工进度计划相协调，能否保证施工进度计划的顺利实施。

三、施工现场准备

业主应协助施工单位做好现场准备工作，并委托（监理）工程师，对施工承包人的施工现场准备工作进行检查和监督。

（一）施工现场的补充勘探及测量放线

1. 现场补充勘探

为保证基础工程能按期保质完成，为主体工程施工创造有利条件，应对施工现场进行补充勘探。勘探的内容主要是在施工范围内寻找枯井、地下管道、旧河道与暗沟、古墓等隐蔽物的位置与范围，以便及时拟定处理方案。

2. 现场的控制网测量

按照提供的建筑总平面图、现场红线标桩、基准高程标桩和经纬坐标控制网，对全场做进一步测量，设置各类施工基桩及测量控制网。

3. 建筑物定位放线

根据场地平面控制网或设计给定的作为建筑物定位放线依据的建筑物，以及构筑物的平面图，进行建筑物的定位、放线，这是确定建筑物平面位置和开挖基础的关键环节。施工测量中必须保证精度，避免出现难以处理的技术错误。

（二）施工道路及管线

在完成施工现场的"四通一平"后，应进一步检查以下内容。

（1）施工道路是否满足主要材料、设备及劳动力进场需要，各种材料能否减少二次搬运、直接按施工平面图运到堆放地点。

（2）施工给水与排水设施的能力及管网的铺设是否合理及满足施工需要。

（3）施工供电设施应满足用电量需要，做到合理安全供电，不影响施工进度。为了节约投资，施工道路及各种管线的铺设应尽量利用永久性设施。

（三）施工临时设施的建设

根据工程规模、特点及施工管理要求，对施工临时设施应进行平面布置规划，并报有关部门审批。临时设施的规划与建设应尽量利用原有的建筑物与设施，做到既能满足施工需要，又能降低成本。

临时设施可分为生产设施和办公与生活设施。生产设施主要包括水平与垂直运输设施、搅拌站、原材料堆场与库存设施、各类加工厂与车间等，办公与生活设施主要包括用于施工管理的各类办公室、休息室、宿舍、食堂等。临时设施的规模与布置应满足施工阶段生产的需要，同时还应满足防火与施工安全的要求。

（四）落实施工安全与环保措施

（1）落实安全施工的宣传、教育措施和有关的规章制度。

（2）审查易燃、易爆、有毒、腐蚀等危险物品管理和使用的安全技术措施。

（3）现场临时设施工程应严格按施工组织设计确定的施工平面图布置，并且必须符合安全、防火的要求。

（4）落实土方与高空作业、上下立体交叉作业、土建与设备安装作业等的施工安全措施。

（5）施工与生活垃圾、废弃水的处理，应符合当地环境保护的要求。

通过对安全与环保措施的监督检查，应使施工现场各级人员认识到，安全生产、文明施工是实现高速度、高质量、高工效、低成本目标的前提。

四、施工材料、设备准备

由业主负责供应的材料、施工机械和设备，业主应做好施工材料、设备的准备工作。施工材料、设备的准备主要包括建筑材料、施工机具和永久设备三个方面的准备工作，均应在工程开工之前完成落实，并对开工必备的材料、机具安排先期进场。

（一）材料、设备准备工作的程序

材料、设备准备工作流程如图 9-1 所示。

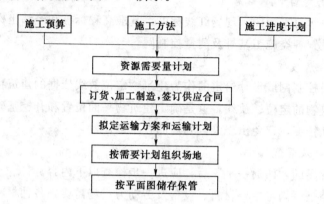

图 9-1　材料、设备准备工作流程图

（二）材料、设备准备工作内容

1. 建筑材料与构件

施工前应认真核算材料、构件的品种、规格和数量，按需要量计划保证如期送到现场，并符合质量要求。存储量应保证正常施工和存储经济的原则，存储的堆场、仓库布置应符合施工平面图的要求。

2. 施工机械与模具

施工机械配备是大中型项目建设的必要保证。应根据施工进度计划所需的时间、类型、数量，协助承包人组织施工机械进场，缺少或不配套的机械可通过采购或租赁方式解决。在施工之前，应对所使用的施工机械完成安装与调试，并做好易损零配件的供应。施工模具的数量与规模应满足施工需要，施工模具要合理堆放。

3. 永久设备与金属结构

永久设备制造与金属加工是完成水利水电建设项目的重要工作内容，应进一步落实加工制造厂商，组织进厂监造，以保证按施工进度要求，组织进场安装。

第二节　施工阶段的质量控制

工程质量管理是水利水电工程建设项目管理的主要内容之一。水电工程建设进度和投资的控制都必须以一定的质量水平为前提条件，依赖于有效的质量管理来实现其控制目标。

一、工程质量控制概述

（一）工程质量

工程质量是指工程产品满足规定要求和具备所需要的特征和特性的总和。水利水电建

设项目作为工程建设活动的产品，其质量由项目范围内的所有单项工程质量及其他工程质量所构成，包括设计质量、建筑工程质量、安装工程质量及生产设备本身的质量。所谓满足规定要求，通常是指符合国家有关法规、技术标准或合同规定的要求；所谓满足需要，一般是指满足用户的需要，这种需要即是对工程产品的性能、寿命、可靠性及使用过程的适用性、安全性、经济性、与环境的协调性及业主所要求的其他特殊功能等方面的要求，其具体表述见图 9－2。

工程产品的性能表现为机械性能（强度、弹性、硬度、冲击韧性等）和防渗、抗冻、耐酸碱、耐腐蚀等性能。

工程产品的寿命指的是工程产品能正常发挥功能的延续时间，即服役年限。

工程产品的可靠性是指工程产品在规定时间内、规定条件下完成功能的能力。

使用过程的适用性表现为工程产品的适用程度及其操作和维修的方便程度。

安全性表现为工程产品使用及维修过程的安全程度。

经济性表现为工程产品的造价或投资、生产能力或效率及其生产使用过程中的能耗、材料消耗和维修费用的高低等。

随着生产和管理科学的发展，学者们针对上述要求，逐渐统一了对质量这个概念内涵的认识。有的学者将上述诸方面内容概括为质量的三个基本特征，即适用性、可靠性和经济

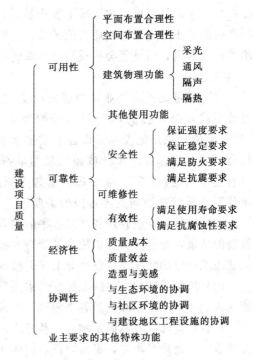

图 9－2　建设项目质量

性。美国质量管理专家朱兰（J. M. Juran）给质量下了个简单的定义：质量就是适用性，也就是用户满意的程度。

水电工程建设活动是应业主的要求进行的。不同的业主有着不同的产品使用功能要求，其意图已通过文字或图纸反映在合同中。因此，水利水电建设项目的质量除必须符合有关规范、标准、法规的要求外，还必须满足建设工程合同条款的有关规定。一般来说，建设项目质量是相对于业主的要求而言的，建设工程合同是进行质量控制的主要依据。

（二）水利水电工程质量控制

水电工程质量的形成是一个有序的系统过程，其质量的高低综合体现了项目决策、项目设计、项目施工及项目验收等各阶段、各环节的工作质量。水电工程质量控制，是指为满足水电建设工程的质量要求而采取的作业技术和活动。它要求对水电工程建设活动所涉及的各种影响因素进行控制，预防不合格产品的产生，通过提高工作质量来提高工程质量，使之达到建设工程合同规定的质量标准。

水电工程质量控制涉及两个方面的工作内容：一是对影响产品质量的各种技术活动确立控制计划与标准，建立与之相应的组织机构，属于预防措施的范畴；二是在水电工程建

设活动实施过程中进行连续评价、验收及纠偏，属于评定和处理的范畴。

（三）提高水电建设工程质量的意义

"质量第一"是我国在工程建设中长期的战略方针。提高水电工程建设质量不论对国家、对业主（建设单位），还是对工程建设者都是十分重要的，其意义可概括为以下几方面。

（1）质量是提高企业和社会经济效益的关键。通过许多单位和个人的分工协作，将许多材料、半成品或成品加工成工程产品。只有它具有使用价值，才能成为社会财富，而工程产品质量正是构成它使用价值的真正内容。如果质量不好，影响到使用价值，不仅不会增加社会财富，而且还会造成社会资源的浪费。在某些情况下，还会严重危及人民生命财产的安全。

（2）质量是提高企业竞争能力的支柱。以质量占领市场，创全优工程来开拓市场，是许多建设公司提高本公司市场竞争能力的行动准则。在国内外建筑市场上，业主（建设单位）总是把投标者以往的质量水平作为评标的一个重要条件。特别是在国际招标竞争中，投标者的设计或施工质量状况是竞争的重要支柱。没有质量上的优势，就没有竞争的地位。不少企业家、管理专家认为："质量是企业的生命"、"质量是成功的伙伴"、"质量是通向世界各国的护照"。

（3）质量是企业管理和技术水平的综合反映。良好的工程质量是设计和施工单位有效管理的结果，企业只有真正提高了管理和技术水平，才能使工程质量不断提高。因此，设计或施工质量的状况是目前企业上等升级的重要依据之一。

（4）质量是精神文明的象征。讲求质量是现代精神文明的重要特征，质量的概念已渗透到人们生产、工作和生活各个领域。追求高质量已成为衡量人们在工作和生活中积极向上、认真负责和具有高尚精神的一种标准。因此，提高工程质量是时代的要求。在水电工程建设中开展质量教育，提高建设者们的质量意识，狠抓质量管理，努力提高质量，是企业的生命线。

（四）水利水电工程质量体系标准

为了建立、完善全过程的质量体系，提高质量意识、质量保证能力和管理素质，增强市场经济条件下的竞争能力，我国执行了 ISO9000《质量管理和质量保证》等系列标准。该系列标准包括以下几个标准。

1.《质量管理和质量保证——选择和使用指南》

该标准规定了质量方针、质量管理、质量体系、质量控制和质量保证术语的概念及相互关系，明确了应达到的质量目标及质量体系环境特点，规定了质量体系标准的类型及标准的应用范围、应用程序。

2.产品生产全过程的质量保证模式

该类标准不仅阐明设计、生产和安装的质量保证模式，而且也阐明产品最终检验、试验及售后服务的质量保证模式。这类标准适用于合同条件下的质量保证，为双方签订含有质量保证要求的合同提供了依据。

3.《质量管理和质量体系要素——指南》

该标准是指导建立质量体系及明确所应包括质量要素的标准文件，从组织结构、责任、程序、过程和资源等方面提出质量体系要求，并加以控制。

（五）质量保证体系的内容

质量保证体系是以保证和提高产品质量为目标而建立的，它运用系统的原理和方法，把各部门、各环节的质量管理职能统一协调地组织起来，形成一个有明确任务、职责、权限，互相协作、互相促进的质量管理有机整体，使质量管理工作制度化、系统化、经常化。它是为达到质量目标而建立的综合体系。

建立和健全水电工程建设质量保证体系，参与建设的有关企业应做好许多必要的工作，它们构成了质量保证体系的基本内容。

（1）参与水电工程建设的所有职工，要牢固树立"质量第一、为用户服务"的思想，特别是各部门和企业的各级领导的质量意识尤为重要。

（2）整个水电工程建设中，各部门和各单位必须有各自的质量奋斗目标，并且横向展开到其他企业部门，纵向分解到下属每个科室、班组和每个职工，做到纵向衔接，横向协调。同时，还要制定明确的质量计划。

（3）实行质量管理业务标准化，管理流程程序化。明确规定各部门、各企业和各环节的质量管理职能、职责和权限，并把每个企业中各单位工作体系之间的关系在该企业范围中连接起来，把整个水电工程建设中的各企业、各单位工作体系之间的关系连接起来。

（4）建立起一套高灵敏、高效的质量信息管理系统。规定质量信息反馈、传递、处理的程序和方式，保证整个水电工程质量信息全面、及时、准确。

（5）整个水电工程和各企业分别建立专职的综合质量管理机构，以组织、计划、协调、综合各部分的管理活动。同时还要健全和完善专职的质量检查工作体系。

（6）开展群众性的质量管理小组活动，使质量保证体系建立在牢固的群众基础上。

（六）水利水电工程质量保证体系的工作

质量保证体系的建立应贯穿建筑产品建设的全过程，涉及参加建设的规划、勘察、设计、供货、施工等单位。因此，应要求做好以下工作。

（1）制定明确的质量目标和质量赶超与改进措施计划，并将具体的目标任务落实到有关部门和个人。

（2）按照质量管理工作的计划—实施—检查—处理（PDCA）循环，组织质量保证体系的全部活动。

（3）建立专职的质量检测和管理机构，配备必需的检测设备和专职人员。

（4）建立和健全各级人员的质量责任制和保证质量的各项管理制度。

（5）组织质量管理小组，围绕质量目标开展质量改进活动。

（6）做好质量管理的基础工作，包括质量教育，标准化、检测计量和质量信息等工作。

二、施工阶段质量控制的工作内容

水利水电工程施工是使业主及水电工程设计意图最终实现并形成水电工程实体的阶段，也是最终形成水电工程产品质量和水电建设项目使用价值的重要阶段。因此，施工阶段的质量控制是水利水电建设项目质量控制的重点。

（一）施工阶段工程质量形成及控制的系统过程

施工阶段的质量控制是一个经对投入的资源和条件进行质量控制（事前控制），进而对生产过程及各环节质量进行控制（事中控制），直到对所完成的工程产出品进行质量检验与控制（事后控制）的全过程的系统控制。这个控制过程可以根据施工阶段水电工程实体质量形成的时间段的不同来划分；也可以根据施工阶段水电工程实体形成过程物质形态的转化来划分；或者是将施工的水电工程项目作为一个大系统，对其组成结构按施工层次加以分解来划分。

1. 根据施工阶段水电工程实体质量形成的时间段划分

（1）事前控制。即对施工前准备阶段进行的质量控制。它是指在各水电工程对象正式施工活动开始前，对各项准备工作及影响质量的各因素和有关方面进行的质量控制。

（2）事中控制。即对施工过程中进行的所有与施工有关方面的质量控制，也包括对施工过程中的中间产品（工序产品或分部、分项工程产品）的质量控制。

（3）事后控制。是指对通过施工过程所完成的具有独立功能和使用价值的最终产品（单位工程或整个水电建设项目）及其有关方面（例如质量文档）的质量进行控制。

上述三个阶段的质量监控系统过程及其所涉及的主要方面如图 9-3 所示。

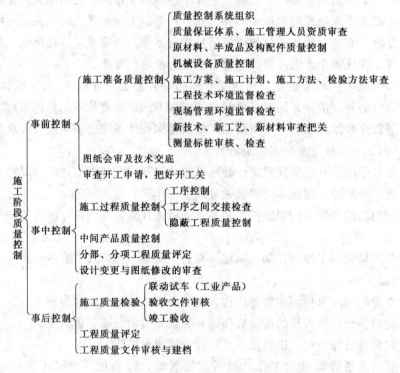

图 9-3　施工阶段质量控制的系统过程

2. 按水电工程实体形成过程中物质形态转化的阶段划分

由于水电工程施工是一项从投入开始、经施工与安装到产出的物质生产活动，所以，施工阶段质量控制的系统过程也是一个经由上述三个阶段的系统控制过程。

（1）对投入物质资源质量的控制。

（2）施工及安装生产过程质量控制。即在使投入的物质资源转化为工程产品的过程中，对影响产品质量的各因素、各环节及中间产品的质量进行控制。

（3）对完成的水电工程产出品质量的控制与验收。

在上述三个阶段的系统过程中，前两阶段对于最终产品质量的形成具有决定性的作用，而所投入的物质资源的质量控制对最终产品质量又具有举足轻重的影响。所以，在质量控制的系统过程中，无论是对投入物质资源的控制，还是对施工及安装生产过程的控制，都应当对影响工程实体质量的五个重要因素方面，即对施工有关人员因素、材料（包括半成品、构配件）因素、机械设备因素（永久性设备及施工设备）、施工方法（施工方案、方法及工艺）因素以及环境因素等，进行全面的控制。影响水电工程质量各因素的构成如图 9－4 所示。

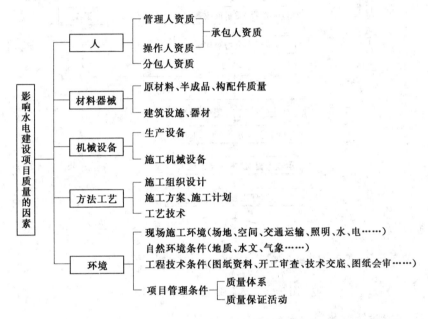

图 9－4　影响水电工程质量的因素构成

3. 按水电建设项目施工层次结构划分

通常，任何一个大中型建设项目都可以划分为若干层次。例如，对于建筑工程项目，按照规定可划分为单位工程、分部工程和分项工程等层次；而对于诸如水利水电、港口交通等建设项目，则可划分为单项工程、单位工程、分部工程、分项工程等几个层次。各组成部分之间具有一定的先后顺序。显然，工序施工的质量控制是最基本的质量控制，它决定了有关分项工程的质量而分项工程的质量又决定了分部工程的质量，分部工程的质量又决定了其所在单位工程的质量，各单位工程（单项工程）的质量最终决定了整个建设项目的质量。

（二）施工阶段质量控制程序

在施工阶段进行建筑产品生产的全过程中，业主和（监理）工程师要对产品施工生产进行全过程、全方位的监督、检查与控制，它与工程竣工验收不同，它不是对最终产品的检查、验收，而是对主产中各环节或中间产品进行监督、检查与验收。这种全过程、全方位的中间质量控制简要程序如图9-5所示。

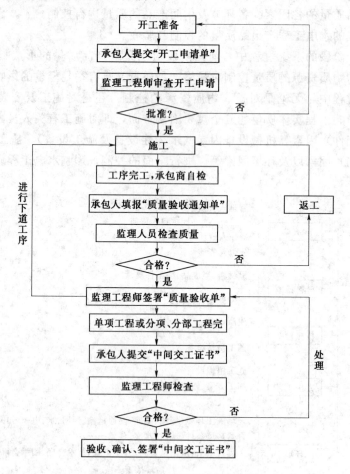

图9-5　施工质量控制程序简图

（三）施工阶段质量控制的内容

1. 施工准备阶段的质量控制

（1）施工技术准备工作的质量控制。

1）组织施工图纸审核及技术交底。

（a）应要求勘察设计单位按国家现行的有关规定、标准和合同规定，建立健全质量保证体系，完成符合质量要求的勘察设计工作。

（b）在图纸审核中，审核图纸资料是否齐全，标准尺寸有无矛盾及错误，供图计划是否满足组织施工的要求及所采取的保证措施是否得当。

（c）设计采用的有关数据及资料是否与施工条件相适应，能否保证施工质量和施工安全。

（d）进一步明确施工中具体的技术要求及应达到的质量标准。

2）核实资料。核实和补充对现场调查及收集的技术资料，应确保可靠性、准确性和完整性。

　　3）审查施工组织设计或施工方案。重点审查施工方法与机械选择、施工顺序、进度安排及平面布置等是否能保证组织连续施工，审查所采取的质量保证措施。

　　4）建立保证工程质量的必要试验设施。

　　(2) 现场准备工作的质量控制。

　　1）场地平整度和压实程度是否满足施工质量要求。

　　2）测量数据及水准点的埋设是否满足施工要求。

　　3）施工道路的布置及路况质量是否满足运输要求。

　　4）水、电、热及通信等的供应质量是否满足施工要求。

　　(3) 材料设备供应工作的质量控制。

　　1）材料设备供应程序与供应方式是否能保证施工顺利进行。

　　2）所供应的材料设备的质量是否符合国家有关法律、标准及合同规定的质量要求。设备应具有产品详细说明书及附图；进场的材料应检查验收，验规格、验数量、验品种、验质量，作到合格证、化验单与材料实际质量相符。

　　2. 施工过程中的质量控制

　　(监理) 工程师在工程施工过程中进行质量监控工作的主要内容包括以下几方面。

　　(1) 对施工承包人的质量控制工作进行监控。

　　1）对施工单位的质量控制自检系统进行监督，使其能在质量管理中始终发挥良好作用。如在施工中发现其不能胜任的质量控制人员，可要求承包人予以撤换；当其组织不完善时，应督促其改进、完善。

　　2）监督与协助施工承包人完善工序质量控制，使其能将影响工序质量的因素自始至终都纳入质量管理范围；督促承包人将重要的和复杂的施工项目或工序作为重点，设立质量控制点，加强控制；及时检查与审核施工承包人提交的质量统计分析资料和质量控制图表；对于重要的工程部位或专业工程，监理单位还要再进行试验和复核。

　　(2) 在施工过程中进行质量跟踪监控。

　　1）跟踪监控施工过程。(监理) 工程师要在施工过程中进行跟踪监控，监督承包 (单位) 的各项工程活动。随时密切注意承包人在施工准备阶段对影响工程质量的各方面因素所做的安排，在施工过程中是否发生了不利于保证工程质量的变化，诸如施工材料质量、混合料的配合比、施工机械的运行与使用情况、计量设备的准确性、上岗人员的组成和变化，以及工艺与操作等情况是否始终符合要求。若发现承包人有违反合同规定的行为或质量不符合要求时，例如，材料质量不合格、施工工艺或操作不符合要求、现场上岗的施工人员技术资质条件不符合要求等，(监理) 工程师有权要求承包人予以处理，直到使 (监理) 工程师满意。必要时，(监理) 工程师还有权指令承包人暂时停工加以解决。

　　2）严格工序间的交接检查。对于主要工序作业和隐蔽作业，通常要按有关规范要求，由 (监理) 工程师在规定的时间内检查，确认其质量符合要求后，才能进行下道工序。例如上道工序为开挖基槽时，若挖好的基槽未经 (监理) 工程师检查并签字确认其质量合格，就不能进行下一道垫层的施工。

　　3）建立施工质量跟踪档案。(监理) 工程师为了对施工承包人所进行的每一分项或分部工程的各个工序质量实施严密、细致和有效的监督、控制，需要把建立施工跟踪档案作为一项十分重要的工作予以实施。

施工质量跟踪档案（Execution Tracing File，简称 ETF）是针对各分部分项工程所建立的，是在施工承包人进行工程对象施工或安装期间，实施质量控制活动的记录，它包括（监理）工程师对这些质量控制活动的意见以及施工承包人对这些意见的答复，详细地记录了工程施工阶段质量控制活动的全过程。因此，它不仅在工程施工期间对工程质量的控制有重要作用，而且在工程竣工和投入运行后，也能为查询和了解工程建设的质量情况以及工程维修和管理提供大量有用的资料和信息。

施工跟踪档案包括以下两方面内容。

（a）材料生产跟踪档案。主要包括有关的施工文件目录，如施工图、工作程序及其他文件，不符合项目的报告及其编号，各种试验报告（如力学性能试验、材料级配试验、化学成分试验等），各种合格证（质量合格证、鉴定合格证等），以及各种维修记录等。

（b）建筑物施工或安装跟踪档案。各建筑物施工或安装工程均可按分部分项工程或单项工程，建立各自的施工质量跟踪档案，如基础开挖，厂房土建施工，发电机组安装，电气设备安装，油、汽、水管道安装等。对每一分项工程又可分为若干子项，例如路基填筑或路面沥青铺筑施工可按桩号分段建立档案，发电机组安装可按机组段建档等。在每个施工质量跟踪档案中，应包括各自的有关文件、图纸、试验报告、质量合格证、质量自检单、（监理）工程师的质量验收单，以及备工序的施工记录等。此外，还应包括关于不符合项的报告和通知以及对其处理的情况等。

施工质量跟踪档案是在工程施工或安装开始前，由（监理）工程师帮助施工单位首先研究并列出各施工对象的质量跟踪档案清单，之后随着工程施工的进展，要求施工单位在各建筑、安装对象施工前 2 周建立相应的质量跟踪档案并公布有关资料。随着施工安装的进行，施工单位应不断补充和填写关于材料、半成品生产或建筑物施工、安装的有关内容，记录新的情况。当每一阶段的建筑物施工或安装工作完成后，相应的施工质量跟踪档案也应随之完成，施工单位应在相应的跟踪档案上签字、留档，并送交（监理）工程师一份。

（3）工程变更监控。在工程施工过程中，无论是业主单位还是施工或设计承包人提出的工程变更或图纸修改，都应通过（监理）工程师审查并组织有关方面研究，确认其必要性后，由（监理）工程师发布变更指令方能生效予以实施。

（4）施工过程中的检查验收。

1）工序产品的检查、验收。对于各工序的产出品，应先由承包人按规定进行自检，自检合格后向（监理）工程师提交"质量验收通知单"，（监理）工程师收到通知单后，应在合同规定的时间内及时对其质量进行检查，确认其质量合格并签发质量验收合格证后，方可进行下道工序的施工。

2）平行检验。对于重要的工程部位、工序和专业工程，或（监理）工程师对施工单位的施工质量状况未能确信者，以及重要的材料、半成品的使用等，还需由（监理）工程师亲自进行试验或技术复核。例如，在公路路面摊铺现场测定沥青的温度，在路基或填土压实的现场抽取试样检验等。

（5）处理已发生的质量问题或质量事故。对施工过程中出现的质量缺陷，（监理）工程师应及时下达通知，要求承包人整改，并检查整改结果。

（6）下达停工指令控制施工质量。当发现施工存在重大质量隐患，可能造成质量事故或已经造成质量事故时，（监理）工程师有权行使质量控制权，下达工程暂停令，要求承包人停工整改。整改完毕并经（监理）工程师复查，符合规定要求后，再及时签署工程复工报审表。（监理）工程师下达工程暂停令和签署工程复工报审表，宜事先向业主单位报告。

对需要返工处理或加固补强的质量事故，（监理）工程师应责令承包人，报送质量事故调查报告和经设计等相关单位认可的处理方案，（监理）工程师应对质量事故的处理过程和处理结果进行跟踪检查和验收。

3. 施工过程中所形成产品的质量控制

对施工过程所形成产品的质量控制，是围绕工程验收和工程质量评定进行的。具体内容包括以下几方面。

（1）分部分项工程的验收。

1）对于完成的分部分项工程进行中间验收。当分部分项工程完成后，施工承包人应先对其进行自检，确认合格后，再向（监理）工程师提交一份"中间（中期）交工证书"请求（监理）工程师予以检查、确认。（监理）工程师可按合同文件的要求，根据施工图纸及有关文件、规范、标准等，从产品外观、几何尺寸以及内在质量等方面进行检查、审核，如确认其质量符合要求，则签发"中间交工证书"予以验收。如有质量缺陷，则指令施工承包人进行处理，待质量符合要求后再予以验收。

2）对完成的分部分项工程进行质量评定。在根据合同要求进行中间验收的同时，还应当根据工程性质，按工程质量检验评定标准，要求施工承包人进行分部分项工程质量等级的评定，以便核查。

（2）督促进行联动试车或设备的试运转。对需要进行功能试验的工程项目（包括单机试车和无负荷试车），（监理）工程师应督促承包人及时进行试验，并对重要项目进行现场监督、检查，必要时请业主单位和设计单位参加。

（3）审查竣工资料，提出工程质量评估报告。（监理）工程师应依据有关法律、法规、水电工程建设强制性标准、设计文件及施工合同，对承包人报送的竣工资料进行审查，并对工程质量进行竣工预验收。对存在的问题，应及时要求承包人整改。整改完毕由（监理）工程师签署工程竣工报验单，并在此基础上提出工程质量评估报告。

4. 对分包人的管理

保证分包人的质量，是保证水电工程施工质量的一个重要环节和前提。因此，监理工程师应对分包人资质进行严格控制和有效的管理。

（1）对分包人资格的审批。

1）承包人选定分包人后，应向（监理）工程师提出申请审批分包人的报告。申请报告的内容一般应包括以下几个方面的内容。

（a）关于分包工程的情况：说明拟分包工程的范围、内容以及本次分包工程价值占合同总价的比例。

（b）关于分包人的基本情况：包括该分包人的企业简介、生产技术实力、企业过去的工程经验与业绩、企业的财务资本状况等。

（c）分包协议草案：除说明主承包人与分包人之间的经济、行政关系和责、权、利等有关问题外，还应包括诸如分包项目的施工工艺、分包人设备和到场时间，以及材料供应情况。

2）（监理）工程师审查承包商提交的申请审批分包人的报告。审查时，主要是审查分包人是否具有按工程承包合同规定的完成分包工程任务的能力。审查后，如果认为该分包人不具备分包条件，则不予以批准；若（监理）工程师认为该分包人基本具备分包条件，则应在进一步审查后予以书面确认。

3）对分包人进行调查。调查的目的是要核实主承包人申报的分包人情况是否属实。如果（监理）工程师对调查结果满意，则应以书面形式批准该分包人承担分包任务。主承包人收到（监理）工程师的批准通知后，应尽快与分包人签订分包协议，并将协议副本报送（监理）工程师备案。

（2）对分包人的管理。

（监理）工程师对分包人的管理应注意以下问题。

1）严格执行监理程序。在分包人进场后，（监理）工程师应亲自或指令主承包人向分包人交代清楚各项监理程序，并要求分包人严格遵照执行，若发现分包人在执行中有违反规定的行为，（监理）工程师应及时下达指令要求主承包人停止分包人的施工工作。

2）鼓励分包人参加工地会议。分包人是否参加工地会议，通常是由主承包人决定的。但在必要时，（监理）工程师可向主承包人提出分包人参加工地会议的建议，以便加强分包人对工程情况的了解，提高其实施工程计划的主动性和自觉性。

3）检查分包人的现场工作情况。（监理）工程师一方面要督促主承包人严格监督分包人履行合同和认真实施分包工程，保证分包工程质量；另一方面也应对分包人的现场工作进行监督检查。检查的重点主要有以下三个方面内容。

（a）分包人的设备使用情况：即根据分包协议中规定的设备种类、数量以及可用程度等进行核实。

（b）分包人的施工人员情况：要根据分包协议中有关配备人员的规定，核查其人员资质及质量保证与控制系统的情况。

（c）实施工程的质量是否符合工程承包合同中规定的标准。

4）对分包人的制约与控制。为了保证工程质量，避免或减少由于分包人不规范的施工行为所带来的损失，（监理）工程师可采取以下手段和指令，对分包人进行有效的制约与控制。

（a）停止施工：当分包人违反合同、规范及监理程序，而且不积极接受（监理）工程师提出的意见予以改进时，（监理）工程师有权书面指令主承包人暂停其施工，直到工作得到改进、获得满意结果。

（b）停止付款：分包人的施工质量未达到合同要求的标准时，（监理）工程师有权向主承包人拒绝签署与之有关的支付证明。

（c）取消分包资格：若（监理）工程师发现分包人由于技术能力差，无法按合同要求保证分包工程质量；或分包人无视（监理）工程师警告，坚持忽视分包工程质量和进度要求，造成严重危害和影响，此时（监理）工程师可书面建议或要求主承包人取消其分包资格。

三、质量检验

质量检验，就是依据一个既定的质量标准，采用一定的方法和手段来评价工程或产品的质量特性的工作、质量检验的主要工作是对工程或产品的特征性能进行量度。

（一）质量检验的作用与任务

质量检验是工程质量形成过程中不可缺少的环节，是水利水电工程建设中的重要工序，是工程质量控制的一项重要工作。在水电工程的设计施工中，搞好质量检验工作，不但可以对工程的原材料或原始数据、施工中构配件质量、中间工序质量以及分项工程质量是否满足要求作出正确的判断，而且还能收集到有关工程质量与操作质的动态信息，为改进质量管理工作提供可靠的依据，从而使整个水电工程的质量工作处于控制状态之中。

质量检验对保证水电工程项目质量有下列三项作用。

（1）把关作用或叫保证作用。把关就是通过对工程实体的检查或测试，防止不符合技术质量标准的工程或产品流入下道工序或用户，把住质量关。对于不合格的工程或产品，要进行返工、修整或重新设计，使之达到规范要求之后才可进入下道工序或交付用户。要严格做到不合格的原材料或原始数据、半成品不使用到工程上，不合格的工程不交工（或不合格的图纸不交付施工）。

（2）预防作用。就是采用先进的检查方法和手段，把发生或可能发生的质量问题解决在设计、施工过程之中，防止最终出现不合格的工程。"以预防为主"进行质量控制是全面质量管理的一个重要思想。

（3）报告作用或叫反馈作用。就是把在工程质量检验中所收集到的数据、情况做好记录，进行汇总分析，综合评价，然后向有关部门报告，即把质量信息反馈给这些部门。如果从反馈来的质量信息中发现存在质量问题，设计、施工的有关部门应迅速采取果断有效的措施加以处置，以确保工程或产品质量的稳定和提高。

（二）质量检验的内容和分类

质量检验工作包括以下几项内容。

（1）将质量标准具体化。标准具体化就是把技术法规和标准（或设计要求）等转换成体现质量标准的数量界限，并在质量检验中正确执行。

（2）对工程或产品的质量特征性能进行检测量度。它包括检查人员的感官度数、机械器具的测量和仪表仪器的测试，或化验分析等。通过检测量度，提出工程或产品质量特征值的报告。

（3）将检测量度出来的质量特性值同该工程或产品的质量要求（技术标准或设计要求）相比较。

（4）根据上述比较结果，作出切合工程实际的判断。判断工程或产品的质量是否符合规定等级，判断亦称评定。评定要用事实和数据说话，以标准、规范为准绳。防止主观性，避免片面性。

（5）根据判断的结果进行处理。对合格的工程或产品给予放行。对设计过程中没有通过放行的设计（产品），要反馈给有关部门，要求重新进行设计；对施工过程中没有通过的工程工序，要反馈给有关施工生产者，给予调整、修复或返工处理。

（6）记录所获取的各种检验数据。记录要贯穿于整个质量检验的过程之中、要求把检验出来的质量特性值完整、准确、及时地记录下来，为工程产品质量评定提供依据。

质量检验按其检验方法、检验形式和检验内容等分类，有多种多样，而同类分类方法又可分为若干方式。不同的检验方式，反映的检验精度有所不同。因此，为准确、高效地对工程或产品质量进行检测，必须根据不同的对象适宜地选择合理的检验方式。选择检验方式的基本原则是准确高效。要尽可能准确地反映出实际情况，保证检验质量；要尽可能方便设计和施工，减少检验工作人员，节省检验费用，缩短检验时间。

（三）对建筑安装工程质量检验方式的分类

1. 按检查内容分类

（1）外形检查。就是运用比较简单的检测工具对设备成品或分项工程的外形尺寸等进行检查。

（2）物理性能检查。即对工程或产品的组成部件、部位对原材料、半成品、成品、构件、设备、容器等进行耐压、抗渗、抗热、绝缘等性能的检验；又如对混凝土和砂浆试块、结构构件等的抗压、抗弯等力学性能的检验。

（3）化学性能检验。主要是分析化验物质的化学成分，如对水泥、钢材、沥青等原材料进行化学成分分析检验等。

2. 按生产流程分类

（1）工前检验。就是在工程进行施工前所必须做的一些检验。如施工前的技术复核（图纸的自审与汇审等），相对原材料、构件、外协作件等进行质量检验等。

（2）中间检验。它是在工程或产品的质量形成过程中的检验。如在施工中间对中间产品或上道工序进行的质量检验，对隐蔽工程进行的质量检验等。

（3）竣工检验。即工程产品形成后的检验。如分项工程、分部工程和单位工程竣工后进行的质量评定检查、试车检查、交工和验收检查等。

3. 按检验数量分类

（1）全数检验。即对被检验的对象进行逐个、逐项（指有检验内容的项目或分项工程）检验。如对工程的重要部位、关键设备、关键工序等进行的全面检查。

（2）抽样检验。就是从某一工程或某一工序的某些检验项目中抽取一部分作为检查对象所进行的检查，用抽样检查的结果代替该工程或工序的全貌。

（3）审核检查。即运用随机抽样的方法抽取极少数样品（工程、工序或检验项目均可视为样品）进行复查性检验，以观察整体工程质量水平的变化。

在水电工程施工中，生产施工班组工人的自检和互检具有全数检验的性质。质量检验部门的专职检验用于抽样检验性质（也有某些全数检验的时候），而上级部门组织的检查则有审核检验的性质。

第三节　施工阶段的进度控制

一、进度控制原理

水利水电建设项目进度控制是指对水电工程建设各阶段的工作内容、工作程序、持续时间和衔接关系。根据进度总目标和资源的优化配置原则编制计划，将该计划付诸实施，在实施的过程中经常检查实际进度是否按计划要求进行，对出现的偏差分析原因，采取补救措施或调整、修改原计划，直到工程竣工验收交付使用。进度控制的最终目的是确保项目进度目标的实现，水利水电建设项目进度控制的总目标是建设工期。

　　水利水电建设项目的进度受许多因素的影响，项目管理者需事先对影响进度的各种因素进行调查，预测他们对进度可能产生的影响，编制可行的进度计划，指导建设项目按计划实施。然而在计划执行过程中，必然会出现新的情况，难以按照原定的进度计划执行。这就要求项目管理者在计划的执行过程中，掌握动态控制原理，不断进行检查，将实际情况与计划安排进行对比，找出偏离计划的原因，特别是找出主要原因，然后采取相应的措施。措施的确定有两个前提：一是通过采取措施，维持原计划，使之正常实施；二是采取措施后不能维持原计划，要对进度进行调整或修正，再按新的计划实施。这样不断地计划、执行、检查、分析、调整计划的动态循环过程，就是进度控制。水利水电建设项目进度控制原理如图9-6所示。

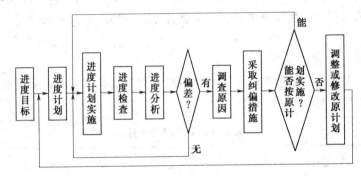

图9-6　进度控制动态循环图

二、施工进度计划系统

（一）施工进度计划的类型

根据其范围不同，水利水电建设项目施工进度计划有以下几种类型。

1. 施工总进度计划

　　表明水利水电建设项目从开始实施直到竣工为止，各个主要阶段（如施工准备、施工各阶段、设计供图、材料与设备供货等）的进度安排。

　　大型水利水电建设项目因单位工程多、施工承包人多、建设周期长等特点，必须用总进度计划控制，协调建设总进度。

2. 单位工程施工进度计划

　　单位工程施工进度计划是以各种定额为标准，根据各主要工序的施工顺序、工时及计划投入的人工、材料、设备等情况，编制出各分部分项工程的进度安排。应在时间与空间上，充分反映出施工方案、施工平面图设计及资源计划编制等所起的重要作用。单位工程施工进度计划应具有控制性、作业性，是施工总进度计划的组成部分。

　　施工总进度计划与单位工程施工进度计划，均应在实施前报经业主或监理单位审批。

3. 作业进度计划

　　作业进度计划是施工进度计划的具体化，直接指导基层施工队（组）进行施工活动，可将一个分部、分项工程或某施工阶段作为控制对象，安排具体的作业活动。

（二）进度计划的表示形式

进度计划的表示形式主要有横道图及网络图两种。

1. 横道图

横道图是直观反映施工进度安排的图表，又称横线图、Cantt 图。它是在时间坐标上标明各工作水平横线的长度及起始位置，反映工程在实施中各工作开展的先后顺序和进度。工作按计划范围可代表单位工程、分部工程、分项工程和施工过程。横道图的左侧按工作开展的施工顺序列出各工作（或施工对象）的名称，右侧表示各工作的进度安排；在图表的下方还可画出计划期间单位时间某种资源的需用量曲线。

2. 网络图

网络图是由箭线和节点组成，用来表示工作流程的有向、有序的网状图形。按箭线和节点表示的含义不同，网络图又可分为双代号网络图和单代号网络图。双代号网络图的箭线表示工作及其进行的方向，节点表示工作之间的逻辑关系；而单代号网络图中节点表示工作，箭线表示工作之间的逻辑关系。为直观起见，网络图可以根据时间坐标绘制成时标网络计划。

3. 横道图与网络图的比较

一项计划任务既可用横道图表示，也可用网络图表示。由于表达形式不同，其特点与作用也存在着差异，见表 9-2。

表 9-2　　　　　　　　　　　横道图与网络图的比较

名　称	表达方式	优　点	缺　点
横道图	在时间坐标上，用横道线表示计划任务中各项工作的起止时间和施工顺序	（1）绘制简单，直观易懂； （2）各工作的进度安排，流水作业、总工期表达清楚明确	（1）不能全面反映工作间的逻辑关系； （2）不能确定进度偏差对后续工作及总工期的影响； （3）不便于对计划进行调整和优化； （4）不便于利用电子计算机
网络图	用网络图对计划任务的工作进度（包括时间、成本、资源等）进行安排和控制，以保证实现预定目标	（1）工作间逻辑关系表达清楚； （2）便于对计划进行调整； （3）便于对计划进行优化； （4）可结合横道图优点，转化为时标网络计划； （5）利用计算机对网络计划进行编制与调整	（1）时间参数计算及整个计划的优化比较繁琐； （2）编制网络图需要一定的技巧

三、施工阶段进度控制的工作内容

水利水电建设项目施工进度控制从审核承包人提交的施工进度计划开始，直到建设项目保修期满为止。（监理）工程师进行施工进度控制的工作内容主要包括以下几项。

（一）编制施工阶段进度控制方案

施工进度控制方案是在水利水电建设项目监理规划的指导下，由建设项目监理班子中进度控制部门的（监理）工程师负责编制的更具有实施性和操作性的监理业务文件。其主要内容包括以下几方面。

(1) 施工进度控制目标分解图。

(2) 实现施工进度控制目标的风险分析。

(3) 施工进度控制的主要工作内容和深度。

(4) 监理人员对进度控制的职责分工。

(5) 与进度控制有关的各项工作的时间安排及流程。

(6) 进度控制的方法（包括进度检查周期、数据采集方式、进度报表格式、统计分析方法等）。

(7) 进度控制的具体措施（包括组织措施、技术措施、经济措施及合同措施等）。

(8) 尚待解决的有关问题。

(二) 编制或审核施工进度计划

为了保证水利水电建设项目的施工任务按期完成，（监理）工程师必须审核承包人提交的施工进度计划。对于大型水利水电建设项目，由于单项工程多、施工工期长，在采取分期分批发包、又没有一个负责全部工程的总承包人时，（监理）工程师就要负责编制施工的总进度计划。总进度计划应确定分期分批的项目组成；各批工程项目的开工、竣工顺序及时间安排；全场性准备工程，特别是首批准备工程的内容与进度安排等。

当建设项目有总承包人时，（监理）工程师只需对总承包人提交的施工总进度计划进行审核即可；而对于单位工程施工进度计划，（监理）工程师只负责审核而不管编制。

（监理）工程师审查施工进度计划时，除考虑表 9-1 所述内容外，还特别需要注意以下几点。

(1) 进度计划是否符合施工合同中开、竣工日期的规定。

(2) 进度计划中的主要项目是否有遗漏，分期施工是否满足分批动用的需要和配套动用的要求，总承包、分包人分别编制的各单项工程施工进度计划之间是否相协调。

(3) 对由业主提供的施工条件（资金、施工图纸、施工场地、采购物资等），承包人在施工进度计划中所提出的供应时间和数量是否明确、合理，是否有造成因业主违约而导致工程延期和费用索赔的可能。

如果（监理）工程师在审查施工进度计划的过程中发现问题，应及时向承包人提出书面修改意见（也称整改通知书），并协助承包人修改。其中重大问题应及时向业主汇报。

应当说明，编制和实施施工进度计划是承包人的责任。承包人之所以将施工进度计划提交给（监理）工程师审查，是为了听取（监理）工程师的建设性意见。因此，（监理）工程师对施工进度计划的审查或批准，并不能解除承包人对施工进度计划的任何责任和义务。此外，对（监理）工程师来讲，其审查施工进度计划的主要目的是为了防止承包人计划不当，以及为承包人保证实现合同规定的进度目标提供帮助。如果强制地干预承包人的进度安排，或支配施工中所需要的劳动力、设备和材料，将是一种错误行为。

尽管承包人向（监理）工程师提交施工进度计划是为了听取建设性的意见，但施工进度计划一经（监理）工程师确认，即应当视为合同文件的一部分，它是以后处理承包人提出的工程延期或费用索赔的一个重要依据。

（三）按年、季、月编制工程综合计划

在按计划期编制的进度计划中，（监理）工程师应着重解决各承包人施工进度计划、施工进度计划与资源（包括资金、设备、机具、材料及劳动力）保障计划、外部协作条件的延伸性计划之间的综合平衡与相互衔接问题，并根据上期计划的完成情况对本期计划作必要的调整，从而作为承包人近期执行的指令性计划。

（四）下达工程开工令

（监理）工程师应根据承包人和业主双方关于工程开工的准备情况，选择合适的时机发布工程开工令。工程开工令的发布，要尽可能及时，因为从发布工程开工令之日算起，加上合同工期后即为工程竣工日期。如果开工令发布拖延，就等于推迟了竣工时间，甚至可能引起承包人的索赔。

为了检查双方的准备情况，在一般情况下应由（监理）工程师组织召开有业主和承包人参加的第一次工地会议。业主应按照合同规定，做好征地拆迁工作，及时提供施工用地；同时，业主还应当完成法律及财务方面的手续，以便能及时向承包人支付工程预付款。承包人应当将开工所需要的人力、材料及设备准备好，还要按合同规定，为（监理）工程师提供各种条件。

（五）协助承包单位实施进度计划

业主和（监理）工程师要随时了解在施工进度计划执行过程中所存在的问题，并帮助承包人予以解决，特别是承包人无力解决的内外关系协调问题。

（六）监督施工进度计划的实施

这是水利水电建设项目施工阶段进度控制的经常性工作。（监理）工程师不仅要及时检查承包人报送的施工进度报表和分析材料，同时还要进行必要的现场实地检查，核实所报送的已完项目时间及工程量，杜绝虚报现象。

在对工程实际进度资料进行整理的基础上，（监理）工程师应将其与计划进度相比较，以判定实际进度是否出现偏差。如果出现进度偏差，（监理）工程师应进一步分析此偏差对进度控制目标的影响程度及其产生的原因，以便研究对策、提出纠偏措施，必要时还应对后期工程进度计划做适当的调整。

（七）组织现场协调会

（监理）工程师应每月、每周定期组织召开不同层级的现场协调会议，以解决工程施工过程中的相互协调配合问题。在每月召开的高级协调会上，通报项目建设的重大变更事项，协商其后果的处理，解决各个承包人之间以及业主与承包人之间的重大协调配合问题；在每周召开的管理层协调会上，通报各自的进度状况、存在的问题及下周的安排，解决施工中的相互协调配合问题。通常包括各承包人之间的进度协调问题；工作面交接和阶段成品保护责任问题；场地与公用设施利用中的矛盾问题；某一方面断水、断电、断路、开挖要求对其他方面影响的协调问题；以及资源保障、外协条件配合问题等。

在平行、交叉施工单位多，工序交接频繁且工期紧迫的情况下，现场协调会甚至需要每日召开。在会上通报和检查当天的工程进度，确定薄弱环节，部署当天的赶工任务，以便为次日正常施工创造条件。

对于某些未曾预料的突发变故或问题，（监理）工程师还可以通过发布紧急协调指令，督促有关单位采取应急措施，维护工程施工的正常秩序。

（八）签发工程进度款支付凭证

（监理）工程师应对承包人申报的已完分项工程量进行核实，在质量监理人员通过检查验收后，签发工程进度款支付凭证。

（九）审批工程延期

造成工程进度拖延的原因有两个：一是由于承包人自身的原因，二是由于承包人以外的原因。前者所造成的进度拖延，称为工程延误；而后者所造成的进度拖延，称为工程延期。

1. 工程延误

当出现工程延误时，（监理）工程师有权要求承包人，采取有效措施，加快施工进度。如果经过一段时间后，实际进度仍然拖后于计划进度，而且显然将影响工程按期竣工时，（监理）工程师应要求承包人修改进度计划，并提交（监理）工程师重新确认。

（监理）工程师对修改后的施工进度计划的确认，并不是对工程延期的批准，只是要求承包人在合理的状态下施工。因此，（监理）工程师对进度计划的确认，并不能解除承包人应负的一切责任，承包人需要承担赶工的全部额外开支和误期损失赔偿。

2. 工程延期

如果由于承包人以外的原因（包括业主原因、社会动乱、异常恶劣的气候条件等）造成工期拖延，承包人有权提出延长工期的申请。（监理）工程师应根据合同规定，审批工程延期时间。经（监理）工程师核实批准的工程延期时间，应纳入合同工期，作为合同工期的一部分，即新的合同工期应等于原定的合同工期加上（监理）工程师批准的工程延期时间。

（监理）工程师是否把施工进度的拖延批准为工程延期，对于承包人和业主都十分重要。如果承包人得到（监理）工程师批准的工程延期，不仅可以不赔偿由于工期延长而支付的误期损失费，而且还要由业主承担由于工期延长所增加的费用。因此，（监理）工程师应按照合同的有关规定，公正地区分工程延误和工程延期，并合理地批准工程延期时间。

（十）向业主提供进度报告

（监理）工程师应随时整理进度资料，并做好工程记录，定期向业主提交工程进度报告。

（十一）审批工程竣工报验单，提出质量评估报告

当工程竣工后，（监理）工程师应审批承包人在自行预验基础上提交的工程竣工报验单，（监理）工程师应对承包人报送的全部竣工资料及各专业工程的质量情况进行全面检查。如果发现问题，应督促承包人及时整改。

经（监理）工程师对竣工资料及实物全面检查、验收合格后，由总（监理）工程师签署竣工验收报验单，并向业主提出质量评估报告。

（十二）工程移交

（监理）工程师应督促承包人办理工程移交手续，颁发工程移交证书。在工程移交后的保修期内，还要处理验收后质量问题的原因及责任等争议问题，并督促责任单位及时修

理。当保修期结束且再无争议时，水利水电建设项目进度控制的任务即告完成。

四、工程延期

如前所述，在水利水电建设项目施工过程中，工期的延长有两种情况：工程延误和工程延期。虽然他们都使工程延期，但性质不同，因而业主与承包人所承担的责任也就不同。如果是由于工程延误，则由此造成的一切损失均应由承包人承担，同时，业主还有权对承包人施行误期违约罚款；而如果是属于工程延期，则承包人不仅有权要求延长工期，而且还有权向业主提出赔偿费用的要求，以弥补由此造成的额外损失。

（一）工程延期的申报与审批

1. 申报工程延期的条件

由于以下原因导致工程延期，承包人有权提出延长工期的申请，（监理）工程师应按合同规定，批准工程延期。

（1）（监理）工程师发出工程变更指令而导致工程量增加。

（2）合同中所涉及的任何可能造成工程延期的原因，如延期交图、工程暂停、对合格工程的剥离检查及不利的外界条件等。

（3）异常恶劣的气候条件。

（4）由业主造成的任何延误、干扰或障碍，如未及时提供施工场地、未及时付款等。

（5）除承包人自身以外的其他任何原因。

2. 工程延期的审批程序

当工程延期事件发生后，承包人应在合同规定的有效期内，以书面形式通知（监理）工程师（即工程延期意向通知），以便于（监理）工程师尽早了解所发生的事件，及时作出一些减少延期损失的决定。随后，承包人应在合同规定的有效期内［或（监理）工程师可能同意的合理期限内］，向（监理）工程师提交详细的申述报告（延期理由及依据）。（监理）工程师收到该报告后，应及时进行调查核实，准确地确定出工程的延期时间。

当延期事件具有持续性，承包人在合同规定的有效期内不能提交最终详细的申述报告时，应先向（监理）工程师提交阶段性的详情报告。（监理）工程师应在调查核实阶段性报告的基础上，尽快作出延长工期的临时决定。临时决定的延期时间不宜太长，一般不应超过最终批准的延期时间。

待延期事件结束后，承包人应在合同规定的期限内，向（监理）工程师提交最终的详情报告。（监理）工程师应复查详情报告的全部内容，然后确定该延期事件所需要的延期时间。

如果遇到比较复杂的延期事件，业主和（监理）工程师可以成立专门小组进行处理。对于一时难以做出结论的延期事件，即使不属于持续性的事件，也可以采用先做出临时延期决定、然后再作出最后决定的办法。这样既可以保证有充足的时间处理延期事件，又可以避免由于处理不及时而造成的损失。

3. 工程延期的审批原则

（监理）工程师在审批工程延期时应遵循下列原则。

（1）符合合同条件。（监理）工程师批准的工程延期必须符合合同条件。也就是说，导致工期拖延的原因确实是属于承包人自身以外的原因，否则，不能批准为工程延期。这是（监理）工程师审批工程延期的一条根本原则。

（2）延期事件影响工期。以承包人提交的、经审核后的进度计划为依据进行分析，所发生的延期事件确实影响到工期，才能批准工程延期。否则，即使由承包人以外的原因造成某些工程部位实际进度拖后，也不会批准工程延期。

（3）符合实际情况。批准工程延期必须符合实际情况。为此，承包人应对延期事件发生后的各类有关细节进行详细考察和分析，并做好有关记录，从而为合理确定工程延期时间提供可靠依据。

（二）工程延期的控制

发生工程延期事件，不仅影响工程的进展，而且会给业主带来损失。因此，（监理）工程师应做好以下工作，以减少或避免工程延期事件的发生。

1. 选择合适的时机下达工程开工令

（监理）工程师在下达工程开工令之前，应充分考虑业主的前期准备工作是否充分，特别是征地、拆迁问题是否已解决，设计图纸能否及时提供，以及付款方面有无问题等，以避免由于这些问题缺乏准备而造成工程延期。

2. 履行施工承包合同中所规定的职责

在施工过程中，业主应履行施工承包合同中所规定的职责，（监理）工程师应经常提醒业主，提前做好施工场地及设计图纸的提供工作，并能及时支付工程进度款，以减少或避免由此而造成的工程延期。

3. 妥善处理工程延期事件

当延期事件发生以后，（监理）工程师应根据合同规定，进行妥善处理。既要尽量减少工程延期时间及其损失，又要在详细调查研究的基础上合理批准工程延期时间。

此外，业主在施工过程中应尽量少干预、多协调，以避免由于业主的干扰和阻碍，而导致延期事件的发生。

五、工程延误的处理

如果由于承包人自身的原因造成工期拖延，而承包人又未按照（监理）工程师的指令改变延期状态时，通常可以采用下列手段予以制约。

1. 停止付款

当承包人的施工活动不能使（监理）工程师满意时，（监理）工程师有权拒绝承包人的支付申请。因此当承包人的施工进度拖后且又不采取积极措施时，（监理）工程师可采取停止付款的手段制约承包人。

2. 误期损失赔偿

停止付款一般是（监理）工程师在施工过程中制约承包人延误工期的手段，而误期损失赔偿则是当承包人未能按合同规定的工期完成合同范围内的工作时对其的处罚。如果承包人未能按合同规定的工期和条件完成整个工程，则应向业主支付投标书附件中规定的金额，作为该项违约的损失赔偿费。

3. 取消承包资格

为了保证合同工期，如果承包人严重违反合同，而又不采取补救措施，则业主有权取消其承包资格。如承包人接到（监理）工程师的开工通知后，无正当理由推迟开工时间，或在施工过程中无任何理由要求延长工期，施工进度缓慢，又无视（监理）工程师的书面警告等，都有可能受到取消承包资格的处罚。

取消承包资格是对承包人违约的严厉制裁。因为业主一旦取消了承包人的承包资格，承包人不但要被驱逐出施工现场，而且还要承担由此而造成的业主的损失费用。这种惩罚措施一般不轻易采用，而且在作出这项决定前，业主必须事先通知承包人，并要求其在规定期限内做好辩护准备。

第四节　施工阶段的投资控制

一、投资控制原理

投资控制的基本原理就是把计划投资额作为水利水电建设项目投资控制目标值，再将建设项目实施过程中的实际支出额与建设项目投资控制目标进行比较，通过比较发现并找出偏差值，在分析偏差产生原因的基础上，采取措施加以纠正，如图9－7所示。

二、施工阶段投资控制的工作内容

为了有效地控制工程建设投资，业主首先应在建设前期正确确定建设规模，采用技

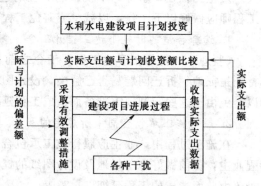

图9－7　投资控制动态循环图

术先进、功能合理、经济节约的设计方案，做到投资决策正确；同时，在施工阶段做好工程价款结算的审查与管理，对工程变更及时确定调整价款，合理处理索赔和进行反索赔。施工阶段投资控制的主要内容包括以下几项。

（一）组织对费用支出的审核

应通过对项目的划分，将水利水电建设项目划分到分部分项工程，审查每个单项工程和分部分项工程的清单与单价，并按形象进度拟定拨款计划。

（二）做好预付备料款的工作

施工承包人为其所承包的水利水电工程项目储备主要材料和结构构件所需的流动资金，由业主单位以预付备料款的方式付给。承发包双方应当在施工承包合同中约定预付工程款的时间和数额，开工后按约定的时间和比例逐次扣回。

1. 预付备料款的限额

预付备料款的限额由主要材料（包括外购构件）占工程造价的比重、材料储备期和施工工期等因素所决定。对于施工企业常年应备的备料款限额，可按下式计算：

$$备料款限额 = \frac{年度承包工程总值 \times 主要材料所占比重}{年度施工日历天数} \times 材料储备 \qquad (9-1)$$

对于一般建筑工程，备料款不应超过当年建筑工作量（包括水、电、暖）的30％；安装工程按年安装工作量的10％拨付；材料所占比重较大的安装工程，按年计划产值的15％左右拨付。具体备料款的数额，要根据工程类型、合同日期、承包方式和材料设备供应体制而定。

2. 备料款的扣回

业主拨付给承包人的备料款属于预支性质，在工程开工后，随着工程所需主要材料储备的逐步减少，应以抵充工程价款的方式陆续扣回。扣款的方法有以下几种。

（1）从未施工工程尚需的主要材料及构件的价值相当于备料款数额时起扣，从每次结算工程价款中，按材料比重扣抵工程价款，竣工前全部扣清。

（2）按建设部《招标文件范本》规定，当承包人完成金额累计达到合同总价的10％之后，由承包人开始向业主还款。业主从每次应付给承包人的金额中扣回工程预付款，至少在合同规定的完工期前3个月将工程预付款的总计金额按逐次分摊的办法扣回。当业主一次付给承包人的余额少于规定扣回的金额时，其差额应转入下一次支付中作为债务结转。

在实际经济活动中，情况比较复杂。有些工程工期较短，就无需分期扣回；有些工程工期较长，如跨年度施工，预付备料款可以不扣或少扣，并于次年按应付备料款调整，多还少补。具体地说。对于跨年度工程，如果预计次年承包工程价值大于或相当于当年承包工程价值时，可以不扣回当年的预付备料款；如果小于当年承包工程价值时，应按实际承包工程价值进行调整，在当年扣回部分预付备料款，并将未扣回部分转入下一年，直至竣工年度，再按上述办法扣回。

（三）做好工程价款的结算工作

工程价款的结算是施工阶段投资控制的主要工作内容，贯穿于施工的全过程。工程价款的结算，按结算费用的用途，可分为建筑安装工程价款的结算、设备与工器具购置款的结算及工程建设其他费用的结算；按结算方式，可分为按月结算、竣工后一次结算及分段结算（也可称按工程形象进度结算）。

工程价款的预付与结算支付，必须实行监理签证制度，以确保投资资金既不超付又能满足施工进度的要求。

（四）做好工程价款调整的控制工作

在施工过程中，常因工程变更及材料、劳动力、设备价格变动等因素，造成工程价款的增加。工程变更是指全部合同文件在形式、质量或数量上的任何部分的改变。工程变更主要包括施工条件变更和设计变更，同时也包括因合同条件、技术规程、施工顺序与进度安排等的变化引起的变更。对于工程价款的调整，应按合同规定的有关方法进行。

业主在施工阶段的投资控制，应贯穿于施工全过程。首先，应预测工程风险及可能发生索赔的诱因，采取防范措施（按合同要求及时提供施工场地、设计图纸及材料与设备，减少索赔发生，通过经济分析确定投资控制最易突破的控制重点）；其次，在施工过程中搞好各方与各项工作的协调，慎重决定工程变更，严格执行监理签证制，并按合同规定及时向施工单位支付进度款；第三，应审核施工单位提交的工程结算书，对工程费用的超支进行分析，采取控制措施，并公正处理施工单位提出的索赔。

三、工程价款结算

（一）我国现行建筑安装工程价款的主要结算方式

按我国现行规定，建筑安装工程价款结算可根据不同情况采取不同的方式。

1. 按月结算方式

实行旬末或月中预支。将已完分部、分项工程视同"成品"，每月终按照实际完成的分部分项工程结算工程价款。跨年度竣工的工程，在年终进行工程盘点，办理年度结算，竣工后清算。

2. 竣工后一次结算方式

水电建设项目或单项工程全部建筑安装工程建设期在一年以内，或者工程承包合同价值在 100 万元以下的，可实行工程价款每月月中预支、竣工后一次结算的方式。

3. 分段结算方式

当年开工、当年不能竣工的单项工程或单位工程，按照工程形象进度，划分不同阶段进行结算。分段结算可按月预支工程款。分段的划分标准，由各部门或省、自治区、直辖市、计划单列市自行规定。

4. 结算双方约定的其他结算方式

建筑安装工程承发包双方的材料往来，可按以下方式结算。

（1）由承包人自行采购建筑材料的，业主可以在双方签订工程承包合同后，按年度工作量的一定比例向承包人预付备料款，并应在 1 个月内付清。

（2）按工程承包合同规定，由承包人包工包料的，业主将主管部门分配的材料指标交承包人，由承包人购货付款，并收取备料款。

（3）按工程承包合同规定，由业主供应材料的，其材料可按材料预算价格转给承包人。材料价款在结算工程款时陆续抵扣。这部分材料，承包人不应收取备料款。

凡是没有签订工程承包合同和不具备施工条件的工程，业主不得预付备料款。承包人收取备料款后两个月仍不开工或业主无故不按合同规定付给备料款的，开户建设银行可以根据双方工程承包合同的约定，分别从有关单位账户中收回或付出备料款。

施工期间的结算款，一般不应超过承包工程价值的 95%，其余尾款待工程竣工验收后清算。承包人已向业主出具履约保函或有其他保证的，可以不留工程尾款。

（二）按月结算建筑安装工程价款的一般程序

我国现行的建筑安装工程价款结算中，相当一部分是实行按月结算方式，即将已完分部分项工程视为"建筑安装产品"，按月结算或预支，待工程竣工后再办理竣工结算，一次结清，找补余款。这种结算办法的一般程序如下。

1. 预付备料款

施工企业承包工程，一般都实行包工包料，需要一定数量的备料周转金。国有施工企业所需的备料周转金，凡是实行地区统一供料体制的，可由国家拨给定额流动资金，或由建设银行以贷款方式解决；没有实行地区统一供料体制的，可根据工程承包合同条款的规定，由业主单位在开工前拨给承包人一定限额的预付备料款，该预付备料款构成施工企业为该承包工程项目储备主要材料、结构件所需的流动资金。

2. 中间结算

施工企业在工程建设过程中，按逐月完成的全部分项工程数量，计算各项费用，向业主单位办理中间结算手续。

现行的办法为：施工企业在旬末或月中，向业主单位提出预支工程款账单，预支一旬或半月的工程款,月终再提出工程款结算账单和已完工程月报表,收取当月工程价款,并通过建设银行进行结算。

按月进行结算,要对现场已施工完毕的工程逐一清点,资料提出后要交业主单位审查签证。为简化手续,多采用以施工企业提出的统计进度月报表为支取工程款的凭证,称为工程进度款。

3. 竣工结算

竣工结算是施工承包人应按照合同规定的内容全部完工、交工之后,向业主单位进行的最终工程价款结算。如果因某些条件变化,使合同工程价款发生变化,则需按规定对合同价款进行调整。

办理工程价款竣工结算的一般公式为:

$$竣工结算工程价款 = 预算(或概算)或合同价款$$
$$+ 施工过程中预算或合同价款调整数额$$
$$- 预付及已结算工程价款 \qquad (9-2)$$

(三)设备、工器具和工程建设其他费用的结算

1. 国内设备、工器具和工程建设其他费用的结算

业主单位对订购的设备、工器具,一般不预付定金,只对制造期在半年以上的大型专用设备和船舶的价款,按合同分期付款。

业主单位在结算工程建设其他费用时,应在经办建设银行的监督下,将这些费用严格控制在年度投资计划、财务支出计划和概预算规定的指标或投资包干数范围内。

2. 进口设备、材料的结算

进口设备及材料费用的支付,一般利用出口信贷的形式,结算时要采用动态结算方式。

(四)项目投资的动态结算

我国现行的结算基本上是按照设计预算价值,以预算定额单价和各地方定额站不定期公布的调价文件为依据进行的。在结算中,对通货膨胀等因素考虑不足。

实行动态结算,要按照协议条款约定的合同价款,在结算时考虑工程造价管理部门规定的价格指数,即要考虑资金的时间价值,使结算大体能反映实际的消耗费用。常用的动态结算办法有。

1. 实际价格结算法

对钢材、木材、水泥三大材料的价格,有些地区采取按实际价格结算的办法,施工承包人可凭发票据实报销。此法方便而准确,但不利于施工承包人降低成本。因此,地方基建主管部门经常要定期公布最高结算限价。

2. 调价文件结算法

施工承包人按当时的预算价格承包,在合同工期内,按照造价管理部门调价文件的规定,进行抽料补差(在同一价格期内,按所完成的材料用量乘以价差)。有的地方定期(通常是半年)发布一次主要材料供应价格和管理价格,对这一时期的工程进行抽料补差。

3. 调值公式法

调值公式法又称动态结算公式法、根据国际惯例,对建设项目已完成投资费用的结

算，一般采用此法。在一般情况下，承发包双方在签订合同时，就规定了明确的调值公式。

（五）工程款的计量支付

为控制水利水电建设项目投资，在施工阶段的各个环节上应充分发挥（监理）工程师的监督和管理作用，由（监理）工程师掌握工程款支付确认权，通过工程计量支付来控制工程实际费用支出，约束承包人的行为。

1. 工程计量的一般程序

按照我国《建设工程施工合同（示范文本）》规定，承包人按协议条款约定的时间（承包人完成的分项工程获得质量验收合格证书以后），向（监理）工程师提出已完工程的报告。（监理）工程师接到报告后，在 3 天内按设计图纸核实已完工程数量，并在计量24h 前通知承包人，承包人须为（监理）工程师进行计量提供便利条件，并派人参加予以确认。承包人无正当理由不参加计量，由（监理）工程师自行进行，计量结果仍然视为有效，作为工程价款支付的依据。若（监理）工程师在收到承包人报告后 3 天内未进行计量，承包人报告中开列的工程量即视为已被确认，可作为工程价款支付的依据。

2. 工程计量的依据

计量依据主要有质量合格证书、工程量清单前言、技术规范中的"计量支付"条款和设计图纸。

（1）质量合格证书。对于承包人已完的工程，并不一定全部进行计量，而只有质量达到合同标准的已完工程才予以计量。所以，工程计量必须与质量监理密切配合。经过（监理）工程师检验，工程质量达到合同规定的标准后，由（监理）工程师签发质量合格证书（中间交工证书）。拥有质量合格证书的工程才能予以计量。

（2）工程量清单前言和技术规范。工程量清单前言和技术规范是确定计量方法的依据。因为工程量清单前言和技术规范中的"计量支付"条款规定了清单中每一项工程的计量方法，同时还规定了计量方法中确定的单价所包括的工作内容和范围。

（3）设计图纸。计量的几何尺寸应以设计图纸为依据。单价合同的工程是以实际完成的工程量进行结算的，但被监理工程师计量的工程数量，并不一定是承包人实际施工的数量。（监理）工程师对承包人超出设计图纸要求增加的工程量和由于自身原因造成返工的工程量，不予计量。

3. 合同价款的复核与支付

（监理）工程师对核实的工程量绘制中间计量表，作为承包人取得业主单位付款的凭证。

承包人根据协议所规定的时间、方式和中间计量表，按照构成合同价款相应项目的单价和取费标准提出付款申请（包括对所完成的工程量的付款以及工程变更费用、索赔、价格调整等），由（监理）工程师审核签字后，由业主单位予以支付。

根据国家有关规定，合同价款在合同条款约定后，任何一方不得擅自改变，协议条件另有约定或发生下列情况之一的可做调整。

（1）（监理）工程师确认的工程量增减。

（2）（监理）工程师确认的设计变更或工程洽商。

（3）工程造价部门公布的价格调整。

（4）一周内非承包人原因造成停水、停电、停气累计超过 8h。

（5）合同约定的其他增减或调整。

四、工程变更的控制

水利水电工程变更是指合同文件的任何部分的变更，其中涉及最多的是施工条件变更和设计变更。

1. 控制工程变更的原则

（1）无论是业主单位、施工单位或（监理）工程师提出工程变更，无论变更内容如何，工程变更指令均需由（监理）工程师发出，并由其确定工程变更的价格和条件。

（2）要建立严格的工程变更审批制度，切实把投资控制在合理的范围以内。

（3）对设计修改与变更（包括施工单位、业主单位和监理单位对设计的修改意见），应通过现场设计单位代表请设计单位研究。设计变更必须进行工程量及造价增减分析，经设计单位同意，如突破总概算则必须经有关部门审批，改变工程规模，增加工程投资费用。设计变更经（监理）工程师会签后，交施工单位施工。

（4）在一般的水利水电建设工程施工承包合同中，均包括工程变更的条款，（监理）工程师有权向承包人发布指令，要求对工程的项目、数量或质量工艺进行变更，对原标书的有关部分进行修改。

工程变更也包括（监理）工程师提出的"新增工程"，即原招标文件和工程量清单中没有包括的工程项目。承包人对这些新增工程，也必须按（监理）工程师的指令组织施工，工期与单价由（监理）工程师与承包人协商确定。

（5）由于工程变更所引起的工程量的变化，都有可能使项目投资超出原来的预算投资，必须予以严格控制，密切注意其对未完工程投资支出的影响以及对工期的影响。

（6）施工条件的变更，往往是指未能预见的现场条件或不利的自然条件，即在施工中实际遇到的现场条件同招标文件中描述的现场条件有本质的差异，使施工单位向业主单位提出施工价款和工期的变更要求，由此而引起索赔。

工程变更均会对工程质量、进度、投资产生影响，因此，应做好工程变更的审批工作，合理确定变更工程的单价、价款和工期延长的期限，并由（监理）工程师下达变更指令。

2. 工程变更程序

工程变更程序主要包括：提出工程变更、审查工程变更、编制工程变更文件及下达变更指令。工程变更程序如图 9-8 所示。

工程变更文件包括以下内容。

（1）工程变更令。应按固定格式填写，说明变更的理由、变更概况、变更估价及对合同价款的影响。

（2）工程量清单。填写工程变更前后的工程量、单价和金额，并对未在合同中规定的方法予以说明。

（3）新的设计图纸及有关的技术标准。

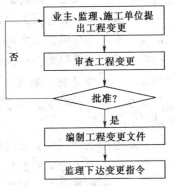

图 9-8　工程变更程序

（4）涉及变更的其他有关文件或资料。

3. 工程变更价款的确定

对于工程变更的项目，一种类型是不需确定新的单价，仍按原投标单价计付；另一种类型是需变更为新的单价，包括变更项目及数量超过合同规定的范围，或虽属原工程量清单的项目，但其数量超过规定范围，变更的单价及价款应由合同双方协商确定。

合同价款的变更是在双方协商的时间内，由承包人提出变更价格，报（监理）工程师批准后，调整合同价款和竣工日期。审核承包人提出的变更价款是否合理，可考虑以下原则。

（1）合同中有适用于变更工程的价格，按合同已有的价格计算变更合同价款。

（2）合同中只有类似变更情况的价格，可以此作为基础，确定变更价格，变更合同价款。

（3）合同中没有适用和类似的价格，由承包人提出适当的变更价格，由（监理）工程师批准执行。批准变更价格，应与承包人达成一致，否则，应通过工程造价管理部门裁定。

经双方协商同意的工程变更，应有书面材料，并由双方正式委托的代表签字；涉及设计变更的，还必须有设计部门的代表签字，这些均作为以后进行工程价款结算的依据。

五、索赔控制

（一）索赔及其分类

索赔是工程承包合同履行过程中，当事人一方因对方不履行或不完全履行既定义务，或者由于对方的行为使权利人受到损失时，要求对方补偿损失的权利。索赔是水利水电工程承包合同履行过程中经常发生的现象。由于施工现场条件、气候条件的变化，施工进度、物价的变化，以及合同条款、规范、标准文件和施工图纸的变更、差异、延误等因素的影响，使得工程承包中不可避免地出现索赔。

工程索赔可以从不同的角度进行分类，既可按当事人划分，也可按发生索赔的原因划分，还可按索赔的目的划分，等等。这些划分方法从不同角度剖析了工程索赔的性质和内容。

1. 按索赔涉及有关当事人划分

（1）承包人与业主之间的索赔。

（2）承包人与分包人之间的索赔。

（3）承包人与供货人之间的索赔。

（4）承包人向保险公司的索赔。

2. 按索赔发生的原因划分

这是一种比较常见的分类方法。在水利水电工程的索赔实践中，较常见的有以下几种。

（1）地质条件变化引起的索赔。

（2）施工中人为障碍引起的索赔。

（3）工程变更指令引起的索赔。

（4）合同文件的模糊和错误引起的索赔。

（5）工程延期引起的索赔。

（6）加速施工引起的索赔。

（7）设计图纸错误引起的索赔。

（8）施工图纸延期提交引起的索赔。

（9）增减工程量引起的索赔。

（10）业主拖延付款引起的索赔。

（11）货币贬值导致的索赔。

（12）价格调整引起的索赔。

（13）业主风险引起的索赔。

（14）不可抗拒的天灾引起的索赔。

（15）暂停施工引起的索赔。

（16）终止合同引起的索赔。

（17）其他原因引起的索赔。

3. 按索赔的依据划分

（1）合同规定的索赔。索赔涉及的内容可以在合同中找到依据，例如工程变更、暂停导致的索赔。

（2）非合同规定的索赔。索赔内容和权利虽然难于在合同中找到依据，但权利可以来自普通法律。

（3）"道义索赔"。又称"额外支付"，指承包人对标价估计不足，或遇到了巨大困难，而蒙受重大亏损时，有的（监理）工程师或业主会超越合同条款，出自善良意愿，给承包人以相应的经济补偿。

4. 按索赔的目的划分

（1）工期索赔。其目的是延长施工时间，使原规定的完工日期顺延，避免因违约而遭受罚款的风险。

（2）费用索赔。其目的是得到费用补偿，使承包人所遭遇到的、超出工程计划成本的附加开支得到补偿。

（二）处理索赔的一般原则

（监理）工程师在处理施工索赔时需要遵循以下原则。

1. 必须以合同为依据

尽管（监理）工程师受雇于业主，但当其遇到索赔事件时，则必须以完全独立的身份，站在客观、公正的立场上，审查索赔要求的正当性。（监理）工程师必须对合同条件、协议条款等有详细的了解，以合同为依据来公平处理合同双方的利益纠纷。

2. 必须注意资料的积累

（监理）工程师应积累一切可能涉及索赔论证的资料，同施工承包人、业主单位研究技术问题、进度问题和其他重大问题的会议应当做好文字记录，并争取会议参加者签字，作为正式文档资料；应建立详细的监理日志，记录承包人对（监理）工程师指令的执行情况以及每天发生的可能影响到合同协议的事件的具体情况，保存好抽查试验记录、工序验收记录、计量记录、日进度记录等。同时，还应建立业务往来的文件档案管理制度，做到处理索赔时以事实和数据为依据。

3. 及时、合理地处理索赔

索赔发生后，（监理）工程师必须依据合同，对索赔进行及时处理。任何在中期付款期间，将问题搁置下来、留待以后处理的想法都会带来意想不到的后果。如果承包人的合理索赔要求长时间得不到解决，单项工程的索赔积累下来，有时可能会影响承包人的资金周转，使其不得不放缓速度，从而影响整个工程的进度。此外，在索赔的初期和中期，可能只是普通的信件往来，但如果拖到后期综合索赔，将会使矛盾进一步复杂化，往往还牵涉到利息、预期利润补偿、工程结算以及责任的划分、质量的处理等，而且索赔文件及其根据和说明材料连篇累牍，也会大大增加处理综合索赔的困难。因此，（监理）工程师应尽量将单项索赔陆续解决在合同履行过程中。这样做不仅维护了业主的利益，同时又顾及了承包人的实际情况。

（监理）工程师处理索赔必须注意双方计算索赔的合理性。如由于业主的原因造成工程停工，承包人提出索赔，机械停工损失按机械台班单价计算、人工窝工按日工资单价计算，显然是不合理的。机械停工由于不发生运行费用，应按折旧费加以补偿；同样，对人工窝工，承包人可以考虑将工人调到别的工作岗位，实际补偿的应是二人由于更换工作地点及工种造成的工作效率降低而发生的费用。

4. 加强主动控制，减少工程索赔

（监理）工程师要在工程的实施过程中，将预料到的可能发生的问题告诉承包人，避免由于工程返工所造成的工程成本上升，这样也可以减轻承包人的心理压力，减少承包人想方设法通过索赔途径弥补工程成本上升所造成的利润损失。另外，（监理）工程师在工程实施过程中，应对可能引起的索赔进行预测，尽量采取一些措施预防索赔事件的发生。

（三）常见的索赔类型

1. 不利的自然条件与人为障碍引起的索赔

不利的自然条件是指施工中所遭遇到的实际自然条件，比招标文件中所描述的更为困难和恶劣。由于不利的自然条件和人为障碍，增加了施工的难度，导致了承包人必须花费更多的时间和费用，在这种情况下，承包人可以通过（监理）工程师向业主提出索赔要求。

（1）地质条件变化引起的索赔。如果承包人在施工现场所遇到的水文、地质条件等，比业主在招标文件中所提供的要恶劣得多，或者是承包人遇到了一个有经验的承包人也无法预见到的恶劣气候条件，则承包人可就此向（监理）工程师提供索赔通知，并将一份副本呈交业主。收到此类通知后，如果（监理）工程师认为这类障碍和条件确实是一个有经验的承包人无法合理预见到的，在与业主和承包人适当协商以后，应给予承包人延长工期或费用的补偿。

（2）人为障碍引起的索赔。在施工过程中，如果承包人遇到了地下构筑物或文物（如地下电缆、管道和各种装置等），只要是图纸上并未说明的，承包人应立即通知（监理）工程师，并共同讨论处理方案。如果导致工程费用增加（如原计划是机械挖土，现在不得不改为人工挖土），承包人即可提出索赔。由于地下构筑物和文物等确属有经验的承包人难以合理预见的人为障碍，所以这种索赔较少发生争议。在一般情况下，因遭遇人为障碍而要求索赔的数额并不太大，但闲置机械而引起的费用是索赔的主要部分。如果要减少突然发生障碍的影响，（监理）工程师应要求承包人详细编制其工作计划，以便在必须停止一部分工作时，仍有其他工作可做。当无法预知的情况所产生的影响不可避免时，（监理）工程师应立即与承包人就解决问题的办法和有关费用达成协议；如果办不到的话，可发出变更命令，并确定合适的费率和价格。

2. 工程变更引起的索赔

在工程施工过程中，由于工地上出现不可预见的情况、环境的改变，或为了节约成本等，在（监理）工程师认为必要时，可以对工程或其他任何部分的外形、质量或数量做出变更。（监理）工程师有下列变更权力。

(1) 增加或减少合同中所包括的任何工作的工作量。

(2) 取消某一工作项目。

(3) 更改合同中任何工作项目的性质、质量和种类。

(4) 更改工程任何部分的标高、基线、位置和尺寸。

(5) 实施工程所必要的各种附加工作。

(6) 改变工程任何部分、任何规定的施工顺序或时间安排。

发生上述任何变更时，承包人均不应以任何方式使合同作废或无效，但承包人有权对这些变更所引起的附加费用进行索赔。

按照 FIDIC（国际咨询工程师联合会）条款规定，一切根据（监理）工程师的指令完成的额外工作、附加工作，或加以取消的工作，应以合同中规定的费率和价格确定其费用。如果合同中没有可适用于该项额外或附加工作的费率或价格，则应由（监理）工程师和承包人共同商定适用的费率和价格。如果双方不能取得一致意见，则由（监理）工程师单方面确定其认为合理恰当的费率和价格。如果承包人不同意这些价格时，可以将反对的意见书面通知（监理）工程师，并提出其要求增长的价格。（监理）工程师一般是通过详细估算实际成本来确定单价，或通过比照工程量清单中同类工程的单价来确定。

3. 工程延期及其费用索赔

在一般情况下，工期索赔和费用索赔的报告应分别编制。因为工期索赔和费用索赔并不一定同时成立。例如，由于特殊气候、罢工等原因，承包人可以要求工程延期，但不能要求赔偿；由于业主原因使某些工程部位实际进度拖后，却并未影响到合同工期，这时承包人也得不到延长工期的承诺，但是，如果承包人能提出证据说明实际进度拖后对其造成损失，就有可能获得这些损失的赔偿。有时，工期索赔和费用索赔可能混在一起，承包人既可以要求延长工期，又可以获得对其损失的赔偿。

4. 加速施工引起的费用索赔

一项水利水电工程可能遇到各种意外的情况或由于工程变更而必须延长工期，但由于业主的原因（例如，该工程已经出售给买主，需按议定时间移交给买主），坚持不能延期，而迫使承包人采取措施赶工来完成工程，导致工程成本增加。承包人可因此而提出索赔，要求补偿其加速施工所发生的附加费用。

5. 业主不正当地终止工程而引起的索赔

由于业主不正当地终止工程，承包人有权要求补偿损失，其数额是承包人在被终止工程上的人工、材料、机械设备的全部支出，以及各项管理费用、保险费、贷款利息、保函费用的支出（减去已结算的工程款），并有权要求赔偿其盈利损失。

6. 物价上涨引起的索赔

由于物价上涨，使人工费和材料费不断增长，引起工程成本的增加而导致承包人提出索赔。通常情况下，除对采用固定总价合同形式的合同价不予调整外，处理物价上涨引起的合同价调整问题有以下两种方法。

（1）按价差调整合同价。在工程结算时，对人工费及材料费的价差，即现行价格与基础价格的差值，由业主向承包人补偿。即：

$$材料价调整数 = （现行价 - 基础价）\times 材料数量 \qquad (9-3)$$
$$人工费调整数 = （现行工资 - 基础工资）\times （实际工作小时数$$
$$+ 加班工作小时数 \times 加班工资增加率） \qquad (9-4)$$

对管理费用及利润不进行调整。

（2）用调价公式调整合同价。在每月结算工程进度款时，利用合同文件中的调价公式，计算人工、材料等的调整数。

7. 法规、货币及汇率变化引起的索赔

（1）法规变化引起的索赔。如果在投标截止日期前的 28 天以后，由于业主、国家或地方的任何法规、法令、政令以及其他法律或规章发生变更，而导致承包人的成本增加，业主应负责补偿承包人所增加的成本。

（2）货币及汇率变化引起的索赔。如果在投标截止日期前的 28 天以后，工程施工所在国政府或其授权机构对支付合同价格的一种或几种货币，实行货币限制或货币汇兑限制，则业主应补偿承包人因此而受到的损失。

如果合同规定将全部或部分款额以一种或几种外币支付给承包人，则这项支付不应受上述指定前一种或几种外币与工程施工所在国货币之间汇率变化的影响。

8. 拖延支付工程款的索赔

如果业主不按时支付中期工程款，承包人可在提前通知业主的情况下，暂停工作或减缓工作速度，并有权获得任何误期的补偿和其他额外费用的补偿，如利息等。

9. 业主风险和特殊风险的索赔

许多合同对特殊风险都有明确的规定，一般是指战争、敌对行动、入侵、外敌行动，工程所在国的叛乱、革命、暴动、军事政变或篡夺政权、内战、核燃料或核燃料燃烧后的核废物、放射性毒气爆炸等。由于特殊风险产生的后果可能是非常严重的，许多合同都规定：承包人不仅对由此而造成工程、业主或第三方的财产的破坏和损失及人身伤亡不承担责任，而且业主应保护和保障承包人不受上述特殊风险后果的损害，并免于承担由此而引起的与之有关的一切索赔、诉讼及其费用。相反，承包人还应当得到由此损害而引起的任何永久性工程及其材料的付款及合理的利润，以及一切修复费用及重建费用。这些费用还可以包括由上述特殊风险而导致的费用增加。如果由于特殊风险而导致合同终止，承包人除可以获得应付的一切工程款和上述的损失费用外，还可以获得施工机具设备的撤离费用和人员遣返费用等。

（四）施工索赔的处理程序

合理处理索赔是业主和（监理）工程师控制投资的一个重要方面，索赔必须按照严密的程序办理。施工索赔一般要经过以下步骤。

1. 提出索赔要求，报送索赔资料

如果承包人根据合同条件的任何条款或其他有关规定（如根据有关合同法），希望索取任何追加付款，都应在索赔事件发生的一定时间（28 天）内，将其索赔意向通知（监理）工程师，同时将一份副本呈交业主。

在正式提出索赔要求后（用书面信件形式），承包人应抓紧时间准备索赔的证据资料，以及计算该项索赔的可能款项，并在索赔信件发出后一定时间（28 天）内提出。如果索赔事件的影响继续存在，不断发生成本支出，在规定的时间（28 天）内不可能算出可能的索赔款额时，则经（监理）工程师同意，可以定期（一般为每隔 28 天）陆续报送索赔证据资料和索赔款项；并在该索赔事件影响结束后的一定时间（28 天）以内，提出总的索赔论证资料和累计索赔款项，报送（监理）工程师，并抄送业主。

索赔报告没有固定的标准形式。但一般说来，承包人向（监理）工程师所提交的索赔报告应包括以下三项内容。

（1）索赔的理由和依据。承包人必须说明索赔的理由和依据，其内容包括进行索赔的原因。

（2）索赔费用。承包人必须说明根据索赔的理由和依据所计算的索赔费用。

（3）记录和证据。承包人必须摘要和附上下列文件的复印件作为索赔证据：

1）提出索赔的意向通知书。

2）有关的信件、图纸、计划表、报告、工程照片、会议记录、价格分析结果和实验室计算结果以及计量的计算结果。

2. （监理）工程师裁决

（监理）工程师在接到承包人的正式索赔事件后，应立即研究承包人的索赔资料，在没有确认责任承担者的情况下，要求承包人论证索赔的原因，重温有关合同条款，并同业主协商，对承包人的索赔要求及时地做出答复。如果对索赔款额一时难以表态，亦应原则地通知对方，允诺日后处理。

（监理）工程师一般应在接到索赔报告资料后的一定时间（28 天）内提出自己的意见，连同承包人的索赔报告一并报业主审定。如根据承包人所提供的证据，（监理）工程师认为索赔成立，则应做出决定通知承包人并付款，同时将一份副本呈交业主。

3. 会议协商解决

当索赔要求不能在工地由合同双方及时解决时，要采取会议协商的办法。第一次协商会一般采取非正式的形式，由业主或（监理）工程师出面，同承包人交换意见，了解可能的赔偿款项。双方代表在会前均应做好准备，提出资料及论证根据，明确需要协商的问题，以及可以接受的协商结果。

初次会谈结束时，如问题没有解决，则可商定正式会谈的时间和地点，以便继续讨论确定索赔的结论。对于一个复杂的索赔争论，正式会谈很难通过一次会议达成协议。而往往要经过多次谈判，最后达成协议，签署执行。

4. 邀请中间人调解

如果争议双方的直接会谈没有结果，在提交法庭判决或仲裁之前，还可由双方协商邀请一至数名中间人进行调解，促进双方索赔争议矛盾的解决。

中间人调解工作是争议双方在自愿的基础上进行的，如果任何一方对中间人的工作不满意，或难以达成调解协议时，即可结束调解工作。

5. 提交仲裁加以公断

当（监理）工程师对承包人的索赔要求作出的决断意见得不到业主和承包人的同意，经过会谈协商和中间人调解也得不到解决时，索赔一方有权要求将此争议提交仲裁机关公断，有的甚至直接提交法院裁决。至于是提交给仲裁机关裁决，还是诉诸法院裁决，可由索赔双方选定。仲裁机关或法院作出的决定具有同样的最终裁决权威，索赔双方必须遵照执行。

（五）反索赔

反索赔是指业主向承包人提出的索赔，由于承包人不履行或不完全履行约定的义务，或者由于承包人的行为使业主受到损失时，业主向承包人提出的索赔。

1. 工程延误反索赔

在工程施工过程中，由于多方面的原因，往往使竣工日期拖后，影响到业主对该工程的利用，给业主带来经济损失。按国际惯例，业主有权对承包人进行索赔，即由承包人支付误期违约金。误期违约金通常是由业主在招标文件中确定的。业主在确定违约金的费率时，一般要考虑以下因素。

（1）业主盈利损失。

（2）由于工期延长而引起的贷款利息增加。

（3）工程延误带来的附加监理费。

（4）由于本工程拖期竣工不能使用，租用其他建筑物时的租赁费。

至于违约金的计算方法，在每个合同文件中均有具体规定。一般按每延误一天赔偿一定的款额计算，累计赔偿额一般不超过合同总额的 10%。

2. 施工缺陷反索赔

当承包人的施工质量不符合施工技术规程的要求，或在保修期满以前未完成应该负责修补的工程时，业主有权向承包人追究责任。如果承包人未在规定的期限内完成修补工作，业主有权雇用他人来完成工作，发生的费用由承包人负担。

3. 承包人不履行的保险费用索赔

如果承包人未能按照合同条款指定的项目投保，并保证保险有效，业主可以投保并保证保险有效，业主所支付的必要的保险费可在应付给承包人的款项中扣回。

4. 对超额利润的索赔

如果工程量增加很多（超过有效合同价的 15%），使承包人预期的收入增大，而由于工程量增加承包人并不增加任何固定成本，合同价应由双方讨论调整，收回部分超额利润。

由于法规的变化导致承包人在工程实施中降低了成本，产生了超额利润，也应重新调整合同价格，收回部分超额利润。

5. 对指定分包人的付款索赔

在承包人未能提供已向指定分包人付款的合理证明时，业主可以直接按照（监理）工程师的证明书，将承包人未付给指定分包人的所有款项（扣除保留金）付给这个分包人，并从应付给承包人的任何款项中如数扣回。

6. 业主合理终止合同或承包人不正当地放弃工程的索赔

如果业主合理地终止承包人的承包，或者承包人不合理地放弃工程，则业主有权从承包人手中收回由新的承包人完成工程所需的工程款与原合同未付部分的差额。

第十章 水利水电工程竣工验收

第一节 概 述

一、竣工验收的目的和方式

水利水电建设项目的施工达到竣工条件进行验收，是水利水电建设项目施工周期的最后一个程序，也是建设成果转入生产使用的标志。

（一）竣工验收的目的

国家有关法规规定了严格的竣工验收程序，竣工验收的目的如下。

1. 全面考察水利水电建设项目的施工质量

竣工验收阶段通过对已竣工工程的检查和试验，考核承包人的施工成果是否达到了设计要求而形成生产或使用能力，可以正式转入生产运行。通过竣工验收，及时发现和解决影响生产和使用方面存在的问题，以保证建设项目按照设计要求的各项技术经济指标正常投入运行。

2. 明确合同责任

能否顺利通过竣工验收，是判别承包人是否按施工承包合同约定的责任范围完成了施工任务的标志。圆满地通过竣工验收后，承包人即可以与业主办理竣工结算手续，将所施工的工程移交给业主使用和照管。

3. 水利水电建设项目转入投产使用的必备程序

水利水电建设项目竣工验收也是国家全面考核水电项目建设成果，检验项目决策、设计、施工、设备制造和管理水平，以及总结建设经验的重要环节。一个水利水电建设项目建成投产交付使用后，能否取得预想的宏观效益，需要经过国家相应管理部门按照技术规范、技术标准组织验收确认。

（二）竣工验收的方式

为了保证水利水电建设项目竣工验收的顺利进行，必须遵循一定的程序，并按照水利水电建设项目总体计划的要求，以及施工进展的实际情况分阶段进行。项目施工达到验收条件的验收方式可分为项目中间验收、单项工程验收和全部工程验收三大类，见表10-1。规模较小、施工内容简单的建设项目，也可以一次进行全部项目的竣工验收。

虽然项目的中间验收也是工程验收的一个组成部分，但它属于施工过程中的管理内容。因此，这里仅讨论竣工验收（单项工程验收加全部工程验收）的有关问题。

表 10-1　　　　　　　　　　　　　不同阶段工程验收的特点

类　型	验　收　条　件	验　收　组　织
中间验收	(1) 按照施工承包合同的约定，施工完成到某一阶段后要进行中间验收； (2) 重要的工程部位施工已经完成了隐蔽前的准备工作，该工程部位即将置于无法查看的状态	由监理组织，业主和承包人派人参加，该部位的验收资料将作为最终验收的依据
单项工程验收 （交工验收）	(1) 建设项目中的某个合同工程已经全部完成； (2) 合同内约定有分步分项移交的工程已经达到竣工标准，可移交给业主投入使用	由业主组织，会同承包人、监理单位、设计单位及使用单位等有关部门共同进行
全部工程竣工验收 （动用验收）	(1) 建设项目按照设计规定全部建成，达到竣工验收条件； (2) 初验结果全部合格； (3) 竣工验收所需资料已经准备齐全	大中型和限额以上项目由国家计委或由其委托项目主管部门或地方政府部门组织验收，小型和限额以下项目由项目主管部门组织验收。验收委员会由银行、物资、环保、劳动、统计、消防及其他有关部门组成，业主、监理单位、施工单位、设计单位和使用单位参加验收工作

二、竣工验收的范围和依据

1. 竣工验收的范围

国家颁布的建设法规规定，凡新建、扩建、改建的基本建设项目和技术改造项目，按批准的设计文件所规定的内容建成，符合验收标准，即工业项目经过投料试车（带负荷运转）合格，形成生产能力的；非工业项目符合设计要求，能够正常使用的，都应及时组织验收，办理移交固定资产手续。对某些特殊情况，工程施工虽未全部按设计要求完成，也应进行验收，这些特殊情况是指以下几种。

(1) 因少数非主要设备或某些特殊材料短期内不能解决，虽然工程内容尚未全部完成，但已可以投产或使用的工程项目。

(2) 规定要求的内容已建完，但因外部条件的制约，如流动资金不足、生产所需原材料不能满足等，而使已建成工程不能投入使用的项目。

(3) 有些建设项目或单项工程，已形成部分生产能力，但近期内不能按原设计规模续建。应从实际情况出发，经主管部门批准后，可缩小规模对已完成的工程和设备组织竣工验收，移交固定资产。

2. 竣工验收的条件

按照国家规定，建设项目竣工验收、交付生产使用，应满足以下条件。

(1) 生产性项目和辅助性公用设施，已按设计要求完成，能满足生产使用。

(2) 主要工艺设备成套设施经联动负荷试车合格，形成生产能力，能够生产出设计文件所规定的产品。

(3) 必要的生产设施，已按设计要求建成。

(4) 生产准备工作能适应投产的需要。

（5）环境保护设施、劳动安全卫生设施、消防设施已按设计要求与主体工程同时建成使用。

以上是国家对建设项目竣工应达到标准的基本规定，但各水利水电建设项目除了应遵循这些共同标准外，还要结合专业特点，确定具体竣工应达到的条件。表10-2中简要列出了几种专业工程施工应达到的条件，以供参考。

表 10-2　　　　　　　　　　　水利水电建设项目竣工应达到的标准

建设项目类别	竣 工 验 收 条 件
土建工程	（1）工程内容按照规定全部施工完毕； （2）工程质量符合各项要求； （3）水、电接通，使用正常，排水通畅； （4）道路、场地完成并平整，施工所造成的障碍物已经清除
安装工程	（1）各项设备、电气、空调、仪表、通信等工程项目全部安装结束； （2）工艺、物料、动力等各种管道已做好清洗、试压、吹扫、油漆等工作； （3）经过单机、联动无负荷和投料带负荷试车，全部符合安装技术质量要求； （4）具有形成设计能力的条件
人防工程	（1）按工程等级和专业工程的要求，安装好防护密闭门； （2）进、排风等孔口设备安装完毕； （3）内部粉刷完成，内部照明设备安装完毕，并可通电； （4）工程无漏水； （5）回填土结束，通道畅通等
大型管理工程	（1）按照设计要求和施工规范，全部按质、按量敷设施工完毕； （2）闸门、阀门、泵等符合规范要求； （3）管道内垃圾已清除； （4）管道接头衔接质量满足规范要求； （5）管道防腐处理工作已完成

3. 竣工验收的依据

进行水利水电建设项目竣工验收的主要依据包括以下几方面。

（1）上级主管部门对该项目批准的各种文件。包括可行性研究报告、初步设计，以及与项目建设有关的各种文件。

（2）工程设计文件。包括施工图纸及说明、设备技术说明书等。

（3）国家颁布的各种标准和规范。包括现行的 SL 223—1999《水利水电建设工程验收规程》、SL 176—1996《水利水电工程施工质量评定规程》（试行）等。

（4）合同文件。包括施工承包的工作内容和应达到的标准，以及施工过程中的设计修改变更通知书等。

三、竣工验收程序

水利水电建设项目竣工验收可分为单项或单位工程完工后的交工验收和全部工程完工后的竣工验收两大阶段，其程序如图10-1所示。

1. 承包人申请交工验收

整个水利水电建设项目如果分成若干个合同包交予不同承包人实施，承包人已完成了合同工程或按合同约定可分步移交工程的，均可申请交工验收。交工验收一般为单项工

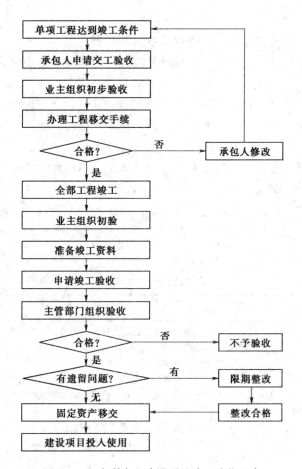

图 10-1　水利水电建设项目竣工验收程序

程，但在某些特殊情况下也可以是单位工程的施工内容，如特殊基础处理工程、发电站单台机组完成后的移交等。承包人的施工达到竣工条件后，自己应首先进行预检验，修补有缺陷的工程部位；对于设备安装工程，还应与业主和（监理）工程师共同进行无负荷的单机和联动试车。承包人在完成了上述工作和准备好竣工资料后，即可向业主提交竣工验收申请报告。

2. 单项工程验收

单项工程验收对大型水利水电建设项目来说，具有重大意义。特别是某些能独立发挥作用、产生效益的单项工程，更应竣工一项验收一项，这样可以使建设项目尽早发挥效益。单项工程验收又称交工验收，即验收合格后业主方可投入使用。初步验收是指国家有关主管部门还未进行最终的验收认可，只是施工涉及的有关各方进行的验收。

由业主组织的交工验收，主要是根据国家颁布的有关技术规范和施工承包合同，对以下几方面进行检查或检验。

（1）检查、核实竣工项目准备移交给业主的所有技术资料的完整性、准确性。

（2）按照设计文件和合同，检查已完建工程是否有漏项。

（3）检查工程质量、隐蔽工程验收资料，关键部位的施工记录等，考察施工质量是否达到合同要求。

（4）检查试车记录及试车中所发现的问题是否得到改正。

（5）在交工验收中发现需要返工、修补的工程，明确规定完成期限。

（6）其他涉及的有关问题。

验收合格后，业主和承包人共同签署"交工验收证书"，然后由业主将有关技术资料，连同试车记录、试车报告和交工验收证书一并上报主管部门，经批准后该部分工程即可投入使用。

验收合格的单项工程，在全部工程验收时，原则上不再办理验收手续。

3. 全部工程的竣工验收

全部工程施工完成后，由国家有关主管部门组织的竣工验收，又称为动用验收。业主参与全部工程竣工验收分为验收准备、预验收和正式验收三个阶段。各阶段的工作内容如表 10-3 所示。

表 10-3　　　　　　　　　　　动 用 验 收 工 作 内 容

工作阶段	职　责	工 作 内 容
验收准备	业主组织施工单位、监理单位、设计单位共同进行	（1）核实建筑安装工程的完成情况，列出已交工工程和未完工工程一览表（包括工程量、预算价值、完工日期等）； （2）提出财务决算分析； （3）检查工程质量，查明须返工和补修工程，提出具体修竣时间； （4）整理汇总项目档案资料，将所有档案资料整理装订成册，分类编目，绘制好工程竣工图； （5）登载固定资产，编制固定资产构成分析表； （6）落实生产准备工作，提出试车检查的情况报告； （7）编写竣工验收报告
预验收	上级主管部门和业主会同施工单位、监理单位、设计单位、使用单位及有关部门组成预验收组	（1）检查、核实竣工项目所有档案资料的完整性、准确性； （2）检查项目建设标准，评定质量，对隐患和遗留问题提出处理意见； （3）检查财务账表是否齐全，数据是否真实，开支是否合理； （4）检查试车情况和生产准备情况； （5）排出验收中有争议的问题，协调项目与有关方面、部门的关系； （6）督促返工、补做工程的修竣及收尾工程的完工； （7）编写竣工预验收报告和移交生产准备情况报告； （8）预验收合格后，业主向主管部门提出正式验收报告
正式验收	由国家有关部门组成的验收委员会主持，业主及有关单位参加	（1）听取业主对项目建设的工作报告； （2）审查竣工项目移交生产使用的各种档案资料； （3）评审项目质量，对主要工程部位的施工质量进行复验、鉴定，对工程设计的先进性、合理性、经济性进行鉴定和评审； （4）审查试车规程，检查投产试车情况； （5）核定尾工项目，对遗留问题提出处理意见； （6）审查竣工预验收鉴定报告，签署"国家验收鉴定书"，对整个项目作出总的验收鉴定，对项目动用的可靠性作出结论

整个水利水电建设项目进行竣工验收后，业主应迅速办理固定资产交付使用手续。在进行竣工验收时，已验收过的单项工程可以不再办理验收手续，但应将单项工程交工验收

证书作为最终验收的附件而加以说明。

四、竣工验收中遗留问题的处理

对于一个大型水利水电建设项目,在竣工验收时不可能什么问题都已处理干净,不留尾巴。因此,即使已达到竣工验收标准、办理了验收和移交固定资产手续的投资项目,可能还存在某些影响生产和使用的遗留问题。

根据国家关于建设项目竣工验收的有关规定,不合格的工程不予验收,对遗留问题应提出具体解决意见,限期落实完成。常见的遗留问题如下。

1. 遗留的尾工

遗留的尾工又分三种情况。

(1)属于承包合同范围内遗留的尾工,要求承包人在限定的时间内扫尾完成。

(2)属于各承包合同之外的工程少量尾工,业主可以一次或分期划给生产单位包干实施。基本建设的投资(包括贷款)仍由银行监督结转使用,但从包干投资划归生产单位起,大中型项目即从计划中销号,不再列为大中型工程收尾项目。

(3)分期建设分期投产的建设项目,前一期工程验收时遗留的少量尾工,可以在建设后一期工程时一并组织实施。

2. 协作配套问题

协作配套问题应考虑两种情况。

(1)投产后原材料、协作配套供应的物资等外部条件不落实或发生变化,验收交付使用后由业主和有关主管部门抓紧解决。

(2)由于产品成本高、价格低,或产品销路不畅,验收投产后要发生亏损的工业项目,仍应按时组织验收。交付生产后,业主应抓好经营管理,提高生产技术水平,采取增收节支等措施,解决亏损问题。

3. "三废"治理

"三废"治理工程必须严格按照规定,与主体工程同时建成交付使用。对于不符合要求的情况,验收委员会会同地方环保部门,根据"三废"危害程度予以区别对待。

(1)危害很严重的,"三废"治理未解决前不允许投料试车,否则要追究责任。

(2)危害后果不很严重,为了迅速发挥投资效益,可以同意办理固定资产移交手续,但要安排足够的投资、材料,限期完成治理工程。在限期内,环保部门根据具体情况,如果同意,可酌情减免排污费;逾期没有完成时,环保部门有权勒令停产或征收排污费。

4. 劳保安全措施

劳动保护措施必须严格按照规定,与主体工程同时建成、同时交付使用。对竣工时遗留的或试车中发现必须新增的安全、卫生保护设施,要安排投资和材料限期完成。

5. 工艺技术和设备缺陷

对于工艺技术有问题、设备有缺陷的项目,除应追究有关方的经济责任和索赔外,可根据不同情况区别对待。

(1)经过投料试车考核,证明设备性能确实达不到设计能力的项目,在索赔之后征得原批准单位同意,可在验收中根据实际情况重新核定设计能力。

(2)经主管部门审查同意,继续作为投资项目调整、攻关,以期达到预期生产能力,或另行调整用途。

五、水利水电建设项目资料的验收

水利水电建设项目资料是水利水电建设项目竣工验收和质量保证的重要依据之一，施工承包人应按合同要求，提供整套竣工验收所必需的建设项目资料，经（监理）工程师审核确认无误后，才能同意验收。

1. 水利水电建设项目竣工验收资料的内容

水利水电建设项目竣工验收资料的内容主要有以下几种。

（1）项目开工报告。

（2）项目竣工报告。

（3）分部分项工程和单位工程技术人员名单。

（4）图纸会审和设计交底记录。

（5）设计变更通知单。

（6）技术变更核实单。

（7）工程质量事故调查和处理资料。

（8）定位测量记录、沉降及位移观测记录。

（9）材料、设备、构件的质量合格证明资料。

（10）试验、检验报告。

（11）隐蔽工程验收记录及施工图纸。

（12）竣工图。

（13）质量检验评定资料。

（14）工程竣工验收及资料。

2. 水利水电建设项目竣工验收资料的审核

（监理）工程师应审核以下资料。

（1）材料、设备、构件的质量合格证明材料。

（2）试验、检验资料。

（3）隐蔽工程验收记录及施工记录。

（4）竣工图。水利水电建设项目竣工图是真实记录各种地下、地上建筑物等详细情况的技术文件，是对工程进行交工验收、维护、扩建、改建的依据，同时也是使用单位长期保存的技术资料。（监理）工程师必须根据国家有关规定，对竣工图进行审核，以考察施工承包人提交的竣工图是否符合要求。绘制竣工图的规定如下。

1）凡按图施工没有变动的，由施工承包人（包括总包单位和分包人）在原施工图上加盖"竣工图"标志后即作为竣工图。

2）凡在施工中，虽有一般性设计变更，但仍能将原施工图加以修改补充作为竣工图的，可不重新绘制，由施工承包人负责，在原施工图（必须新蓝图）上注明修改部分，并附以设计变更通知单和施工说明，加盖"竣工图"标志后，即作为竣工图。

3）凡结构形式改变、工艺改变、平面布置改变、项目改变以及有其他重大改变，不宜再在原施工图上修改补充者，应重新绘制改变后的竣工图；由于设计原因造成的由设计单位负责重新绘图，由于施工原因造成的由施工承包人负责重新绘图，由于其他原因造成的由业主自行绘图或委托设计单位绘图，施工承包人负责在新图上加盖"竣工图"标志，并附以有关记录和说明，作为竣工图。

（监理）工程师在审查竣工图时，应注意以下几点。

1）施工承包人提交的竣工图是否与实际情况相符，若有疑问，及时向施工承包人提出质询。

2）竣工图面是否整洁，字迹是否清楚，是否用圆珠笔或其他易于褪色的墨水绘制，不符合要求时，必须要求有关单位重新绘制。

3）发现竣工图不准确或短缺时，要及时通知有关单位采取措施修改和补充。

3. 水利水电建设项目竣工验收资料的签证

水利水电建设项目竣工验收资料经（监理）工程师审查，认为已符合工程承包合同及国家有关规定，而且资料准确、完整、真实，（监理）工程师便可签署同意竣工验收的意见。

第二节　水利水电工程竣工结算和决算

水电工程竣工后，要及时组织验收工作，尽快交付投产，这是水利水电工程建设程序的重要内容。施工企业要按照双方签订的工程合同，编制竣工结算书，向建设单位（通过建设银行）结算工程价款。建设单位应组织编写竣工决算报告，以便正确地核定新增固定资产价值，使工程尽早正常地投产运行。竣工结算与竣工决算是不同的概念，最明显的特征是：办理竣工结算是建设单位与施工企业之间的事，办理竣工决算是建设单位与业主（或主管部门）之间的事。竣工结算是编制竣工决算的基础。

一、水电工程竣工结算

水电工程竣工结算是整个水电工程项目或单项工程竣工验收后，施工单位向建设单位结算工程价款的过程，通常通过编制竣工结算书来办理。

水电工程竣工结算是指承包人完成合同内工程的施工并通过了交工验收后，所提交的竣工结算书经过业主和（监理）工程师审查签证，送交当地建设银行或地方水电工程预算审查部门审查签认，然后由建设银行办理拨付工程价款手续的过程。因此，竣工结算是施工单位确定工程建筑安装施工产值和实物工程完成情况的依据，是建设单位落实投资额、拟付工程价款的依据，是施工单位确定工程的最终收入、进行经济核算及考核工程成本的依据。

1. 竣工结算的依据

（1）工程竣工报告及工程竣工验收单。

（2）施工单位与建设单位签订的工程合同或双方协议书。

（3）施工图纸、设计变更通知书、现场变更签证及现场记录。

（4）预算定额、材料价格，基础单价及其他费用标准。

（5）施工图预算、施工预算。

（6）其他有关资料。

2. 竣工结算管理程序

(1) 接到承包人提交的竣工结算书后，业主应以单位工程为基础，对承包合同内规定的施工内容进行检查与核对，包括工程项目、工程量、单价取费和计算结果等。

(2) 核查合同工程的执行情况，包括以下几方面内容。

1) 开工前准备工作的费用是否准确。

2) 土石方工程与基础处理有无漏算或多算。

3) 钢筋混凝土工程中的含钢量是否按规定进行了调整。

4) 加工订货的项目、规格、数量、单价等与实际安装的规格、数量、单价是否相符。

5) 特殊工程中使用的特殊材料的单价有无变化。

6) 工程施工变更记录与合同价格的调整是否相符。

7) 实际施工中有无与施工图要求不符的项目。

8) 单项工程综合结算书与单位工程结算书是否相符。

(3) 对核查过程中发现的不符合合同规定情况，如多算、漏算或计算错误等，均应予以调整。

(4) 将批准的工程竣工结算书送交有关部门审查。

(5) 工程竣工结算书经过确认后，办理工程价款的最终结算拨款手续。

3. 竣工结算书的编制

竣工结算书的编制内容、项目划分与施工图预算基本相同。其编制步骤为如下。

(1) 以单位工程为基础，根据现场施工情况，对施工图预算的主要内容逐项检查和核对，尤其应注意以下三方面的核对。

1) 施工图预算所列工程量与实际完成工程量不符合时应作调整，其中包括设计修改和增漏项目需要增减的工程量，应根据设计修改通知单进行调整现场工程的更改，例如基础开挖后遇到古墓，施工方法发生某些变更等，应根据现场记录按合同规定调整；施工图预算发生的某些错误，应作调整。

2) 材料预算价格与实际价格不符时应作调整。其中包括因材料供应或其他原因，发生材料短缺时，需以大代小，以优代劣，这部分代用材料应根据工程材料代用通知单计算材料代用价差进行调整，材料价格发生较大变动而与预算价格不符时，应根据当地规定，对允许调整的进行调整。

3) 间接费和其他费用，应根据工程量的变化作相应的调整。由于管理不善或其他原因，造成窝工，浪费等所发生的费用，应根据有关规定，由承担责任的一方负担，一般不由工程费开支。

(2) 对单位工程增减预算查对核实后，按单位工程归口。

(3) 对各单位工程结算分别按单项工程进行汇总，编出单项工程综合结算书。

(4) 将各单项工程综合结算书汇编成整个建设项目的竣工结算书。

(5) 编写竣工结算说明，其中包括编制依据、编制范围及其他情况。

工程竣工结算书编好之后，送业主（或主管部门）、建设单位等审查批准，并与建设单位办理工程价款的结算。

二、水电工程竣工决算

水电工程竣工决算是指所有建设项目竣工后，业主按照国家有关规定编制的竣工决算报告。竣工决算是综合反映竣工项目建设成果和财务情况的总结性文件，是办理交付使用的依据，也是竣工验收报告的重要组成部分。水利水电建设项目完建后，在竣工验收前，应该及时办理竣工决算，大中型项目必须在 6 个月内，小型项目必须在 3 个月内编制完毕上报。

水电工程竣工决算应包括项目从筹建到竣工验收投产的全部实际支出费，即建筑工程费、设备及安装工程费和其他费用，它是考核竣工项目概预算与基建计划执行情况以及分析投资效益的依据，是总结财务管理的依据，也是办理移交新增固定资产和流动资产价值的依据，对于总结水利水电工程建设经验，降低建设成本，提高投资效益具有重要的价值。竣工决算报告依据 SL19—90《水利工程基本建设项目竣工决算报告编制规程》编制，对于大中型水力发电工程依据电力系统的规定执行。

1. 做好编制竣工决算前的工作

(1) 做好竣工验收的准备工作。竣工验收是对竣工项目的全面考核，在竣工验收前，要准备整理好技术经济资料，分类立卷以便验收时交付使用。单项工程已按设计要求建成时，可以实行单项验收；整个项目建成并符合验收标准时，可按整个建设项目组织全面验收准备工作。

(2) 要认真做好各项账务、物资及债权债务的清理工作，做到工完场清、工完账清。要核实从开工到竣工整个拨、贷款总额，核实各项收支，核实盘点各种设备、材料、机具，做好现场剩余材料的回收工作，核实各种债权债务，及时办理各项清偿工作。

(3) 要正确编制年度财务决算。只有在做好上述工作的基础上，才能进行整个项目的竣工决算编制工作。

2. 竣工决算编制的内容

(1) 竣工决算报告。组成竣工决算报告的内容如下。

1) 竣工决算报告的封面及目录。

2) 竣工工程的平面示意图及主体工程照片。

3) 竣工决算报告说明书。

4) 全套竣工决算报告表格。

(2) 竣工决算报告说明书。竣工决算报告说明书是总括反映竣工工程建设成果，全面考核分析工程投资与造价的书面文件，是竣工决算报告的重要组成部分，其主要内容包括以下几方面。

1) 工程概况。包括工程一般情况、建设工程、设计效益、主体建筑物特征及主要设备的特性、工程质量等。

2) 概预算与工程计划执行情况。包括概预算批复及调整情况，概预算执行情况，工程计划执行情况，主要实物工程量完成、变动情况及原因。

3) 投资来源：包括投资主体、投资性质及投资构成分析。

4) 投资使用和基建支出情况。

5) 工程效益：包括因工程建设发生的直接效益和可预见的间接效益。

6）投资包干和招标投标的执行情况及分析。

7）包干结余资金分配情况。

8）工程费用分配情况和投资分摊情况。

9）交付使用财产情况。

10）移民及库区淹没处理情况。

11）财务管理情况。

12）存在的主要问题及处理意见。

13）其他有关说明。

（3）竣工决算报告表格。按现行规定，竣工决算全部表格共20种，第一部分竣工工程概况表为专用表，由建设单位根据工程的不同性质和特点选用，其余部分各表为通用表。各部分表格名称如下。

1）竣工工程概况表。该类表综合反映工程新增固定资产、生产能力、建设成本及主要技术经济指标，应根据设计概预算文件、基本建设计划和实际执行结果填列。

2）竣工工程决算表。该类表反映竣工建设项目的投资、造价，并考核概预算及投资包干情况。

3）移交资产、投资及工程表。该类表反映建设单位移交给管理单位和其他单位的固定资产、流动资产、投资及转出工程、投资及未完工程等。

4）竣工工程财务决算表。该类表反映了水利水电建设项目历年基本建设投资来源、投资支出、结余资金及大型临时建筑工程回收等综合财务情况。

竣工决算编制好后，要报业主（或上级主管部门）审查，同时抄送设计单位和开户建设银行，大、中型水利水电建设项目的竣工决算，还应抄送主管部、财政部和有关省、自治区、直辖市财政部门。

3. 竣工决算的审查

一般由建设主管部门会同建设银行对业主提交的竣工决算进行会审。重点审查以下内容。

（1）根据批准的设计文件，审查有无计划外的工程项目。

（2）根据批准的概（预）算或包干指标，审查建设成本是否超标，并查明超标原因。

（3）根据财务制度，审查各项费用开支是否符合规定，有无乱挤建设成本、扩大开支范围和提高开支标准的问题。

（4）报废工程和应核销的其他支出中，各项损失是否经过有关机构的审批同意。

（5）历年建设资金投入和结余资金是否真实准确。

（6）审查和分析投资效果。

第三节　水利水电工程保修与回访

一、工程保修

水电工程竣工验收后，虽然通过了交工前的各种检验，但仍可能存在质量问题或隐患，直到使用过程中才能逐步暴露出来。例如建筑物、构筑物的基础是否产生超过规定的不均匀沉降等，均需要在使用过程中检查和观测。实行水电建设项目保修制度，是施工承包人对水电建设项目正常发挥其功能负责的具体体现。（监理）工程师应督促施工承包人，做好水电建设项目的保修工作。

按照我国《建设工程质量管理条例》规定，施工承包人在向业主提交工程竣工验收报告时，应当向业主出具质量保修书。质量保修书中应当明确建设工程的保修范围、保修期限和保修责任等。

（一）保修期限

按照我国《建设工程质量管理条例》规定，在正常使用条件下，建设工程的保修期限为：基础设施工程、房屋建筑的地基基础工程和主体结构工程，为设计文件规定的该工程的合理使用年限。

（1）屋面防水工程、有防水要求的卫生间、房间和外墙面的防渗漏，为5年。

（2）供热与供冷系统，为两个采暖期、供冷期。

（3）电气管线、给排水管道、设备安装和装修工程，为2年。

其他项目的保修期限由发包人和承包人约定。

建设工程在超过合理使用年限后仍需要继续使用的，产权所有人应当委托具有相应资质等级的勘察、设计单位鉴定，并根据鉴定结果采取加固、维修等措施，重新界定使用期。

（二）保修做法

1. 发送保修证书

在水利水电建设项目竣工验收的同时，由施工承包人向业主单位发送"工程质量保修证书"。保修证书的主要内容包括工程简况、工程使用管理要求、保修范围和内容、保修时间、保修说明、保修情况记录。此外，保修证书还附有保修单位（即施工承包人）的名称、详细地址、电话、联系接待部门（如科、室）和联系人，以便于与业主单位联系。

2. 要求检查和修理

在保修期内，业主单位或使用单位发现工程使用功能不良，且是由于施工质量而影响使用的，可以用口头或书面方式通知施工承包人的有关保修部门，说明情况，要求派人前往检查修理。施工承包人自接到保修通知书之日起，必须在两周内到达现场，与业主单位共同明确责任方，商议返修内容。属于施工承包人责任的，如施工承包人未能按期到达现场，业主单位应再次通知施工承包人。施工承包人自接到再次通知书起的一周内仍不能到达时，业主单位有权自行返修，所发生的费用由原施工承包人承担。不属于施工承包人责任的，业主单位应与施工承包人联系，商议维修的具体期限。

3. 验收

在发生问题的部位或项目修理完毕以后，要在质量保修证书的"保修记录"栏内做好记录，并经业主单位验收签字，以表示修理工作完结。

（三）维修的经济责任

（1）施工承包人未按国家有关规范、标准和设计要求施工，造成的质量缺陷，由施工承包人负责返修并承担经济责任。

（2）由于设计方面造成的质量缺陷，由设计单位承担经济责任，由施工承包人负责维修，其费用按有关规定通过业主单位向设计单位索赔，不足部分由业主单位负责。

（3）因建筑材料、构配件和设备质量不合格引起的质量缺陷，属于施工承包人采购的或经其验收同意的，由施工承包人承担经济责任；属于业主单位采购的，由业主单位承担经济责任。

（4）因使用单位使用不当造成的质量缺陷，由使用单位自行负责。

（5）因地震、洪水、台风等不可抗拒原因造成的质量问题，施工承包人、设计单位不承担经济责任。

二、工程回访

在工程保修期内，施工承包人应对使用单位进行回访。通过回访，可以听取和了解使用单位对建设项目施工质量的评价和改进意见，维护自己的信誉，不断提高自己的管理水平。

（一）回访的方式

回访的方式一般有以下三种。

1. 季节性回访

大多数是雨季回访屋面、墙面的防水情况，冬季回访锅炉房及采暖系统的情况。如发现问题，采取有效措施，及时加以解决。

2. 技术性的回访

主要了解在工程施工过程中所采用的新材料、新技术、新工艺、新设备等的技术性能和使用后的效果，发现问题及时加以补救和解决。同时，也便于总结经验，获取科学依据，不断改进与完善，并为进一步推广创造条件。这种回访既可定期进行，也可以不定期进行。

3. 保修期满前的回访

这种回访一般是在保修期即将届满之前，既可以解决出现的问题，又标志着保修期即将结束，使业主单位注意建筑物的维修和利用。

（二）回访的方法

应由施工承包人的领导组织生产、技术、质量（也可以包括合同、预算）等有关方面的人员进行回访，必要时还可以邀请科研方面的人员参加。回访时，由业主单位组织座谈会或意见听取会，并察看建筑物和设备的运转情况等。回访必须认真，必须解决问题，并应该作回访记录，必要时应写出回访纪要。

第十一章　水利水电建设项目文档管理

一、文档管理的意义

水利水电建设项目技术文档资料，是在水利水电建设项目规划和实施过程中直接形成的、具有保存价值的文字、图表、数据等各种历史资料的记载，它是建设工程开展规划、勘测、设计、施工、管理、运行、维护、科研、抗灾、战略等不同工作的重要依据。

水利水电建设项目技术文档资料应按完整化、准确化、规范化、标准化、系统化的要求整理编制，包括各种技术文件资料和竣工图纸，以及政府规定办理的各种报批文件。编制好技术文档是各工程管理部门、建设项目业主单位、监理单位、施工单位、设计单位等的共同责任。

技术文档资料的编制整理一开始就应与建设项目同步进行，竣工资料的积累、整编、审定等工作与施工进度均应同步进行。在大中型水利水电建设项目竣工验收时，施工单位要提交一套合格的档案资料及完整的竣工图纸，并作为竣工验收的条件之一，为今后建设项目维修、管理、改建提供依据。

二、文档的管理范围和要求

1. 水利水电建设项目技术文档的范围

（1）建设项目（工程）范围：立项、可行性研究报告、设计、施工、质检、监理、竣工验收、试运行等。

（2）建设项目有特殊要求的，有关工程特点、规模和工程建设实施过程的文件资料等。

2. 水利水电建设项目技术文档的管理要求

（1）建设项目技术文档必须完整、准确、系统，并做到图面整洁、装订整齐、签字手续完备，图片、照片等要附情况说明。

（2）建设项目前期工作，如勘测、设计、科研等资料，应依据合同向业主单位提供成果和资料。

（3）竣工图应反映实际情况，必须做到图物相符，做好施工记录、检测记录、交接验收记录，签证加盖竣工图章。

（4）建设项目施工过程中的图片、照片、录音、录像等材料，以及建设项目施工过程中的重大事件、事故等，应有完整的文字说明。同时，要详细地填写档案资料情况登记表，见表11-1。

表 11-1 建设项目档案资料管理情况登记表

项目名称				
建设单位				
管理单位				
主要设计单位				
主要施工单位				
主要设备安装单位				
主要监理单位				
批准概算总投资		万元	计划工期: 年 月～ 年 月	

项目档案资料管理情况（建设单位/管理单位）

档案资料管理部门名称				
负责人			隶属部门	
联系地址				
电话			邮编	
库房面积	m²		档案工作其他用房面积	m²
设备	档案相架（套或组）	计算机（台）	复印机（台）	空调机（台）	其他设备
现有档案资料数量	档案正本数（卷或册）	资料数（卷或册）		图纸数（卷或册）	

建设单位负责人：	管理单位负责人：
（公章） 年 月 日	（公章） 年 月 日

注 此表应于项目开工后 6 个月内报送上级主管单位的档案部门，所有未验收的项目，每年 12 月 30 日前均需再次填报。

三、技术文档管理的内容

水利水电建设项目（工程）竣工时，应将工程来往批件、技术资料和施工图纸整理完好归档，其内容由八部分组成，包括建设项目申请立项、上报批复文件、施工技术资料、设备材料、财务器材、运行技术准备、科研项目及建设项目涉外文件等，见表 11-2。

表 11-2 建设项目（工程）文档材料

类别	序号	文 件 材 料 名 称	保存期限	保管期限		
				建设单位	施工单位	设计单位
建设项目文件	1	建设项目计划书等重要文件： （1）项目立项书、可行性研究报告及批复等立项依据文件； （2）项目评估、环境预测、调查报告； （3）计划任务书及批复； （4）会议记录、领导讲话、专家意见等文件； （5）有关部门审查意见及批准意见： 1）规划、环保、消防、卫生、人防、抗震等文件； 2）水、暖、电、煤气、通信等协议书	长期	永久		

续表

类别	序号	文件材料名称	保存期限	保管期限		
				建设单位	施工单位	设计单位
建设项目文件	2	建设项目用地、征地、拆迁等文件： (1) 建设项目选址报告及土地规划部门批复文件； (2) 建设用地许可证及用地地形图； (3) 移民规划安置等方面文件及拆迁协议书、补偿协议书； (4) 承发包合同及协议书； (5) 施工执照、开工许可证； (6) 重要的协调会与有关专业文件； (7) 工程建设大事记		永久		
	3	勘测、测绘、设计、招投标文件： (1) 工程地质、水文地质、地质图； (2) 红线桩位置及测量成果报告； (3) 勘察设计、勘察报告、记录、化验、试验报告； (4) 重要岩石、土样及有关证明； (5) 地形地貌、控制点、建筑物、构筑物及重要设备、安装测量定位、观测记录； (6) 水文、气象、地震等设计基础资料； (7) 工程招投标文件及有关合同（设计、施工、监理等）； (8) 工程照片、声像等材料	长期	永久	●	永久
	4	设计文件： (1) 初步设计和技术设计； (2) 设计评价、鉴定及审批材料； (3) 施工图设计和设计计算、技术秘密材料、专利文件； (4) 关键技术试验； (5) 总体规划设计、方案设计、扩建设计		永久		永久
	5	工程概算、预算、决算： (1) 工程概算书； (2) 施工预算书； (3) 工程竣工决算； (4) 固定资产清单及明细表	长期	长期		
	6	工程监理文件： (1) 工程监理合同； (2) 工程监理规划及实施细则	短期			
	7	工程施工总结： (1) 综合性概述： 1) 建设项目立项、可行性研究报告、预决算等； 2) 施工招投标、监理情况； 3) "三通一平"情况。 (2) 设计施工等情况、主要技术措施； (3) 工程进度、质量、经验教训等	短期			

类别	序号	文件材料名称	保存期限	保管期限 建设单位	施工单位	设计单位
工程技术文件	1	施工文件： （1）建设工程规划许可证； （2）建设工程开工许可证	长期	长期	●	
	2	施工组织设计、技术交底： （1）工程开工报告及工程技术要求、技术交底、图纸会审纪要； （2）施工组织设计及施工计划、方案、工艺、措施	短期		●	●
	3	图纸会审、设计变更洽商记录： （1）设计变更、工程更改洽商单、通知单； （2）图纸会审记录（工程技术交底）	长期	长期	●	●
	4	原材料试验报告、定位测量等： （1）原材料、构配件出厂证明及施工现场复检质量鉴定报告； （2）建筑材料试验报告； （3）材料、零部件、设备代用审批单； （4）岩土试验报告、基础处理、基础工程施工图； （5）地质描述图及有关说明	长期	长期	●	
	5	设备试验报告记录： （1）设备管线焊接、管线强度、密闭性能试验报告及施工检验探伤记录； （2）设备管线安装记录、质量检查评定； （3）设备和管线测试、性能测试及校核； （4）管线清洗、通水消毒记录； （5）设备装置交接记录、电器、仪表操作联动试验； （6）单元、分部、单位工程质量检查、评定材料； （7）施工大事记、来往函件； （8）竣工验收记录、施工总结、技术总结； （9）竣工报告（验收报告）	长期	长期	●	
	6	预检记录： （1）土建施工定位测量、地基允许承载力复查报告； （2）管线标高、位置、坡度测量记录		长期	●	
	7	隐检记录： （1）水工建筑物测试及沉陷、位移变形等观测记录； （2）隐蔽工程验收记录； （3）防水工程验收记录		长期	●	
	8	工程质量事故处理记录： （1）工程事故处理报告； （2）重大缺陷处理和处理后的检查报告； （3）记载施工重要阶段、过程和重大事故现场的声像材料及有关文字说明		长期	●	

续表

类别	序号	文件材料名称	保存期限	保管期限		
				建设单位	施工单位	设计单位
建设项目竣工文件	1	竣工文件： （1）建设项目竣工验收申请、批复等； （2）建设项目验收会议文件及有关材料； （3）建设项目现场声像材料	长期	长期	●	●
	2	施工技术资料： （1）建设项目竣工图（工程建设总平面布置图、管网综合图、大型设备基础图）； （2）电气平面布置图、剖面图、系统图及设计说明； （3）水暖平面图、剖面图、管线系统图及设计说明； （4）设备安装施工图及说明书； （5）建设项目质量评审材料； （6）建设项目设计总说明书； （7）建设项目竣工验收委员会（小组）会议记录及鉴定书	长期	长期	●	●
	3	决算、审计： （1）建设项目财务决算； （2）建设项目审计结论	长期	长期		
建设项目设备材料	1	记录、检查、合格证： （1）规程、路线、试验、技术总结； （2）产品检验、包装、工艺图、检测记录； （3）设备、材料出厂合格证； （4）设备材料装箱单、开箱记录、工具单、备品备件等； （5）设备图纸、说明书； （6）设备测绘、验收记录及安装测试、测定数据、性能鉴定		短期		
财务器材文件	1	财务器材： （1）建设项目年度财务计划； （2）建设项目概算、预算、决算； （3）固定资产清单及交接凭证； （4）主要消耗材料、器材移交清单	长期	长期		
运行技术准备	1	运行技术准备： （1）技术准备计划； （2）技术培训材料				
	2	试运行： （1）试运行管理、技术责任制； （2）开停车方案及试车、验收、运转、维护记录； （3）试运行质量鉴定报告； （4）安全操作规程、事故分析报告； （5）运行记录				

类别	序号	文件材料名称	保存期限	保 管 期 限		
				建设单位	施工单位	设计单位
建设项目	1	科研计划： (1) 立题报告、任务书、批准书； (2) 研究项目协议书、合同书、委托书； (3) 研究项目方案、计划、调研报告	长期	长期		
科研项目	1	试验、分析、计算： (1) 实验记录、图表、照片； (2) 实验分析、计算与整理数据及阶段报告，科研报告、技术鉴定材料； (3) 实验装置及特殊设备的图纸、工艺技术规范说明书等； (4) 实验成果申报、鉴定、审批及推广应用材料； (5) 有关考察报告	长期	长期		
建设项目涉外文件	1	项目涉外有关文件： (1) 建设项目询价、报价、谈判记录； (2) 建设项目谈判协议书、合同书及合同附件； (3) 建设项目谈判中，外商提供给我方的有关材料； (4) 出国考察报告		永久		
	2	项目涉外有关技术问题： (1) 建设项目中的技术来往函件； (2) 建设项目中的国外各设计阶段文件、审查、议定书； (3) 建设项目中的国外设备材料及设计联络； (4) 建设项目中的国外引进设备图纸、说明书； (5) 建设项目中的国外设备储存、运输、开箱检验记录、商检及索赔； (6) 建设项目中的国外设备、材料的防腐、保护措施； (7) 建设项目中的外国技术人员现场提供的有关文件材料及有关技术标准		永久		

- 设计单位、施工单位是否保存文件，可视其需要决定。

第三篇　水利水电建设项目评估

第十二章　水利水电建设项目评估

第一节　概　述

项目评估处于水利水电建设项目前期工作的关键阶段，是银行参与水电项目投资决策的一项重要工作。它既是银行贷款决策的依据，又会对项目主办者作出投资决策产生重大影响。

项目评估是在可行性研究的基础上，根据有关政策、法律法规、方法与参数，从项目（或企业）及国家的角度出发，由贷款银行或有关机构对拟建投资项目的规划方案进行全面的技术经济论证和再评价，以判断项目方案的优劣和可行与否。项目评估的结论是水电项目投资决策的重要依据。

一、水利水电建设项目评估的内容

因为项目评估的对象是可行性研究报告，所以评估的内容与可行性研究的内容基本一致。为了使投资决策的依据较为充分，水利水电建设项目评估主要从建设必要性、生产建设条件、财务效益、国民经济效益和社会效益五个方面对项目进行全面的技术经济论证。

1. 项目建设必要性评估

项目建设必要性评估是分析水利水电建设项目是否具备项目设立的前提条件，只有当前提条件基本具备时，项目的设立才具有真实的意义。水利水电建设必要性评估涉及以下具体内容。

（1）企业（或项目）概况及其发展目标。对于纯粹的新设项目，只需说明推出项目的背景，对于由现有企业开发的项目，则需要同时说明企业的概况和提出项目的原因。这类背景资料包括项目发起者的身份、财务状况、企业的经营现状、组织机构及其运作模式，目前的技术水平、资信程度；项目的服务目标及其对企业的影响；项目大致的坐落位置、

未来所在地的地理条件、基础设施条件、一般的人文社会条件等。

（2）与项目有关的政府政策、法律法规和规章制度。无论提出什么样的项目设想，都应注意与政府政策的协调统一。有关的政策包括政府的产业政策、国民经济发展的中长期规划和区域经济发展规划等，努力使项目的开发目标与政府的经济发展目标相吻合，这是项目成立的首要前提。此外，了解与项目有关的法律法规和规章制度，是明确项目存在的外界条件，任何违反现有法律体系和制度的项目，即使勉强成立也无法长久地存在下去。

（3）项目的市场需求分析和生产规模分析。项目的市场分析应在市场调查的基础上，就项目产品（或服务）供需双方的现状进行全面的描述，并在预测市场整体未来发展变化趋势的基础上，结合项目自身的竞争能力，确定项目合理的生产规模。

2. 项目生产建设条件评估

项目生产建设条件评估是分析水利水电建设项目的建设施工条件和生产经营条件能否满足项目实施的需要，即论证项目的存在是否可能，一般包括以下内容。

（1）项目可利用资源的供应条件。这里仅指各类投入物，包括能源、原材料、公用设施和基础设施等。应说明资源的供应地、可能的供应商、可选择的供应方式、可持续的供应数量及供应价格、国内外可能的替代品等。

（2）项目的总体设计及生产技术的选择。在项目场址选择的基础上，说明项目的总体布局与施工范围、土建工程内容和工程量；结合国内外技术发展现状和国内经济发展水平，选择适合项目要求的生产工艺和制造设备。

（3）实施项目的组织机构。组织机构的评估是项目实施的制度保障，不同性质的项目，其组织机构形式也不尽相同，应结合项目特点选择适合项目高效运行的组织机构形式。同时应说明与所选组织机构相适应的管理模式和管理制度。

3. 项目技术、工程工艺评估

（1）分析项目建设即本方案是否合理、配套，是否协调一致，是否有利于效率的提高和能源的节约。

（2）分析项目所用工艺、技术、设备是否先进、经济合理、实用适用。具体表现为是否属于明文规定淘汰或禁止使用的技术、工艺、生产能力；是否有利于科技进步、能源节约、效率提高；是否有利于产品的质量升级换代。

4. 项目财务效益评估

项目财务效益评估是从水利水电建设项目（或企业）的角度出发，以现行价格为基础，根据收集、整理与估算的基础财务数据，分析比较项目在整个寿命期内的成本和收益，以此判断项目在财务方面的可行性。项目财务效益评估包括以下内容。

（1）基础财务数据资料的收集、分析整理和测算。根据相关项目或企业自身的经营历史，测算项目建设和经营所需的投入以及可能获得的产出，构建各类基本财务分析报表。

（2）基本经济指标的测算与评估。根据预测的财务报表计算相关经济指标，并就项目的盈利能力、偿债能力作出说明。

（3）不确定性分析。为了弥补由于主、客观原因造成的预测数据与实际情况的偏差，增强项目的抗风险能力，找到合理的应变措施，需要就项目面临的不确定因素进行分析。

5．不确定性分析（项目风险评估）

由于水利水电建设项目投资所需资金多，时间长，这样就增加了项目未来的不确定性因素，即风险因素。一般通过对项目的盈亏平衡分析、敏感性分析、概率分析、决策数分析来评估投资项目的抗风险能力。

6．项目国民经济效益评估

项目国民经济效益评估是从国民经济全局的角度出发，以影子价格为基础，分析比较国民经济为项目建设和经营付出的全部代价和项目为国民经济作出的全部贡献，以此判断项目建设对国民经济的合理性。

7．项目社会效益评估

项目社会效益评估更多的是从促进社会进步的角度出发，分析项目为实现国家和地方的各项社会发展目标所作的贡献和产生的影响，以及项目与社会的相互适应程度。

8．项目总评估

项目总评估是在以上各项评估的基础上，加以总结分析归纳，得出总的结论，写出评估报告，提出项目评估的意见与建议。

二、水利水电建设项目评估的程序

水利水电建设项目评估一般应经历以下程序。

1．准备

开展项目评估的有关机构，如贷款银行或中介咨询机构，在明确项目评估的任务以后，应开始准备组织人员，了解与项目有关的背景情况。

2．成立评估小组

根据项目的性质成立项目评估小组或评审专家组，确定项目负责人，就评估的内容配备恰当的专业人员，明确各自的分工。一般地，评估小组中应包括相关的工程技术专家、市场分析专家、财务分析专家及经济分析专家；如果需要的话，还可配备法律专家、环境问题专家、社会问题专家等。评估小组的成员可以完全来自机构内部，但为了评审结论的科学、可靠和全面，更应重视从机构外部寻求专家，尽量使评估小组的每一个成员都是各自领域的权威人士，或至少是专业人士。

3．制定工作计划

成立评估工作小组以后，应根据评估工作的目标制定工作计划，包括每一项任务的人员配备、应达到的目的、总的工作进度计划和分项任务的工作进度计划，以保证评估工作的进程符合决策方的要求。

4．开展调查、收集并整理有关资料

尽管在评估的对象即可行性研究报告中已经提交了相关的文件资料，但是，为了保证评估结论的真实、可靠，还应该对所提交的资料进行核实审查。在评估过程中，开展独立的调查工作是必不可少的，通过调查收集与项目有关的文件资料，以保证资料来源的可靠和合法。对不符合要求的资料，应进行修订和补充，以形成系统、科学的文件资料。

5．审查评估

根据获得的文件资料，按照项目评估的内容对项目进行全面的技术经济论证。在论证过程中，如果发现有关资料不够完备，应进一步查证核实。

6. 编写评估报告

在完成分析论证的基础上，评估小组应编写出对拟建项目可行性研究报告的评估报告，提出总结性意见，推荐合理的投资方案，对项目实施可能存在的问题，提出合理的建议。

7. 报送评估报告并归档

评估小组作为决策的参谋或顾问，在完成评估报告以后，需将评估报告提交决策当局，作为决策者制定最终决策的依据，同时，应将评估报告归入评估机构内部的项目档案，供以后开展类似项目的评估时参考，以不断提高评估工作的质量。

三、水利水电建设项目评估应遵循的基本原则

为了保证评估工作的质量，在对水利水电建设项目开展评估时严格遵守以下基本原则。

1. 科学性原则

评估结论的可靠与否，首先取决于评估方法和指标体系的科学与否，不恰当的方法和指标会导致不合理甚至与实际完全相反的结论。随着对水利水电建设项目评估理论研究的不断深入，一些新的方法和指标可能会替代原有的方法和指标；同时，项目的性质不同，在评估方法和指标体系方面也会有一定的差异，这要求在评估方法和指标体系的选择上应力求科学合理。

2. 客观性原则

尽管项目评估的对象是拟建水利水电项目，但项目能否成立却不能由人们的主观意识来决定，必须从实际的物质环境、社会环境、经济发展水平、文化传统、民族习俗等条件出发，实事求是地分析项目成立的可能性。任何违背客观实际的项目最终将失去根本的基础，甚至会对社会造成不可逆转的负面影响。

3. 公正性原则

评估人员的立场对评估结论有相当的影响，为了防止结论的偏差，评估人员应尽可能采取公正的立场，尤其应避免在论证开始以前就产生趋向性意见，更不能持法律禁止的立场开展评估工作。

4. 面向需求的原则

任何项目的产生必须源于社会的需求，不符合需求的项目没有生命力。许多事实证明，投入使用后运行不佳的项目往往就是因为失去了社会的需求，项目提供的产品（或服务）成为经济生活中的剩余物，项目自身成为资不抵债的破产户。

5. 投入与产出相匹配的原则

尽管项目在追求投资效益时，会以尽可能低的投入获得尽可能高的回报，但是项目功能的实现，必须要有配套的投资，过分地要求利润最大化将导致对项目辅助投入的忽视，使项目的主要功能无法完全实现，而今后不得已的追加投资只能收到事倍功半的效果。因此，项目的投入必须符合产出的要求。

6. 资金时间价值的原则

资金的使用会随着时间的转移产生不同的价值，投资者对投资的回报都有一定的预期，项目能否在回报投资的同时实现自我增值，是任何项目评估关注的核心问题，对资金的动态考察是明确项目投资回报和经营业绩的重要途径。

四、项目评估与可行性研究的关系

项目评估和可行性研究都属于投资前期决策工作的组成部分，两者之间存在着一定的共性；同时两者由于分属不同的管理周期，它们又存在着一定的差异。

1. 项目评估与可行性研究的共同点

(1) 处于项目管理周期的同一时期。两者都是在决策时期对项目进行技术经济的论证和评价，作为投资决策的重要工作内容，它们的结论对项目的命运有决定性的作用，直接影响项目投资的成败。

(2) 目的一致。项目评估和可行性研究工作的目的都是为了提高决策的科学化、民主化和规范化水平，减少投资风险，避免决策失误，提高投资效益。

(3) 基本原理、方法和内容相同。两者都是采用国家统一的、规范化的评价方法和经济参数、技术标准等，对项目进行全面的技术经济论证分析，通过统一的评价指标体系，评判项目是否可行。分析的内容都包括项目的建设必要性、生产建设条件、财务效益、国民经济效益和社会效益等。

2. 项目评估与可行性研究的区别

(1) 服务的主体不同。项目评估是贷款银行或金融机构为了筛选贷款对象而开展的工作，可行性研究则是项目业主或发起人为了确定投资方案而进行的工作。尽管两者都可以委托中介咨询机构进行，但所代表的行为主体不同，要为不同主体的不同发展目标服务。

(2) 研究的侧重点不同。项目评估的服务主体是提供贷款的机构，所以它侧重于项目的经济效益和偿债能力分析；可行性研究的服务主体是业主，因此它更加侧重项目的建设必要性和生产建设条件分析。

(3) 所起的作用不同。项目评估是金融机构的贷款决策依据，可行性研究是项目发起人或业主的投资决策依据，因为两种决策不能相互替代，所以两种分析也不能相互替代。

(4) 工作的时间不同。按照项目管理的程序，可行性研究在前，项目评估在后，可行性研究报告是项目评估的对象和基础，两者顺序不能颠倒。

第二节　水利水电建设项目经济评估概述

水利水电建设项目经济评估，主要是指在水利水电建设项目决策阶段的可行性研究和评估中，采用现代经济分析方法，对拟建项目计算期（建设期和生产经营期）内投入产出的诸多经济因素进行调查、预测、研究、计算和论证，比较、选择和推荐最佳方案的过程。经济评估是在完成一项技术方案或同一经济目标后，对所取得的劳动成果与劳动消耗的比较的评价。它的评估结论是项目决策的重要依据。经济评估是项目可行性研究和评估的核心内容，其目的是力求在允许的条件下，使投资项目获得最佳的经济效益。

一、财务效益评估和国民经济评估概述

一项水利水电建设工程在经济上是否可行，取决于该项工程所需的费用和所能得到的效益。从不同的角度去评价一个项目，会得出完全不同的结论。例如，在一个水资源短缺的河道上修建拦河大坝，从大坝的受益地区的角度去评价，它可能是可行的，但从河道下游地区来看，由于减少了水资源的供应量，因而未必可行。因此，尽管是同一个项目，从不同角度进行评价，得出的结论完全不同。

根据评估角度来划分，建设项目的经济评估可分为国民经济评估和财务效益评估。

国民经济评估是从国家整体的角度出发，用影子价格等经济评价参数，分析计算项目需要国家付出的代价和对国家的贡献，考察投资行为的经济合理性和宏观可行性。一般情况下，应以国民经济评估结论作为项目取舍的主要依据。而财务评估只是从项目投资者的角度来评估项目的经济合理性。国民经济评估所考察的目标是国民收入，凡是增加国民收入的，都视为项目的效益，凡是减少国民收入的，都视为项目的费用。

财务效益评估是指从项目或企业的财务角度出发，所考察是企业或投资者的净收入，根据国家现行财税制度和价格体系，分析、预测项目投入的费用和产出的效益，考察项目的财务盈利能力、清偿能力以及财务外汇平衡等状况，据以判断建设项目的财务可行性。凡是增加投资者（或项目）净收入的都视为效益，凡是减少投资者（或项目）净收入的都视为费用。因此，国民经济评估中把整个国民经济作为一个大系统，把项目放在这个大系统中去考察；而财务评估只考察项目本身。

国民经济评估立足点高、视野广，不仅考察项目取得的内部效果，对于项目区的外部效果也要考察。例如，环境污染等，企业有时有法律依据时可以逃避，而无需支付任何费用，国家则必须考虑为此付出的代价，因而要作为费用计入；又如，水库和渠道方便了农村生活用水，企业或管理单位在没有依据时不能收费，因而不能作为效益计算，而国家由于减少了生活供水投资，应计其为效益。

二、财务效益评估与国民经济评估的共同点

（1）它们都是经济评估，都要寻求以最小的投入获得最大的产出。

（2）都用货币作为统一的尺度，也考虑货币的时间因素。

（3）都采用现金流量分析方法，通过编制基本报表计算净现值、内部收益率等指标。

（4）都是在完成产品需求预测、厂址选择、工艺技术路线和技术方案论证、投资估算和资金筹措等基础上进行的。

三、财务效益评估与国民经济评估的不同点

（1）评估角度不同。

（2）项目费用、效益的含义和范围划分不同（见表12-1）。

表 12-1　　　　国民经济评估与财务效益评估的主要区别

项　目	国民经济评估	财务效益评估
目的出发点	提高投资效果、实现资源最优配置 国民收入	企业生存、盈利能力 企业盈利
外部效益、费用 税收、补贴等转移收付 折旧 贷款和归还	计入 不计 不计 不计	不计 计入 计入 计入
价格 折现率 汇率	影子价格 社会折现率 影子汇率	财务价格 行业基准收益率 官方汇率

续表

项　目	国民经济评估	财务效益评估
评价标准	净现值、效益费用比、内部收益率	净现值、效益费用比、内部收益率、投资利润率、投资回收期、资产负债率、投资利税率、借款偿还期
评估结果可行性	必须合理	不一定可行

（3）采用的价格不同。财务评估对投入物和产出物采用财务价格，国民经济评估采用影子价格。

（4）采用的主要参数不同。财务效益评估采用国家发布的利率和行业基准收益率或银行贷款利率，国民经济评估采用国家统一测定的影子汇率和社会折现率等。

水利水电建设项目投资决策中，财务效益评估与国民经济评估的结论均可行的项目，应予通过。国民经济评估结论不可行的项目，一般应予否定。对某些国计民生急需的项目，如国民经济评估合理而财务评估不可行的，应重新考虑方案，必要时也可向主管部门提出采取相应经济优惠措施的建议，使项目在财务上具有生存能力。

重大建设项目或一些公用事业项目，除经济目标以外，还有其他社会政治目标，如地区或阶层间的利益分配，就业、环境改进和社会安定等，这些属于社会评估的内容。

从国民经济的角度来看，有些资金只是从国民经济内部一个部门转移到另一个部门，并没有导致国民经济总的资源消耗。例如，项目所交纳的税金，只是从企业的钱袋子转移到政府的钱袋子中去了；建设期还贷利息是从企业的钱袋子转移到银行的钱袋子去了，这些被视为国民经济内部转移支付的现金流动都不会引起国民经济资源总量的变化，不会导致国民收入的增减，因而在国民经济评估中不作为费用或效益。

在财务效益评估中，计算项目的效益或费用，所使用的是实际发生的价格或以实际价格为基础预测至计算年的价格，这一价格被称为财务价格。由于市场不完善，例如，存在垄断或政府干预等。财务价格并不代表资源或货物的真正价值。为了使资源配置向有利于国民收入最大化方向发展，在国民经济评估中必须对实际价格进行调整，使其反映资源的真正价值，这种价格称为影子价格。影子价格是指有限的资源在最优分配、合理利用的条件下，对社会目标（国民收入）的边际贡献值。因此，对一个建设项目而言，投入物的影子价格是投入单位该物品国民经济所付出的代价，产出物的影子价格是每产出该物品国民经济所获得的效益。例如，当一个灌区由于灌溉而增加农产品的产量时，如果该产品直接用于出口，则其影子价格是指出口该单位产品国家所获得的外汇（或按影子汇率换算为人民币）收入，国民经济评估除了在价格、内部转移支付等方面应在财务效益评估的基础上进行调整外，在汇率、折现率、折旧的考虑、评价指标等方面也不尽相同。

按照国民经济评估要求对投资概（估）算进行调整计算后所得的投资称为国民经济投资或影子投资。

四、经济评估报表

项目经济评估采用基本报表及辅助报表两类。

1. 基本报表

基本报表有现金流量表（全部投资）、现金流量表（自有资金）、损益表、资金来源与运用表、资产负债表、财务外汇平衡表、国民经济效益费用流量表（全部投资）、国民经济效益费用流量表（国内投资）、经济外汇流量表等9种形式。

2. 辅助报表

辅助报表有固定资产投资估算表、流动资金估算表、投资计划与资金筹措表、主要产出物与投入物使用价格依据表、单位产品生产成本估算表、固定资产折旧费估算表、无形与递延资产摊销估算表、总成本费用估算表、产品销售（营业）收入和销售税金及附加估算表、借款还本付息计算表、出口（替代进口）产品国内资源流量表、国民经济评估投资调整计算表、国民经济评估销售收入调整计算表、国民经济评估经营费用调整计算表等14种形式。

第三节 财 务 效 益 评 估

水利建设项目采取评估是根据现行财税制度和现行价格，分析测算项目的实际收入和实际支出，考察项目的盈利能力、清偿能力、外汇平衡能力等财务状况，以评价项目的财务可行性。

一、财务盈利能力分析指标

（一）投资回收期

1. 静态投资回收期（P_t）

投资回收期是最为直观和简单的盈利能力指标，它是指以项目生产经营期的净收益回收全部投资所需要的时间。投资回收期可以从开始投资的年份算起，也可以从开始回收投资的年份算起。静投资回收期（以年表示）的表达式为：

$$\sum_{t=1}^{P_t}(CI-CO)_t = 0 \tag{12-1}$$

式中　　　P_t——静态投资回收期；

CI——现金的流入量；

CO——现金的流出量；

$(CI-CO)_t$——第 t 年的净现金流量。

当计算所得的回收期年份不是整数时，可以按下式求出投资回收期的精确数值：

$$P_t =（累计净现金流量开始出现正值的年份）-1$$

$$+\left[\frac{上年累计净现金流量的绝对值}{当年净现金流量}\right] \tag{12-2}$$

在财务评价中，把求出的投资回收期（P_t）与行业的基准投资回收期（P_0）比较，当 $P_t \leqslant P_0$ 时，表明项目投资在规定的时间内收回，项目可以考虑接受；反之，不接受。

以上是静态投资回收期，如果考虑资金的时间价值，可以计算动态投资回收期。动态投资回收期指标计算较繁，但比较真实。建设项目投资回收期较长时，可以考虑采用该指标。

2. 动态投资回收期（P_t'）

动态投资回收期是考虑资金时间价值后计算的投资回收期。其公式如下：

$$\sum_{t=1}^{P_t'} (CI - CO)_t (1 + i_c)^{-t} = 0 \qquad (12-3)$$

式中　　　　　　P_t'——动态投资回收期；

　　　　　　　　CI——现金的流入量；

　　　　　　　　CO——现金的流出量；

$(CI - CO)_t (1 + i_c)^{-t}$——第 t 年的净现金流量的现值；

　　　　　　　　i_c——贴现率（基准收益率或设定的折现率）。

动态投资回收期可根据财务先进流量表（全部投资）计算求出，其公式如下：

$$P_t' = (\text{累计财务净现值出现正值的年份数}) - 1$$

$$+ \left[\frac{\text{上年累计财务净现值的绝对值}}{\text{当年净现值}} \right] \qquad (12-4)$$

（二）财务净现值（FNPV）

财务净现值是指按行业的基准收益率或设定的折现率，将项目计算期内各年净现金流量折现到建设期初的现值之和。其表达式为：

$$FNPV = \sum_{t=1}^{n} (CI - CO)_t (1 + i_c)^{-t} \qquad (12-5)$$

式中　　　　　　n——计算期；

　　　　　　　　i_c——行业基准收益率或设定的折现率；

$(CI - CO)_t (1 + i_c)^{-t}$——在行业基准收益率或设定的折现率情况下的现值系数。

如果 $FNPV \geqslant 0$，表明项目的盈利能力超过了基准收益率或设定的折现率水平，项目可以考虑接受。$FNPV$ 越高，项目的经济效益越好。如果 $FNPV < 0$，说明项目的盈利能力达不到要求水平，项目不可行。

（三）财务内部收益率（FIRR）

财务内部收益率是指财务净现值恰好等于零时的收益率（或称折现率）。计算公式为：

$$FNPV = \sum_{t=1}^{n} (CI - CO)_t (1 + FIRR)^{-t} = 0 \qquad (12-6)$$

项目评价时，当 $FIRR \geqslant i_c$ 时，项目的净现值大于零，此时项目可以考虑接受；反之，项目不可接受。

内部收益率是由项目本身（内部）的净现金流量所决定的，能直接给出项目盈利性水平的相对值，便于投资者理解和作出判断。因此，我国目前把收益率指标定为投资盈利性评价的主要指标。内部收益率一般采用内插法计算求得。

（四）投资利润率

投资利润率是指项目达到设计生产能力后的一个正常生产年份的年利润总额与项目总投资的比率，它是考察项目单位投资盈利能力的静态指标。对于生产期内各年的利润总额变化幅度较大的项目。应计算生产期年平均利润总额与项目总投资的比率。其计算公式为：

$$\text{投资利润率} = \frac{\text{年利润总额或年平均利润总额}}{\text{项目总投资}} \times 100\% \qquad (12-7)$$

式中　年利润总额＝年产品销售（营业）收入－年产品销售税金及附加－年总成本费用；

年产品销售税金及附加＝年增值税＋年销售税＋年营业税＋年资源税＋年城市维护建设税＋年教育费附加；

项目总投资＝固定资产投资＋投资方向调节税＋建设期利息＋流动资金。

投资利润率由损益表求得。在财务评价中，将项目的投资利润率与行业平均投资利润率对比，来判别项目单位投资盈利能力是否达到本行业的平均水平。

（五）投资利税率

投资利税率是指项目达到设计生产能力后，一个正常年份的年利税总额或项目生产期内的年平均利税总额与项目总投资的比率。其计算公式为：

$$投资利税率 = \frac{年利税总额或年平均利税总额}{项目总投资} \times 100\% \qquad (12-8)$$

式中　年利税总额＝年利润总额＋年销售税金及附加。

投资利税率可根据损益表求得。在财务评价中，将投资利税率与行业平均投资利税率对比，以判别单位投资对国家积累的贡献水平是否达到本行业的平均水平。

（六）资本金利润率

资本金利润率是指项目达到设计生产能力后，一个正常年份的年利润总额或项目生产期内的年平均利润总额与资本金的比率。它反映投入项目资本金的盈利能力。其计算公式为：

$$资本金利率 = \frac{年利润总额或年平均利润总额}{资本金} \times 100\% \qquad (12-9)$$

二、财务清偿能力分析指标

1. 资产负债率

资产负债率是企业负债与资产之比，它是反映企业各个时刻所面临的财务风险程度及偿债能力的指标。

$$资产负债率 = \frac{负债合计}{资产合计} \qquad (12-10)$$

资产负债率到底多少合适，没有绝对的标准，一般认为在 0.5～0.8 之间是合适的。

2. 流动比率

流动比率是企业各个时刻偿付流动负债能力的指标。

$$流动比率 = \frac{流动资产总额}{流动负债总额} \qquad (12-11)$$

由于流动资产总额中包括存货，这些存货在通常情况下也不易立即变现，所以，流动比率反映的瞬时偿债能力是含有一定水分的。

3. 速动比率

速动比率是企业各个时刻用可以立即变现的货币偿付流动负债能力的指标。

$$速动比率 = \frac{流动资产总额 - 存货}{流动负债总额} \qquad (12-12)$$

一般认为，流动比率应为 1.2～2.0，速动比率应为 1.0～1.2。

4. 固定资产投资国内借款偿还期

国内借款偿还期是指在国家财税规定及项目具体财务条件下，以项目投产后可用于还款的资金，偿还固定资产投资国内借款本金和建设期利息（不包括已用自有资金支付的建设期利息）所需要的时间。其表达式为：

$$I_d = \sum_{t=1}^{P_d} R_t \qquad (12-13)$$

式中　I_d——固定资产投资中，国内借款的本金（含建设期利息）；

　　　P_d——固定资产中，国内借款的偿还期（从借款开始年计算，若从投产年算起时，则应予注明）；

　　　R_t——第 t 年可用于还款的资金，包括利润、折旧、摊销及其他还款资金。

国内借款偿还期是通过借款还本付息计算表、总成本费用估算表、损益表等三个表，逐年循环计算求得。

第四节　国民经济评估

国民经济评估是水利建设项目经济评估的核心内容。在国民经济评估中所指的费用，是指国民经济为项目建设和运行付出的全部代价，所指的效益是指项目为国民经济作出的全部贡献。因此，对项目不仅应计算直接费用和直接效益，而且还应计入明显的间接费用和间接效益。在分析中不仅要定量计算的可以用货币计量的有形费用和有形效益，而且还应对不能用货币衡量的无形的社会效益和遭受的无形损失，用文字来进行实事求是的定量和定性描述。

当某些效益与费用涉及项目以外的一些措施，只有统一计算才能考察其经济效益时，应将这些措施与项目作为一个统一的整体进行评估。例如当火电建设项目与水电建设项目进行经济比较时，要考虑火电建设项目的投资与年运行费；而水电站库区往往存在大量的移民安置，应计入开发移民新区所需的全部生产和生活设施的费用。

水电建设项目在国民经济评价中的效益，可以采用下列各种方法计算。

（1）影子价格法。采用水利水电工程项目的直接产出物（例如水电站的供电量、水库的城镇供水量等）分别按照影子电价和影子水价计算出来的电费和水费收入，作为本项目的效益。

（2）最优等效替代法。采用能同等程度满足社会需要的并用影子价格计算的最优替代方案的费用，作为本项目的效益。例如由水库引水灌溉的工程效益，可以用其最优替代方案如在当地抽取地下水灌溉的工程费用（包括投资运行费，下同）表示。水电站的效益，可以用其最优替代方案即火电站的费用表示，尤其当影子水价和影子电价不易确定时，国内外常采用最优替代方案的费用作为本项目的效益。

（3）缺水缺电损失法。按照在项目修建之前，项目拟服务范围内缺水、缺电造成的以影子价格计算的城乡工农业损失计算。

一、社会折现率（i_s）

社会折现率是项目国民经济评估的重要参数，在项目国民经济评估中作为衡量项目国民经济效益的尺度。具体地说，一方面作为计算经济净现值、经济外汇净现值、经济换汇成本、经济节汇成本时使用的折现率，作为统一的时间价值标准，衡量同一时点发生的各种投入、产出，进行不同时点资金的等值计算。应当以一年初为基点进行这种计算，也就是所有资金都折现到建设期初时，得到的就是经济净现值指标。另一方面，社会折现率也可以作为衡量经济内部收益率的基准值，只有当经济内部收益率不小于社会折现率的项目，才是可行的；反之，项目社会的经济效益是不好的。可见，社会折现率是项目经济可行性和方案比选的主要依据。

社会折现率表示从国家社会角度对资金机会成本和资金时间价值的估量，表示了在社会资源最佳分配情况下，社会可接受的投资收益率为最低限，即项目投资使社会得到收益的最低标准。适当的社会折现率有助于合理分配建设资金，引导资金流向对国家经济贡献大的项目，调节资金供求关系，促进资金在短期和长期项目间的合理配置，有利于国家投资与社会资源取得平衡和协调，可起到控制投资规模、调节投资方向、优化投资结构和提高投资效益等作用。

根据我国目前的投资收益水平、资金机会成本、资金供求状况、合理的投资规模及我国目前项目国民经济评估的实际情况，我国社会折现率定为 12%，各类项目的国民经济评估都应统一采用。

二、国民经济评估的主要指标及判断标准

（一）经济净现值（ENPV）

经济净现值是指用社会折现率，将项目计算期内各年的净效益流量折算到建设期初（基准年）的现值之和，是反映项目对国民经济净贡献的绝对指标，其表达式为

$$ENPV = \sum_{t=1}^{n} (B-C)_t (1+i_s)^{-t} \qquad (12-14)$$

式中　　B——效益流入量；

$\quad\quad C$——费用流出量；

$(B-C)_t$——第 t 年的净效益流量；

$\quad\quad i_s$——社会折现率；

$\quad\quad n$——计算期；

$(1+i_s)^{-t}$——社会折现率下 t 年的现值系数。

如果 $ENPV \geqslant 0$，表明项目达到或超过从国家整体角度对投资的盈利要求。这时，认为项目是可以考虑接受的。

（二）经济内部收益率（EIRR）

经济内部收益率是项目在计算期内各年经济净效益流量的现值累计等于零时的折现率，是反映项目对国民经济净贡献的相对指标，其表达式为：

$$\sum_{t=1}^{n} (B-C)_t (1+EIRR)^{-t} = 0 \qquad (12-15)$$

经济内部收益率判断标准是社会折现率 i_s。如果 $EIRR \geqslant i_s$，表明项目对国民经济净贡献达到或超过了要求的水平。这时，认为项目是可以考虑接受的。

（三）经济净现值率（ENPVR）

经济净现值率是反映项目单位投资对国民经济所作净贡献的相对指标。它是经济净现值与总投资现值之比，其表达式为：

$$ENPVR = \frac{ENPV}{I_p} \tag{12-16}$$

式中　I_p——项目总投资（包括固定资产投资和流动资金）的现值。

经济净现值率的判别标准与经济净现值基本相同，当经济净现值率不小于零时，项目是可以考虑接受的。该指标还可以作为若干个不同投资规模的项目或投资方案进行排队选择的依据。

（四）外汇效果分析指标

当项目的产品出口创汇或替代进口节汇时，需要计算项目的经济换汇成本、经济节汇成本、经济外汇净现值。

1. 经济换汇成本

经济换汇成本是产品直接出口换取单位外汇需要消耗（投入）的国内资源。它是用影子价格计算的为生产出口产品而投入的国内资源现值（以人民币表示）与主出口产品的经济外汇净现值（通常以美元表示）之比，即换取 1 美元外汇所需要的人民币金额。

$$经济换汇成本 = \frac{\sum_{t=1}^{n} DR_t (1+i_s)^{-t}}{\sum_{t=1}^{n} (FI-FO)_t (1+i_s)^{-t}} \tag{12-17}$$

式中　DR_t——项目在第 t 年为出口产品而投入的国内资源（包括投资及各项经营成本）；

　　　FI——外汇流入量；

　　　FO——外汇流出量；

$(FI-FO)_t$——第 t 年的净外汇流量。

当经济换汇成本（元/美元）不大于影子汇率时，表明该项目出口产品有利，是可以考虑接受的。

2. 经济节汇成本

经济节汇成本是指产品替代进口节省外汇所需要投入的国内资源。它是用影子价格计算的为生产替代进口产品投入的国内资源现值与替代进口产品的经济外汇净现值之比，即节约 1 美元外汇所需要的人民币金额。

$$经济换汇成本 = \frac{\sum_{t=1}^{n} DR'_t (1+i_s)^{-t}}{\sum_{t=1}^{n} (FI'-FO')_t (1+i_s)^{-t}} \tag{12-18}$$

式中　DR'_t——项目在第 t 年为生产替代进口产品而投入的国内资源，人民币；

　　　FI'——生产替代进口产品所节约的外汇，美元；

　　　FO'——生产替代进口产品的外汇流出（包括应由替代进口产品分摊的固定资产投资及经营费用中的外汇流出），美元。

经济节汇成本（元/美元）应不大于影子汇率，表明项目生产的产品替代进口是有利的。

经济换汇成本和经济节汇成本的判断标准是影子汇率。经济换汇成本和经济节汇成本不超过影子汇率，表明项目产品出口或替代进口在经济上是可行的；否则，从外汇获得或节约的角度看是不合算的。

3. 经济外汇净现值

经济外汇净现值是反映项目实施后直接或间接影响国家外汇收入的重要指标，用以衡量项目对国家外汇真正的净贡献（创汇）或消耗（用汇），其表达式为：

$$ENPV_E = \sum_{t=1}^{n} (FI - FO)_t (1 + i_s)^{-t} \qquad (12-19)$$

三、影子价格的调整计算

在项目评估或方案比较中，财务分析使用的是国家定价、优惠价、市场价等投入品的各类实际购进价及产品的实际售价或以这些价格为基础的预测价，我们统称为财务价格；经济分析则应使用影子价格。项目国民经济评估着眼于全社会整个国民经济，这就决定了确定影子价格的立足点，必须从社会、国民经济高度，全面考察社会、自然的大环境，生产、交换、分配和消费的全过程，项目同国民经济其他部门联系与影响的全部信息，因而精确地确定影子价格是相当困难的。市场价格一般地说经常偏离物品、服务的其实价值，但是反映了丰富的供需信息，是对市场资源、商品、服务的一种估价。所以，项目的国民经济评估是在财务评估的基础上进行，以市场价格为起点，进行价格调整，把商品、服务的市场价格转换成其真实价值的影子价格的近似值，最后将项目的财务价值转变为经济价值。

（一）投入产出物的分类

为了便于运用影子价格调整，将项目的投入、产出物分为外贸货物、非外贸货物和特殊投入物三类。

1. 外贸货物

外贸货物是其生产或使用将直接或间接影响国家进出口量的货物。又进一步分为直接进出口货物、间接进出口货物和替代进出口货物：①直接进出口货物即直接出口（增加国家出口）和直接进口（增加进口）货物；②间接进出口货物，间接出口指项目产出物替代了其他企业商品在国内市场的销售而使该企业的产品用于出口，间接进口指项目投入物占用了其他项目的投入物而使其他企业进口该货物；③替代进口货物，指项目的投入占用了用于出口的货物（出口占用、减少出口），项目产出替代了原进口的货物（以产代进，减少进口）。项目投入产出物能否划为外贸货物与国家资源、产业结构和生产成本有关。例如，可以出口的货物，将其出口在财务上不合算，可以进口的货物，在国内生产更便宜，故不能满足进出口条件。除此之外，国家的外贸政策也是划分外贸货物的重要因素。例如，为了保护本国产业发展，使其不被外国竞争者挤垮，国家通过高关税和限额进出口的办法，从而使本可外贸的货物变成外贸划不来的货物。还应注意，是否属于外贸货物应根据项目实际投入产出的时间进行预测确定，不仅仅取决于评价时的状况。

按照现行的《水利建设项目经济评价规范》，水利建设项目主要材料中属于外贸货物的有：柴油、汽油、木材和部分型号的钢材。其中，柴油、汽油按减少出口计算影子价格，木材和属于外贸货物的钢材按直接出口计算影子价格，主要设备如水泵、水轮机、电动机、发电机、起重机、主变压器、高压组合电器等，根据设计论证的设备来源，属进口设备的为外贸货物，国产的为非外贸货物。水利水电建设项目的金属结构，如钢闸门、启闭机、压力钢管等按非外贸货物处理。

2. 非外贸货物

非外贸货物是指其生产、使用不影响国家进、出口的货物。包括"天然"非外贸货物，如国内建筑施工、国内运输、商业服务等基础设施的产品与服务；和外贸得不偿失的货物，指国内生产成本加运输、贸易费后，高于离岸价格，出口得不偿失；或国外商品到岸价高于国内同类商品的成本，进口不划算。还包括由于本国或外国贸易政策和法定限制不能外贸的货物。

3. 特殊投入物

主要指劳动力、土地和资金。

（二）外贸货物的影子价格

我国现行计算外贸货物影子价格的方法，主要是以国际市场价格为基础，即以实际发生的口岸价格来转换为影子价格。显然，国际市场价格存在着发达资本主义国家压低第三世界初级产品价格，实行贸易保护，限制高技术及高新生产技术转移和维持其垄断价格等因素的干扰；但总的来说，比较接近商品的真实价值，反映了国际贸易面临的环境与约束条件。根据货物的国内国际比价，利用国际市场价格还能使确定外贸货物的影子价格变得相当方便。

1. 直接出口货物的影子价格

计算公式为

$$SP_1 = F.O.B. \times SER - T_1 \qquad (12-20)$$

式中　$F.O.B$——船上交货（指定装运港），习惯称为装运港船上交货，Free On Board，常用的国际贸易术语，即按此术语成交，由买方负责派船接运货物，卖方应在合同规定的装运港和规定的期限内，将货物装上买方指定的船只，并及时通知买方。货物在装船时越过船舷，风险即由卖方转移至买方。$F.O.B$ 术语要求卖方办理货物出口清关手续；

SP_1——直接出口货物的（出厂）影子价格（Shadow Price），元/单位货物；

SER——影子汇率（Shadow Exchange Rate），元/单位外币；

T_1——从工厂到口岸的国内影子运费（按影子价格计算的运输费用）和贸易费用（货物在流通过程中的费用，如物资供应部门的检验试验费等，不包括运输费），元/单位货物。

上述公式中的影子汇率，即外汇的影子价格，是从国家的角度对外汇价值量的一种估算。简单计算某一年的影子汇率为

$$SER = OER\left[\frac{(M+T)+(X-S)}{M+X}\right] \qquad (12-21)$$

式中　OER——国家外汇牌价（Official Exchange Rate），元/单位外币；

M——全部进口货物的到岸价，外币单位；

T——全部进口税收入，外币单位；

X——全部出口货物的离岸价，外币单位；

S——出口补贴（出口税按负补贴计），外币单位。

根据有关规定，影子汇率采用影子汇率换算系数乘以国家当期的外汇牌价来计算。国家现阶段影子汇率换算系数为 1.08。

2. 间接出口产品的影子价格

计算公式为

$$SP_1 = F.O.B. \times SER - T_2 + T_3 - T_4 \tag{12-22}$$

式中　SP_1——间接出口产品影子价格，元/单位货物；

T_2——被替代企业的产品到口岸影子运费及贸易费用，元/单位货物；

T_3——被替代企业的产品到国内用户的影子运费及贸易费用，元/单位货；

T_4——拟建项目的产品到国内用户的影子运费及贸易费用，元/单位货物。

3. 替代进口产品的影子价格

其计算公式为

$$SP_1 = C.I.F. \times SER - T_5 - T_4 \tag{12-23}$$

式中　$C.I.F$——成本加保险费和运费（指明目的港），Cost Insurance and Freight，常用的国际贸易术语，即按此术语成交，卖方在规定的装运期内，在指定的装运港，将货物交至船上，负担货物装上船之前的一切费用和风险，并负责从装运港到约定目的港的运费和保险费；

T_5——从口岸到用户的影子运费及贸易费用，元/单位货物。

4. 直接进口、间接进口、减少出口的影子价格计算

直接进口货物的影子价格计算公式为

$$SP_2 = C.I.F. \times SER + T_1 \tag{12-24}$$

间接进口货物的影子价格计算公式为

$$SP_2 = C.I.F. \times SER + T_5 - T_3 + T_6 \tag{12-25}$$

减少出口货物的影子价格计算公式为

$$SP_2 = F.O.B. \times SER - T_2 + T_6 \tag{12-26}$$

式中　SP_2——进口货物到需用单位所在地的影子价格，元/单位货物；

T_6——从供应厂家到拟建项目所在地货物的影子运费及贸易费用，元/单位货物。

（三）非外贸货物的影子价格

1. 一般定价原则

非外贸货物的影子价格按投入物和产出物分别确定。对于投入物，由企业增加生产以扩大供应量的，应按分解成本定价；不能扩大生产以增加供应量的，只会减少原用户的使用量，取国内市场价格中的高价作为影子价。

对于产出物，若该物品的生产增加了国内市场的供应数量，当市场上该物品供求均衡时，以生产该物品的财务价格所为其出厂影子价；但该物品供不应求时，按该物品的国内市场价和进口价两者中的较高者作为其影子价；无法确定供求状况时，取两者中的较低者作为其影子价。当产出物不增加国内的供应数量，只是使原有生产效率较低的厂家减产或停产，应按原有企业的生产可变成本分解定价，当项目生产的产品质量得到改进时，可按同质量的产品的国际市场价格为其影子价。

2. 非外贸货物的成本分解

在上述确定非外贸货物影子价格原则中，涉及成本分解的方法，即将财务成本分解为各个组成部分，对各部分的财务成本进行价格调整，换算成影子价格，或通过影子价格与原来价格的比价进行调整。成本分解原则上是对边际成本进行分解，当缺乏边际成本资料时，采用平均成本分解。当利用剩余生产能力无需添置固定资产时，可只按可变成本分解。具体步骤和方法如下。

(1) 按生产要素列出单位非贸易物的财务成本、单位货物消耗的固定资产额及占用的流动资金。

(2) 剔除转移支付。

(3) 对成本要素中的原材料、燃料和动力等投入物按外贸品、非外贸品进行价格调整，其中有些可直接采用国家计委颁布的国民经济评价方法与参数中的影子价格或换算系数（比价）。第一次分解后，部分价值量大的非外贸货物还要进行第二轮分解。工资、福利比较大时，应按影子工资调整。但一般货物分解中的工资福利原则上可不调整。

(4) 折旧费应换成固定资产回收费（在完全成本分解时）M_1，流动资金利息换成流动资金占用费 M_2，即：

$$M_1 = (I_F - S_V) \frac{i_s(1+i_s)^n}{(1+i_s)^n - 1} \tag{12-27}$$

$$M_2 = Wi \tag{12-28}$$

式中　I_F——折算至生产期初的单位货物占用固定资产投资；

S_V——残值的现值；

W——流动资金；

i_s——社会折现率；

n——生产期。

(5) 总计各项要素的经济价值及影子价格。

【例 12-1】　某项目需要一种主要原料，它被认为是非外贸货物。据调查，某厂生产该原料需扩大规模，且得到原料的固定资产投资为 1200 元/t（其中建筑工程费占 30%），建设期为 2 年，每年投资比率为 1:1，生产期 20 年，流动资金为 200 元/t。社会折现率 $i_s=12\%$，试用成本分解确定该原料的影子价格。

解：成本分解过程见表 12-2。

表 12-2　　　　　　　　　　　　非贸易货物成本分解表

要素分类	费用要素	物品类别	耗量	财务金额	影子价格	换算系数	经济价值	说　明
	外购原料、动力							
一	原料 A (m³)	直接进口	4.5	515.00	439.00		1979.55	C.I.F.=美金 50 元/m³，SER=8.3 元/1 美元
	原料 B (t)	非外贸品	0.5	190.00	456.8		228.40	第二次分解得 SP=456.8 元/t

续表

要素分类	费用要素	物品类别	耗量	财务金额	影子价格	换算系数	经济价值	说　明
一	原料 C（煤）（t）	非外贸品	1.4	66.00	114.35		160.09	$SP=114.35$ 元/t
	原料 D（t）	出口占用	0.1	28.00	1205.0		120.50	由式（12-26）算得 $SP=1205$ 元/t
	电力（kW·h）	非外贸品	325.0	32.50	0.179		58.18	$SP=0.179$ 元/t
	其他			94.30		1.00	94.30	
	铁路货运	非外贸品		65.50		1.84	120.52	换算系数 1.84
	公路货运	非外贸品		10.50		1.26	13.23	换算系数 1.26
二	工资			44.50		1.00	44.50	
三	福利基金提取			15.00		1.00	15.00	
四	折旧			60.00				
	固定资产投资回收费						175.43	由式（12-27）计算
五	维护基金			35.60		1.00	35.60	
六	流动资金利息支出			7.50				
	流动资金占用费						12.00	$M_2=W×12\%$
七	其他支出			30.50		1.00	30.50	
	财务成本			1194.90				
	影子价格					2.58	3087.80	

表中最后一列对方法有较详细说明。其中原料 E 是非外贸物品，数量较大，系第二轮分解结果，因方法一样，未做更进一步说明。固定资产投资回收费 M_1 按式（12-27）算出，建筑工程价格换算系数 1.1，则：

$$I'_F = 0.7×1200 + 0.3×1200×1.1 = 1236 \text{ 元}$$

$$I_F = \frac{1}{2}I'_F + \frac{1}{2}I'_F×1.12 = 1310.16 \text{ 元}$$

有　　　　　$M_1 = I_F(A/P，12\%，20) = 1310.16×0.1339 = 175.43 \text{ 元}$

最后得该原料的影子价格为 3087.8 元/t，影子价格换算系数为 2.58。

（四）特殊投入物的影子价格

特殊投入包括资金、劳动力和土地等，它们的影子价格确定涉及较广泛的社会经济分析。下面仅介绍一些原则。

1. 社会折现率

社会折现率表征一个国家资金使用的影子价格，是从国家的角度对资金的机会成本和资金时间价值的估量。

2. 影子汇率

影子汇率是外汇的影子价格，体现从国家角度对外汇价格的估量。影子汇率通过国家外汇牌价乘以影子汇率换算系数得到。我国项目经济评价要求以人民币为单位，美元的影子价格为美元值乘以国家当时外汇牌价，再乘以影子汇率换算系数可折算为人民币；而其他外汇，则通过国家银行公布的该种外币对美元的比价先换算为美元，再折算为人民币。根据我国现阶段的外汇供求情况、进出口结构、换汇成本，国家计划委员会 1993 年 4 月发布影子汇率换算系数为 1.08。

3. 影子工资

影子工资体现国家和社会为建设项目使用劳动力而付出的代价。影子工资包括劳动力的边际产出，即劳动力在其他使用机会下可能创造的最大效益和劳动力就业或转移而引起的社会消耗面部分构成。要准确地确定影子工资，必须对项目所处的经济环境作深入的调查研究。例如，如果不考虑劳动力转移所增加的社会消耗，一个人浮于事的单位转移几名职工到拟建项目中来，可能丝毫不影响原单位的产出，那么这种劳动力的转移其机会成本为零。假如项目职工来自某人手短缺的企业，由于项目使用该企业的职工从而使该企业另招一名待业青年，企业的生产没有下降。如果这名待业青年在就业前没有任何收入，即社会产值为零，那么项目招收的该企业职工的影子工资为零；如果这名待业青年在就业前有一些收入，并以此衡量他待业时劳动产出价值，那么项目使用该企业职工的影子工资就是待业青年在就业前的收入；如果由于社会劳动力资源短缺，企业招不到职工以顶替缺员并影响生产，那么项目使用该企业职工的影子工资就是该企业由于劳动力的转移使生产受到的损失。可见，要准确确定影子工资，就要研究项目所需劳动力转移的全部社会过程及所处的社会经济环境。显然，这是十分费时的工作。从项目评价的实际需要来说，计算项目的影子工资只需要相对准确即可。影子工资采用按人工概（估）算单价乘以影子工资换算系数来计算，根据我国劳动力状况、结构和就业水平，一般建设项目的影子工资换算系数为 1；在建设期大量使用民工的建设项目，其民工的影子工资换算系数为 0.5，对于占用大量短缺的专业技术人员的项目，影子工资换算系数可大于 1。例如，对于中外合资经营项目，由于录用的职工技术熟练程度较高，国家为此付出的代价较大，因此有人建议中方人员的影子工资换算系数为 1.5。

4. 土地的影子费用

土地的征用和拆迁等费用，在财务评价中作为支出价费用的含义，项目实际的征地费可划分为以下三部分。

(1) 属于机会成本性质的费用，如土地补偿费、青苗补偿费用等，这是项目占用土地而使国民经济放弃的效益，即土地的机会成本。应按该土地的"最好可行替代用途"的净效益计算。实际上"最好可行替代用途"难以确定时，可按占用土地的具体情况计算该土地在项目计算期的净效益损失。倘若没有项目，土地一直用于农业生产，该土地的每年净效益就是土地的机会成本，等于每年产值扣除生产费用，再折现为基准年现值，可按下式计算为

$$OC = \sum B_0 (1+g)^{t+\tau} (1+i_s)^{-t} \qquad (12-29)$$

式中　OC——土地的机会成本，元；

　　　n——项目占用土地的期限，一般为项目分析期，年；

t——距建设期第一年年初（基准点）的年序数；

B_0——基年土地的"最好可行替代用途"的单位面积年净效益，元；

τ——基年距基准点的年数，年；

g——土地的最好可行替代用途的年平均净效益增长率；

i_s——社会折现率。

若项目占用的土地为荒山野岭，可以认为其经济价值为零，即机会成本为零。

（2）新增资源消耗费用，如拆迁费、剩余劳力安置费、养老保险费等，是指社会为项目征用该土地而新增的资源消耗，应按影子价格计算。

（3）转移支付，如财务费用包括的粮食开发基金、耕地占用税等在经济评价中不计入。

四、影子投资的调整计算

（一）一般原则和方法

影子投资的调整计算是在概（估）算的基础上进行的。首先应扣除概（估）算中所包括的属于国民经济内部转移支付的费用，包括以下内容。

（1）建筑安装工程单价组成中的计划利润。

（2）机电设备及安装工程中的设备储备贷款利息。

（3）税金。

（4）价差预备。

增加概（估）算投资中未反映的费用，包括以下内容。

（1）施工企业的资金回收费用。

（2）利用外资时，应偿还外资的贷款利息。

其中，施工企业的资金回收费用是指由于项目使用施工企业的设备、技术而使施工企业的资产受到磨损的一种度量。

其次，将投入物的影子价格代替其概（估）算价、用人工的影子工资代替人工的概（估）算工资、土地的影子费用代替土地的概（估）算征地费用，按概（估）算的程序重新计算项目的总投资，即得项目的总影子投资。在计算中，除上述属于国民经济内部转移支付及施工企业的资金回收和应偿还外资的贷款利息外，其余有关费率标准（如间接费率、基本预备费率等）与投资概（估）算的费率标准相一致。

（二）影子投资的简化计算

由于水利水电工程建设所需的设备、材料种类繁多，在计算影子投资时要对各种材料和设备根据影子价格进行调整，计算的工作量非常大。因此，以上一般原则和方法通常只适用于大型水利水电工程，对于中型水利水电工程通常采用简化的计算方法，即在扣除属于国民经济内部转移支付并增加概（估）算中未反映的费用后，只对主要材料、主要设备以及人工和土地的影子费用进行调整，调整的步骤如下。

（1）计算概（估）算中属于国民经济内部转移支付的费用（包括计划利润、贷款利息、税金）（A）。

（2）用影子价格计算工程所需主要材料的费用，并计算它与概（估）算中主要材料费用的差值（B）。

（3）用影子价格计算工程主要设备的投资，并计算它与概（估）算中主要设备投资的差值（C）。

（4）计算项目占用土地的影子费用，并计算它与概（估）算投资中土地补偿费的差值（D）。

（5）用影子工资计算劳动力费用的差值（E）。

（6）计算项目影子总投资（SK_t）为：

$$SK =（工程静态总投资－基本预备费－A＋B＋C＋D＋E）$$
$$×（1＋基本预备费率） \tag{12-30}$$

（7）计算项目各年（第 t 年）投资分配额（SK）为：

$$SK_t = SK × 工程设计概（估）算中第 t 年投资比率 \tag{12-31}$$

在以上计算中，由于工程静态总投资不含国内银行贷款利息及价差预备费，因此在计算国民经济内部转移支付费用中不含该两项内容。对于利用外资的项目，还应在影子投资中增加应偿还外资机构的贷款利息。

（三）影子投资简化计算实例

1. 基础资料

为了缓解某地区水资源短缺的矛盾，拟修建一水库，库容为 5 亿 m³，水库灌溉面积 80 万亩（5 亿 m³），项目拟于 2007 年开始兴建。建设期 6 年，工程概算投资见表 12-3，各年的投资比例见表 12-4，主要材料的用量、概预算价见表12-5。水库及渠道占用耕地共 1010 亩（67 万 m³），2007 年开始征地，征地期限共 46 年，实际征地费用 882 万元，每亩平均 0.873 万元。征地费构成见表 12-6。

表 12-3　　　　　　　　　水库及灌区工程概算成果表

项　　目	概 算 价（万元）	备　　注
一、建筑工程	17608	内含建筑工程计划利润 880 万元
二、机电设备及安装工程	1486	内含设备储备贷款利息 133 万元
三、金属结构设备及安装工程	2426	内含设备储备贷款利息 194 万元
四、临时工程	748	
五、其他费用	506	内含三税税金 93 万元
六、基本预备费	1182	
七、水库淹没处理补偿费	882	
八、静态总投资	24838	

表 12-4　　　　　　　　　分 年 投 资 使 用 计 划

时间（年）	1	2	3	4	5	6	合计
投资比例（%）	13.20	17.00	19.00	17.30	17.17	16.33	100

表 12-5　　　　　　　　　　　　钢材水泥用量及概算价格

材　料	用　量 (t)	概 算 单 价 (元/t)
钢材	1071	3800
水泥	16598	480

表 12-6　　　　　　　　　　　　实际征地费用构成表

费用类别	费用额 (万元)	费用类别	费用额 (万元)
土地补偿费	90.14	农转非粮食差价补贴	48.74
青苗补偿费	7.51	耕地占用费	126.06
撤组转户老人保养费	34.78	拆迁总费用	274.00
养老保险费	2.56	征地管理费	36.96
粮食开发基金	75.60		
剩余劳动力安置费	185.65	合计费用	882.00

2. 影子投资的调整

(1) 主要材料影子费用的调整。主要材料中，钢材和水泥耗用量较大，需作调整。两种材料均由厂家直接供货，不考虑贸易费用。

1) 钢材影子价格调整。钢材的出厂影子价格据国家计委颁布的国民经济项目评价方法与参数的资料综合确定，为 1450 元/t，根据设计的供货地点，钢材到达施工场地分两步运输，首先通过铁路运输到离工地最近的火车站，运费为 57.8 元/t；第二步，通过公路运输，将钢材运至工地，运费为 8.7 元/t，运杂费取出厂价的 4%，根据国民经济评价方法与参数的资料，铁路货运影子价格换算系数为 1.84，公路的货运影子价格换算系数为 1.26，则

钢材的影子运费 $= 57.8 \times 1.84 + 8.7 \times 1.26 + 1450 \times 4\% = 175.31$ 元/t

钢材的影子价格 $=$ 出厂影子价 $+$ 影子运费 $= 1450 + 175.31 = 1625.31$ 元/t

2) 水泥影子价格调整。水泥袋装与散装比为 0.2；水泥散装价按 184 元/t，水泥袋装价按 210 元/t，由供货地点直接用汽车运到工地运费为 14.5 元/t，则：

水泥综合影子出厂价 $= 210 \times 0.2 + 184 \times 0.8 = 189.2$ 元/t

水泥影子运费 $= 14.5 \times 1.26 + 189.2 \times 4\% = 25.84$ 元/t

水泥影子价格 $= 189.2 + 25.84 = 215.04$ 元/t

主要材料影子费用与概预算费用的差值

$= (1625.31 - 3800) \times 1071 + (215.04 - 480) \times 16598$

$= -672.69$ 万元

(2) 机电设备及安装工程影子投资。机电设备的出厂影子价按分解成本求得为 1392 万元，安装费概预算值为 122 万元，数额较小，不作调整，运杂费按设备的影子价重新调整为 79.34 万元。综合以上三项的设备及安装工程影子投资为 1593.34 万元。

影子投资与概预算的差值 $= 1593.34 - 1486 = 107.34$ 万元

(3) 土地的影子费用。表 12-6 中的实际征地费用中，粮食开发基金和耕地占用税属

国民经济内部转移支付，不计为费用，前两项属机会成本的性质，应另行计算；其余为新增资源消耗，需换算为影子价格。

1）土地机会成本的计算。该地处于长江中下游，用地类别为耕地，种植作物为水稻、小麦轮作，根据国民经济评价方法与参数，得每年净效益按影子价格计算至 2007 年 $NB_0 = 646$ 元/亩。经分析，在规划期内水稻、小麦净效益年增长率 $g = 1\%$，$r = 0$，$n = 46$ 年，$i_s = 12\%$，按式（12-29）计算的土地的机会成本为 $OC = 5880.41$ 元/亩。

土地机会成本总额 $= 0.101 \times 5880.41 = 593.92$ 万元

2）新增资源消耗。其中拆迁总费用主要为房屋建筑，影子价格换算系数为 1.1，各项不作调整。

新增资源总额 $= 34.78 + 2.56 + 185.65 + 48.74 + 274 \times 1.1 + 36.96$
$= 610.09$ 万元

土地影子费用总额 $= 593.92 + 610.09 = 1204.01$ 万元

土地影子费与土地实际征地费的差额 $= 1204.01 - 835.73 = 368.28$ 万元

金属结构设备及安装工程的影子价格换算系数为 1.2，施工使用的民工数量不多，工资不作调整。

（4）项目内部转移支付。包括计划利润、设备储备贷款利息、税金等，共计 1389 万元。

（5）计算项目影子总投资及各年投资分配额。根据式（12-30）可得：

项目影子总投资 $= (24838 - 1389 - 672.69 + 107.34 + 368.24) \times 1.1$
$= 25577.08$ 万元

按表 12-4 概算投资的年度分配比例得各年影子投资分配额见表 12-7。

表 12-7　　　　　　　各年影子投资分配额

时间（年）	1	2	3	4	5	6	合计
投资额（万元）	3376.19	4348.10	4859.64	4424.83	4391.58	4176.74	25577.08

第五节　不确定性分析

水利建设项目经济评估中所采用的数据，很多来自预测和估算，因此具有一定程度的不确定性。分析由于各种不确定性因素的变化对经济评估指标的影响，称为不确定性分析。进行不确定性分析的目的，在于考察和预测建设项目可能承担的风险和评价指标的可靠程度，供项目决策时参考。

不确定性分析包括敏感性分析、概率（风险）分析和盈亏平衡分析。前两项分析可用于水利建设项目的国民经济评估和财务评估，后一项分析一般只用于财务评估。现分述于下。

一、敏感性分析

敏感性分析是研究和验证各项主要因素发生变化时对整个建设项目的经济评估指标的

影响，从中找出最为敏感的因素。同时根据指标的变化程度，进行必要的补充研究，以便论证计算结果的可靠性和合理性。

1. 分析对象的敏感因素

敏感性分析的对象就是评估指标，分析这些指标对不确定性因素反应的敏感性。在可行性研究阶段，主要针对净现值、内部收益率与效益费用比。影响评估指标的不确定性因素很多，如价格变动与通货膨胀、技术革新、生产能力变化、建设资金到位时间与工期、国家的政策与新法规等都是不确定性因素。严格地说，与项目效益、费用有关的因素都有不确定性，那些变幅大、对指标影响大，或者在预测中感到把握性不大的因素叫敏感因素，需在敏感分析中找出来。因而先要全面分析，再整理分析结果，以挑选出敏感因素，对其进行特别的注意，以提高其资料精度。

2. 分析方法

目前，一般采用单变量的分析方法，即分析某个影响因素时，假定其他因素都不变。可按照规定选取影响因素的变化范围，研究在因素变化时，指标变化程度。如规范中规定投资、效益变化范围为±10％～±20％；建设年限为±1～2年。

二、概率（风险）分析

水利水电建设项目经济评价的概率分析，是运用数理统计原理，研究一个或几个不确定因素发生随机变化情况下，对项目经济评估指标所产生影响的一种定量分析方法。其目的在于研究水利水电建设项目盈利的概率或亏损的风险率，概率分析有时也被称为风险分析。

上述敏感性分析，只能指出项目评估指标对各个不确定因素的敏感程度，但不能表明不确定因素的变化对评估指标的影响发生的概率。敏感性分析与概率分析的区别还在于，敏感性分析中不确定因素的各种状态的概率是未知的，而概率分析不确定因素的各种状态的概率是可知的。

概率分析一般包括以下两方面的内容。

（1）计算并分析项目净现值、内部收益率等评估指标的期望值。

（2）计算并分析净现值不小于零，或内部收益率不小于社会折现率（或行业基准收益率）的累计概率。累计概率的数值越大（上限值为1.0），项目承担的风险越小。

三、盈亏平衡分析

当各种不确定性因素发生变化时，会影响方案的投资效果，当这些因素达到某一临界值时，会影响方案的取舍。盈亏平衡分析就是找出不确定因素变化的临界值，判断方案对不确定性因素的承受能力。下面以生产量为例，简介盈亏平衡分析的基本方法。

设企业的生产能力为 Q_c，年生产量为 Q，假定生产的产品都可以销售出去，企业的固定成本（如折旧、利息等）为 C_f，单位产量的变动成本为 C_v，则企业一年的总成本 C 为：

$$C = C_f + C_v Q \tag{12-32}$$

年销售收入 R 为：

$$R = PQ \tag{12-33}$$

当年产量减少时，若减少到 Q_0 正好使总成本等于销售收入，则 Q_0 称为盈亏平衡点产量：

$$Q_0 = \frac{C_f}{P - C_v} \qquad (12-34)$$

企业运行过程中，固定费用总是要支付的，只要亏损小于固定费用，企业一般仍坚持亏损运行，所以，企业关门停产的产出水平一般比盈亏平衡点低。

第六节　投资方案比较的基本方法

进行项目投资方案的比对和优选，是水电项目评估的重要组成部分，是寻求合理建设和技术方案的必要手段。从项目厂址的选择，规模的确定，产品方案，工艺流程到主要设备的选择，原材料、燃料、动力供应方式的确定到项目资金的筹措方案等，这些均应根据实际情况提出各种可能的备选方案，然后采用适当的方法进行不同方案间的比较、评估，最后选出最佳投资方案。

项目投资方案比选原则上应通过国民经济评估来确定。对产出物基本相同、投入物构成基本一致的方案进行比选时，为了简化核算，在不与国民经济评估结果发生矛盾的条件下，也可以通过财务效益评估确定。

评价项目投资方案的方法有很多，但要想正确地比选不同类型结构的投资方案，不能够一概而论，简单地采取某种方法来评估方案的取舍，而应该有针对性、有选择性地采取最适当的方法对项目方案的经济效果进行评估。在实际工作中，投资方案的结构类型多种多样，因此，认清投资方案的结构类型与评价方法之间的关系非常必要。

一、互斥方案比较方法

投资者对同一项目，总要选择最佳的方案进行投资。这些方案是由不同的工程方案形成的，如不同的规模、建设地点等；有些是由不同的财务安排形成的，如不同的资金筹措和利润分配方案等。不论方案多少，投资者总是在这些方案中选择一个对自己最有利的方案。为达到同一目标所设置的彼此可以相互替代的方案称为互斥方案。互斥方案比较方法中常用的有：净现值法、年等值法、差额投资内部收益率法、最小费用法等。

1. 净现值法

净现值法是通过计算各方案的净现值（NPV）来比较方案优劣的方法。在净现值非负的前提下，选择净现值最大的方案作为最优方案。

2. 年等值法

年等值法通过计算各方案的年等值（AW）来对方案进行比较，年等值最大的方案为最优方案。年等值可用下列公式求得：

$$AW = NPV\left[\frac{i_s(1+i_s)^n}{(1+i_s)^n - 1}\right] \qquad (12-35)$$

3. 差额投资内部收益率法

差额投资内部收益率法通过计算两个投资额不相等的差额投资部分的内部收益率（ΔIRR），对两个方案进行比较。差额投资内部收益率，是使两个投资额不相等方案各年净现金流量差额的现值之和等于零时的折现率。它的计算公式是：

$$\sum_{t=1}^{n}\left[(CI-CO)_2-(CI-CO)_1\right](1+\Delta IRR)^{-t}=0 \qquad (12-36)$$

式中　$(CI-CO)_2$——投资大的方案的净现金流量；

　　　$(CI-CO)_1$——投资小的方案的净现金流量；

　　　ΔIRR——差额投资内部收益率。

当 ΔIRR 大于基准收益率 i_c 时，选择投资大的方案；当 ΔIRR 小于基准收益率 i_c 时，选择投资小的方案。

4. 最小费用法

最小费用法是指计算各方案的费用，比较其大小，费用最小的方案为最优方案。

二、投资项目组合

有时，投资者会面对众多的投资项目，而这些项目中的每一个都是可以独立进行的。对任何一个项目可以投资，也可以不投资。投资者根据资金的多少，选择一个项目组合，使总的投资不超过资金限制又能获得最大的盈利。为了达到这个目标，可以把项目组成各种可能组合，每一组合看作是一个投资方案。这些投资方案是相互排斥的，利用互斥方案选择方法进行两两选择，找出最优的投资项目组合方案。例如，有 3 个可能的投资项目，每个项目都可以上，也可以不上，那么一共就有 $2^3=8$ 个互斥的方案组合。列出每个方案组合的投资和净现值，就可以在投资不超过资金限制的方案组合中，选择净现值量大的组合。这样，就可以得到最佳的投资项目组合。当可能的投资项目很多时，投资项目组合方案就会很多。一种近似选择项目的方法是按项目的净现值率的大小对项目进行排序，按这个次序选择项目直至投资资金用尽。净现值率（$NPVR$）的定义是：

$$NPVR=\frac{NPV}{I_p} \qquad (12-37)$$

式中　I_p——方案总投资的现值。

值得注意的是，按净现值率排序不能保证获得满意的结果。在给定基准收益率的情况下，按净现值率排序是较合适的。

三、计算期不同的方案比较

当所比较的方案中计算期不同时，采用年等值法（AW）和年费用比较法较为简单。如果采用净现值法时，取诸方案计算期的最小公倍数作为比较方案的计算期。例如，方案 A 的计算期为 4 年，方案 B 的计算期为 5 年，计算期取 20 年，在 20 年中方案 A 重复 5 次，方案 B 重复 4 次。这样，得到计算期都是 20 年的两个方案。

第七节　社　会　效　益　评　估

一、社会效益评估及其主要内容

（一）社会效益评估的概念

水利水电建设项目社会效益评估，是指分析评价水电建设项目为实现国家和地方各项社会发展目标所做的贡献和影响，以及水电建设项目与社会相互适应性的系统分析过程。

水电建设项目经济评估，主要是从经济可行性方面判断一个项目的好坏，以经济收益水平的高低来决定项目的取舍。但是，一个建设项目的实施，不仅对经济产生影响，而且还会影响到社会、环境、政治等各个方面。一个在经济方面可行的项目，有可能在社会或环境方面不可行，甚至产生负面影响。因此，对水电建设项目进行社会效益评估是十分必要的。

原则上讲，所有的建设项目都应进行社会效益评估。但由于各类项目各具特点，实现的目标及功能各不相同，从而使社会效益评估在各类项目中的作用相距甚远。对于教育、文化、卫生、体育项目和城市基础设施项目，以创造社会效益为主，应重点进行社会效益评估；农业、林业、水利项目及交通项目，社会效益往往比经济效益明显，也是社会效益评估的重点；工业项目以经济效益为主，一般不重点作社会效益评估。但在边远地区、少数民族地区和贫困地区建设的工业项目，所涉及的社会环境因素比较复杂，应通过社会效益评估做重点分析。

（二）社会效益评估的主要内容

水利水电建设项目社会效益评估的主要内容，包括水电建设项目对社会环境的影响、对自然与生态环境的影响、对自然资源的影响、对社会经济的影响四个方面。

1. 对社会环境的影响

对社会环境的影响主要包括项目对社会政治、安全、人口、文化教育等方面的影响。

（1）对当地人口的影响。

（2）就业效益。

（3）对当地文化教育的影响（包括文物古迹、娱乐设施）。

（4）对人民卫生保健的影响。

（5）对社会安全、稳定的影响。

（6）对民族关系的影响。

2. 对自然与生态环境的影响

分析评估水电建设项目采取环保措施后的环境质量状况、各项污染物治理情况，以及有无近期或长远的自然与生态环境影响而导致人民对项目的不满。

（1）对环境质量的影响。

（2）对自然环境的污染（如废水、废气、废渣、噪声、震动、放射物的污染等）。

（3）影响自然景观、破坏绿化地。

（4）传扬有害细菌。

（5）破坏森林植被。

（6）造成水土流失。

（7）诱发地震。

（8）危害野生动植物生存。

（9）其他。

3. 对自然资源的影响

对自然资源的影响主要评估项目对自然资源合理利用、综合利用、节约利用等政策目标的效用。

（1）节约自然资源，如节约土地（耕地）、能源、水资源、海洋资源、生物资源、矿产资源等。

(2) 国土开发效益。

(3) 自然资源综合利用效益。

(4) 其他。

4. 对社会经济的影响

对社会经济的影响主要是从宏观角度分析项目对国家、地区的经济影响。

(1) 项目的技术进步效益。

(2) 项目节约时间的效益。

(3) 促进地区经济发展。

(4) 促进部门经济发展。

(5) 促进国民经济发展（包括改善结构、布局及提高效益等）。

二、社会效益评估的基本方法

项目的社会因素多而复杂，而且多数是无形的，甚至是潜在的。如项目对社区安全稳定的影响，人们对项目的态度，社区的人际关系，项目对卫生保健、文化水平提高的影响，对生态环境的影响，对人口素质提高的影响等。有的社会因素可以采用一定的计算公式进行定量分析，如就业效益、收入分配效益等，但多数则难以进行定量分析。因此。世界各国项目的社会评估方法很不一样：有的采用定量分析法，有的采用定性分析法，有的则采用定量与定性相结合的方法。

（一）定量分析方法

定量分析要有一定的计算公式和判别标准（参数），通过数量演算反映评价结果。一般说来，用数据说话，比较客观、科学。但如果将建设项目的所有社会效益评估因素都进行定量计算，难度极大。鉴于这种情况，我国的社会效益评估采用定量分析与定性分析相结合、参数评价与经验判断相结合的方法。能够定量分析的，尽量采用定量分析方法；不能定量分析的，采用定性分析方法加以补充说明。

社会效益评估定量分析指标大多应结合项目特点确定，以下是各类项目的通用评价指标。

1. 就业效益指标

就业效益指标可按单位投资就业人数计算，即：

$$单位投资就业人数 = \frac{本项目与相关项目新增就业人数}{项目直接投资与间接投资总额} \tag{12-38}$$

从国家层面分析，一般是单位投资就业人数越大越好。但项目所创造的就业机会，往往与其所采用的技术和经济效益密切相关。劳动密集型企业与资金密集型企业，就业效益相差很大。前者创造就业机会多，后者增加就业人数少而技术经济效益高。行业不同，产品不同，单位投资创造的就业机会也相差悬殊。项目的就业效益与经济效益之间，经常发生矛盾。从地区层面分析，我国各地区劳动就业情况不同，有的地区劳动力富余，要求多增加就业机会；有的地区劳动力紧张，希望多建设资金、技术密集型企业。因此，很难说单位投资就业人数越大就越好。

在评估就业效益指标时，应根据项目的行业特点，并结合地区劳动就业情况进行具体分析。从社会就业角度考察，在待业率高的地区，特别是经济效益相同的情况下，就业效益大的项目应列为优先项目；如果当地劳动力紧张，或拟建项目属于高新技术产业，就业效益指标的权重应相应减小，甚至可以作为次要的或仅供参考的评估指标。

2. 收入分配效益指标

收入分配是否公平，不仅是一个经济问题，更是一个社会问题。在我国，项目社会效益评估中设置了贫困地区分配效益指标，以促进国家经济在地区间的合理布局，并促进国家扶贫目标的实现。

贫困地区分配效益指标按下列两步计算：

(1) 贫困地区收益分配系数 (D_i)：

$$D_i = (G_0/G)^m \tag{12-39}$$

(2) 贫困地区收入分配效益 ($ENPV_p$)：

$$ENPV_p = \sum_{t=1}^{n} (CI - CO)_t D_i (1 + i_s)^{-t} \tag{12-40}$$

上两式中　D_i——贫困地区收益分配系数；

　　　　　G_0——项目评价时全国人均国民收入；

　　　　　G——项目评价时当地人均国民收入；

　　　　　m——国家规定的扶贫参数，m 值越大，D_i 就越大，m 可取 $1\sim1.5$；

　　　$ENPV_p$——贫困地区收入分配效益。

项目经济净现值乘以 D_i 将使项目的经济净现值增值，有利于贫困地区的建设项目优先通过经济评估，被国家接受。

3. 节约自然资源指标

节约自然资源指标主要包括项目综合能耗、占用耕地和耗水量指标。

(1) 综合能耗指标：

$$项目综合能耗 = \frac{项目年综合能耗}{项目净产值} \tag{12-41}$$

项目综合能耗不应超过行业规定的定额。

(2) 占用耕地指标：

$$单位投资占用耕地 = \frac{项目占用耕地面积（亩）}{项目总投资（万元）} \tag{12-42}$$

单位投资占用耕地应根据同类项目的经验予以评定。

(3) 耗水量指标：

$$单位产品生产耗水量 = \frac{项目年生产耗水量}{主要产品生产量} \tag{12-43}$$

单位产品耗水量由主管部门按行业规定的定额考核。

4. 环境影响指标

在环境影响的定量分析中，主要设置环境质量指数指标来分析评估项目对各项污染物治理达到国家和地方规定标准的程度，从而全面反映项目对环境治理的效果。为便于计算，环境质量指数采用各项环境污染物治理指数的算术平均值。如果该项目对环境影响很大，则可以根据各项污染物对环境影响的聚集程度不同，给予不同的权重，然后再求平均值。计算公式为：

$$r = \frac{1}{n} \sum_{i=1}^{n} \frac{Q_i}{Q_{i0}} W_i \qquad (12-44)$$

式中　r——环境质量指数；

　　n——项目排出的环境污染物种类，如废气、废渣，噪声、放射物等；

　　Q_i——第 i 种有害物质的排放量；

　　Q_{i0}——国家或地方规定的第 i 种有害物质的最大允许排放量；

　　W_i——第 i 种有害物质对环境影响的权重。

（二）定性分析方法

定性分析方法基本上是采用文字描述，说明事物的性质。在需要与可能的情况下，定性分析也应尽量采用直接或间接的数据，以便更准确地说明问题的性质或结论。定性分析的指导纲要如下。

1. 社会经济方面影响分析

社会经济方面影响分析主要分析项目对国民经济、地区经济和部门经济带来的效益和影响。

（1）对提高地区和部门科技水平的影响，对项目采用新技术和技术扩散的影响。

（2）对自然资源环境保护和生态平衡的影响。

（3）对产品质量和产品用户的影响。

（4）对资源利用和远景发展的影响。

（5）对基础设施和城市建设的影响。

（6）对人民物质文化生活及社会福利的影响。

（7）对社会安全和稳定的影响，对当地人民社会保障的影响。

2. 项目与社会相互适应性分析

项目与社会相互适应性分析主要包括以下内容。

（1）项目是否适应国家、地区（省、自治区、直辖市）发展重点。

（2）项目的文化与技术的可接受性，主要分析项目是否适应当地人民的需求，当地人民在文化和技术上能否接受此项目，有无成本更低、效益更高、更易为人民所接受的项目方案。

（3）项目的风险程度，如项目有无风险，人们对此项目的态度和反映，项目能否为贫困户、妇女与受损人群所接受，可采取哪些措施防止社会风险等。

（4）受损人群的补偿问题，分析项目使谁受益、使谁受损，提出对受损人群的补偿措施。

（5）项目的参与水平，分析社区人群参与项目的态度、要求和参与水平。

（6）项目承担机构能力的适应性，分析项目承担机构的能力，能采取什么措施提高能力，以适应项目的持续性。

（7）项目的持续性，研究项目能否持续实施并继续发挥效益，对各种影响项目持续性的因素应采取什么措施，以保证项目的长期生存。

建设项目社会效益评估的定性分析与定量分析一样，要确定分析评价的基准线；要在可比的基础上进行"有项目"与"无项目"的对比分析；要制定定性分析的核查提纲，以利于调查分析的深入；并要在衡量影响重要程度的基础上，对各种指标进行权重排序，以便于综合分析评估。

第十三章 水利水电建设项目后评价

第一节 概 述

一、水利水电建设项目后评价及其作用

（一）水利水电建设项目后评价的概念

建设项目后评价是相对于建设项目决策前的项目评估而言的。它是项目决策前评估的继续和发展。水利水电项目后评价是指水电建设项目在竣工投产、生产运营一段时间后（一般在投产 2 年后），依据实际发生的数据和资料，对项目的立项决策、设计施工、竣工投产、生产运营等全过程进行系统评价，测算分析项目经济技术指标，通过与前评估报告等文件的对比分析，确定项目是否达到原设计和期望的目标，重新估算项目的经济和财务等方面的效益，并总结经验教训的意向综合性工作。它是固定资产投资管理的一项重要内容，同时也是固定资产投资管理的最后一个环节。

建设项目后评价是一项比较新的事业，一些西方发达国家和世界银行等国际金融组织，开始建设项目后评价工作也仅有三四十年的历史，我国从 1988 年以后才正式开始建设项目后评价试点工作。

（二）水电建设项目后评价的特点

项目后评价不同于项目贷款决策评估，它与前评估相比，具有如下特点。

1. 现实性

投资项目后评价分析研究的是项目实际情况，是在项目投产的一定时期内，根据企业的实际经营结果，或根据实际情况重新预测数据，总结前评估的经验教训，提出实际可行的对策措施。项目后评价的现实性决定了其评估结论的客观可靠性。

2. 全面性

项目后评价不仅要分析项目的投资过程，还要分析其生产经营过程；不仅要分析项目的经济效益，还要分析其社会效益、环境效益；另外还需分析项目经营管理水平和项目发展的后劲和潜力，具有全面性。

3. 反馈性

项目后评价的目的是对现有情况进行总结和回顾，并为有关部门反馈信息，以期提高投资项目决策和管理水平，为以后的宏观决策、微观决策和项目建设提供依据和借鉴。

4. 探索性

投资项目后评价要在分析企业现状的基础上提问题，以探索企业未来的发展方向和发展趋势。

5. 合作性

项目后评价涉及面广、难度大，因此需要各方面组织和有关人员的通力合作，齐心协

力才能做好后评价工作。

（三）水利水电建设项目后评价的作用

通过建设项目后评价，可以达到肯定成绩，总结经验，研究问题，吸取教训，提出建议，改进工作，不断提高项目决策水平和投资效果的目的。水利水电建设项目后评价的作用体现在以下几个方面。

1. 有利于提高项目决策水平

一个水电建设项目的成功与否，主要取决于立项决策是否正确。在我国的水电建设项目中，大部分项目的立项决策是正确的。但也不乏立项决策失误的项目。后评价将教训提供给项目决策者，这对于控制和调整同类建设项目具有重要作用。

2. 有利于提高设计施工水平

通过项目后评价，可以总结项目设计施工过程中的经验教训，从而有利于不断提高工程设计施工水平。

3. 有利于提高生产能力和经济效益

项目建成投产后，经济效益好坏、何时能达到生产能力（或产生效益）等问题，是后评价十分关心的问题。如果有的项目到了达产期不能达产，后评价时就要认真分析原因，提出措施，促其尽快达产，努力提高经济效益，使建成后的项目充分发挥作用。

4. 有利于提高引进技术和装备的成功率

在一般情况下，国家可以选择若干同类型的引进项目。通过后评价，总结引进技术和装备过程中成功的经验和失误的教训，提高引进技术和装备的成功率。

5. 有利于控制工程造价

大中型水电建设项目的投资额，少则几亿元，多则十几亿元、几十亿元，甚至几百亿元，造价稍加控制就可能节约一笔可观的投资。目前，在水电建设项目前期决策阶段的咨询评估，在建设过程中的招投标、投资包干等，都是控制工程造价行之有效的方法。通过后评价，总结这方面的经验教训，对于控制工程造价将会起到积极的作用。

（四）后评价与前评估的差别

1. 侧重点不同

投资项目的前评估主要是以定量指标为主，侧重于项目的经济效益分析与评估，其作用是直接作为项目投资决策的依据；后评价则要结合行政和法律、经济和社会、建设和生产、决策和实施等各方面的内容进行综合评价。它是以现有实事为依据，以提高经济效益为目的，对项目实施结果进行鉴定，并间接作用于未来项目的投资决策，为其提供反馈信息。

2. 内容不同

投资项目的前评估主要是对项目建设的必要性、可行性、合理性及技术方案和生产建设条件等进行评估，对未来的经济效益和社会效益进行科学预测；后评价除了对上述内容进行再评估外，还要对项目决策的准确程度和实施效率进行评估，对项目的实际运行状况进行深入细致的分析。

3. 依据不同

投资项目的前评估主要依据历史资料和经验性资料，以及国家和有关部门颁发的政策、规定、方法、参数等文件；项目的后评价则主要依据建成投产后项目实施的现实资料，并把历史资料与现实资料进行对比分析，其准确程度较高，说服力较强。

4. 阶段不同

投资项目的前评估是在项目决策前的前期阶段进行，是项目前期工作的重要内容之一，是为项目贷款决策提供依据的评估；后评价则是在项目建成投产后一段时间内（一般在投产 2 年后），对项目全过程的总体情况进行的评估。

总之，投资项目的后评价是依据国家政策、法律法规和制度规定，对投资项目的决策水平、管理水平和实施结果进行的严格检验和评估。在与前评估比较分析的基础上，总结经验教训，发现存在的问题并提出对策措施，促使项目更快更好地发挥效益。

二、水利水电建设项目后评价的内容

从项目运行过程的角度来看，我国水电建设项目后评价的内容主要包括以下几个方面：

（1）项目前期立项决策的后评价：主要包括项目立项条件再评价，项目决策程序和方法的再评价，项目勘察设计的再评价，项目前期工作管理的再评价等。

（2）项目实施的后评价：主要包括项目实施管理的再评价，项目施工准备工作的再评价，项目施工方式和施工项目管理的再评价，项目竣工验收和试生产的再评价，项目生产准备的再评价等。

（3）项目运营和建设效益评价的后评价：主要包括生产经营管理的再评价、项目生产条件的再评价，项目达产情况的再评价，项目产出的再评价，项目经济后评价等。

在实际工作中，可以根据水电建设项目的特点和工作需要而有所侧重。

三、水利水电建设项目后评价的方法

水利水电建设项目后评价的基本方法是对比法，就是将水电建设项目建成投产后所取得的实际效果、经济效益和社会效益、环境保护等情况，与前期决策阶段的预测情况相对比，与项目建设前的情况相对比，从中发现问题，总结经验和教训。在实际工作中，往往从以下三个方面对建设项目进行后评价。

1. 影响评价

通过项目竣工投产（营运、使用）后对社会的经济、政治、技术和环境等方面所产生的影响，来评价项目决策的正确性。如果项目建成后达到了原来预期的效果，对国民经济发展、产业结构调整、生产力布局、人民生活水平提高、环境保护等方面都带来有益的影响，说明项目决策是正确的；如果背离了既定的决策目标，就应具体分析，找出原因，引以为戒。

2. 经济效益评价

通过项目竣工投产后所产生的实际经济效益与可行性研究时所预测的经济效益相比较，对项目进行评价。运用投产运营后的实际资料，计算财务内部收益率、财务净现值、财务净现值率、投资利润率、投资利税率、贷款偿还期、国民经济内部收益率、经济净现值、经济净现值率等一系列后评价指标，然后与可行性研究阶段所预测的相应指标进行对比，从经济上分析项目投产运营后是否达到了预期效果。没有达到预期效果的，应分析原因，采取措施，提高经济效益。

3. 过程评价

对水电建设项目的立项决策、设计施工、竣工投产、生产运营等全过程进行系统分析，找出项目后评价与原预期效益之间的差异及其产生的原因，使后评价结论有根有据，同时针对问题提出解决的办法。

以上三个方面的评价有着密切的联系，必须全面理解和运用，才能对后评价项目做出客观、公正、科学的结论。

四、水利水电建设项目后评价的组织与实施

（一）后评价工作的组织

我国目前进行水电建设项目后评价，一级按三个层次组织实施，即业主单位的自我评价、项目所属行业（或地区）的评价和各级计划部门的评价。

1. 业主单位的自我评价

业主单位的自我评价，也称自评。所有建设项目竣工投产（营运、使用）一段时间以后，都应进行自我评价。

2. 行业（或地区）主管部门的评价

行业（或地区）主管部门必须配备专人主管建设项目的后评价工作。当收到业主单位报来的自我后评价报告后，首先要审查其报来的资料是否齐全、后评价报告是否实事求是；同时要根据工作需要，从行业或地区的角度选择一些项目进行行业或地区评价，如从行业布局、行业的发展、同行业的技术水平、经营成果等方面进行评价。行业或地区的后评价报告应报同级和上级计划部门。

3. 各级计划部门的评价

各级计划部门是水电建设项目后评价工作的组织者、领导者和方法制度的制订者。各级计划部门当收到项目业主单位和行业（或地区）业务主管部门报来的后评价报告后，应根据需要选择一些项目列入年度计划，开展后评价复审工作，也可委托具有相应资质的查询公司代为组织实施。

（二）后评价项目的选择

各级计划部门和行业（或地区）业务主管部门不可能对所有水电建设项目的后评价报告逐一进行审查，只能根据所要研究的问题和实际工作的需要，选择一部分项目开展后评价工作。所选择的后评价项目大体可分为以下四类。

（1）为总结经验，应选择公认的立项正确、设计水平高、工程质量优、经济效益好的项目进行后评价。

（2）为吸取教训，应主要选择立项决策有明显失误、设计水平不高、建设工期长、施工质量差、技术经济指标远低于同行业水平、经营亏损严重的项目进行后评价。

（3）为研究投资方向、制定投资政策的需要，可选择一些投资额特别大或跨地区、跨行业，对国民经济有重大影响的项目进行后评价。

（4）选择一些新产品开发项目或技术项目进行后评价，以促进技术水平和引进项目成功率的提高。

选择后评价项目还应注意两点：第一，项目已竣工验收，投资决算已经上报批准或已经审计部门认可；第二，项目已投入生产（营运、使用）一段时间，能够评价企业的经济效益和社

会效益。否则，将很难作出实事求是的科学结论。

五、项目后评价程序

水利水电建设项目后评价同项目前评估一样，是一项经济技术性较强而又复杂的工作，因此必须采取科学的工作程序，才能达到评估的预期目的。后评价的一般程序如下。

后评价工作一般分为以下四个阶段。

（一）制定计划阶段

（1）提出项目后评价工作计划。

（2）组建后评价小组。评价小组一般应包括经济技术人员、工程技术人员、市场分析人员，还应包括直接参与项目实施的工作人员。

（3）拟定项目后评价工作大纲，安排工作进度。

（二）收集资料阶段

收集项目从筹建到施工、竣工到生产的建设生产方面的数据和资料。

1. 建设前期资料

（1）决策资料：可行性研究报告、项目评估报告、设计任务书、批准文件等。

（2）初步设计、施工图设计、工程概算、预算、决算报告等。

（3）施工合同、主要设备、原材料订货合同及建设生产条件有关的协议和文件。

（4）厂史资料、项目背景资料。

2. 竣工及生产期资料

（1）竣工验收报告。

（2）人员配置、机构设置、领导班子等情况。

（3）生产期历年生产、财务计划及完成情况、财务报表、统计报表和分析资料。

（4）对项目进行重大技术改造资料。

3. 其他资料

（1）有关生产同样产品的主要企业或同类企业的信息资料。

（2）国内、省内该项产品的长期发展规划和发展方向、发展重点和限制对象等资料。

（3）优惠政策及国家有关经济政策资料。

（4）贷款项目档案资料。

（三）评价阶段

（1）根据资料进行分项评价。

（2）根据分项评估进行综合评价。

（3）坚持客观、公正和科学的原则编写后评价报告。

（四）总结阶段

把后评价结果、建议报告反馈给有关部门。

第二节 水利水电项目建设过程后评价

项目的建设过程是固定资产逐步形成的过程，它对项目最终能否发挥投资效益有着十分重要的作用。水电建设项目后评价的目的在于评价水电建设项目逾期决策和实施的实绩，分析和总结前期决策工作和项目实施中的经验教训，为今后项目管理积累经验。

一、立项决策评价

根据已建水电项目的实际情况，主要从以下几个方面对水利水电项目决策进行后评价：

1. 决策依据

根据工程实际资料，论证立项条件的正确程度。要对项目建议书和可行性研究报告中有关工业布局、资源、厂址、生产规模、工艺设备、产品性能等方面的预测和项目评估资料，做出比较和评价。

2. 投资方向

根据国情国力现状，分析投资方向的适应程度。要从产业政策、城乡建设和社会经济发展的前景，评价其对提高行业的生产能力和技术水平，以及对繁荣区域经济和文化生活的促进作用。

3. 建设方案

对项目的原建设方案进行分析，并与最终实施方案进行比较，评价重大的修改变更情况。

4. 技术水平

分析建设项目的技术状况，与国家的技术经济政策和国内外同类项目的技术水平相比，评价其先进、合理、经济、适用、高效、可靠、耐久程度，以及所采用的工艺、设备标准、规程等的成熟程度。

5. 引进效果

对于涉外项目，还应对引进技术、引进设备的必要性和消化吸收情况、签约程序、合同条款的变更、索赔事项、外资筹措和支付等方面的情况进行评价。

6. 协作条件

评价项目所在地的外部协作配合条件，包括供电、供热、供气、供水、排水、防洪、通信、交通、气象、劳务等方面的落实程度。

7. 土地使用

对土地占用情况的评价。主要评价是否遵守有关国土规划、城市规划，以及文物保护、环境保护、资源保护等方面的法令法规，说明土地征用、建筑物拆迁、人员安置的情况。

8. 咨询意见

对前期咨询评估报告的内容和意见的评价。主要评价咨询单位的评估内容和意见是否具有公正性、可靠性和科学性，评估的意见是否得到贯彻执行。

9. 决策程序

评价决策过程的效率和决策科学化、民主化的程度。按照项目管理的要求，评价项目筹建机构的组织指挥能力。

10. 效益评价

对可行性研究报告预测的经济效益和市场预测深度进行评价。

二、勘察设计评价

1. 选择勘察设计单位及监理单位方式的评价

是否通过招标方式选择勘察设计单位和建设监理单位，效果如何。还要对勘察设计单位和建设监理单位的能力及资信情况进行评价。

2. 勘察工作质量的评价

应结合工程实践说明以下问题。

(1) 地形地貌测绘图纸对工程总平面图布置的满足程度，特别是防止洪涝灾害、减少土石方工程量、清除施工障碍等方面的精确程度。

(2) 水文地质和工程地质等方面的勘察工作深度。根据实际情况，对钻孔布置、勘察精度等与工程实际状况进行比较。

(3) 结合资源勘探结论，根据实际投产后的数据分析，对原来提供的资源分布情况。储量、开采年限、采掘条件等进行评价。

(4) 对特殊项目，要说明所提供的气象勘察资料在建设过程中的验证情况。

3. 设计方案的评价

要从总体设计上说明以下问题。

(1) 设计的指导思想是否充分体现了技术上先进、经济上合理、方案可行、规模进度的要求。

(2) 设计方案的优选方法是经过设计招标或多方案的评比优化，还是套用国内外同类项目的模式。

(3) 最终确定的设计方案在工程实践中的修改和变更情况。

4. 设计水平的评价

主要评价以下内容。

(1) 总体设计规划和总图质量水平，主要设计技术指标的先进程度和达标要求，工程总概算的控制能力。

(2) 设计采用的新工艺、新技术、新材料、新结构情况，安装设备、建筑设备的选型定型情况和国产化程度。

(3) 设计单位的图纸和预算质量，包括出图计划执行情况，图纸差错、设计变更、预算漏项等，以及由此造成的投资增减、工期调整、环境影响等方面的情况。

(4) 设计单位的服务质量，主要评价是否能为国家节约投资，全面安排好配套设施，预留发展或技术改造条件；还要评价设计人员深入工程现场，进行技术交底和提供咨询服务、指导施工的情况。

三、采购工作评价

采购工作评价包括以下主要内容。

(1) 在设备采购准备阶段，主要评价建设项目是否已正式列入国家计划，是否具有批准的初步设计文件或设计单位确认的设备清单及详细的技术规格书，大型专用设备预安排是否具有批准的可行性研究报告。

(2) 项目采购的设备和材料是否经过招投标方式进行，招投标文件和有关证明文件是否规范和满足要求，对参加投标及中标的供货商或承包人是否进行过资信调查。

（3）项目采购的设备和材料是否符合国家的技术政策，是否先进、适用、可靠；采用的国内科研成果是否经过工业实验和技术鉴定。

（4）引进的国外设备和技术是否符合国家有关规定和国情，是否成熟，有无盲目、重复引进的现象，消化吸收如何；引进的专利技术制造的设备是否有其先进性和适用性。

（5）采购合同执行阶段，主要评价采购合同是否完善，设备到场后保管是否妥善，检验手续是否完备。

（6）评价设备的运行情况是否达到设计能力。

四、施工评价

（一）施工准备工作评价

（1）进行施工招标时，工程是否已正式列入年度建设计划；资金是否已经到位，主要材料、设备的来源是否已经落实；初步设计及概算是否已经批准，是否有能满足标价计算要求的设计文件。

（2）施工招标是否通过公平竞争择优选择施工承包人，达到了使建设项目质量优、工期短、造价合理的目的。

（3）施工组织方式是否科学合理，施工承包人人员素质和技术装备情况是否达到规定要求，施工现场的"三通一平"和大型临时设施的准备情况，施工物资的供应、验收和使用情况。

（4）施工技术准备情况，包括施工组织设计的编制，施工技术组织措施的落实，以及现场的技术交底和技术培训工作等。

（二）施工管理工作评价

主要评价施工过程中工期目标、质量目标、成本目标完成的情况和特点。

1. 工期目标评价

主要评价合同工期履约情况和各单项（单位）工程进度计划执行情况；核实单项工程实际开、竣工日期，计算实际建设工期和实际建设工期的变化率；分析施工进度提前或拖后的原因。

2. 质量目标评价

主要评价单位工程的合格率、优良率和综合质量情况。

（1）计算实际工程质量的合格品率、实际工程质量的优良品率等指标，将实际工程质量指标与合同文件中规定的、或设计规定的、或其他同类工程的质量状况进行比较，分析变化的原因。

（2）评价设备质量，分析设备及其安装工程质量能否保证投产后正常生产的需要。

（3）计算和分析工程质量事故的经济损失，包括计算返工损失率、因质量事故拖延建设工期所造成的实际损失，以及分析无法补救的工程质量事故对项目投产后投资效益的影响程度。

（4）工程安全情况评价，分析有无重大安全事故发生，分析其原因和所带来的实际影响。

3. 成本目标评价

主要评价物资消耗、工时定额、设备折旧、管理费等计划与实际支出的情况，评价项目成本控制方法是否科学合理，分析实际成本高于或低于目标成本的原因。

(1) 主要实物工程量的变化及其范围。

(2) 主要材料消耗的变化情况，分析造成超耗的原因。

(3) 各项工时定额和管理费用标准是否符合有关规定。

五、生产运营评价

生产运营评价，是将项目实际经营状况、投资效果与预测情况或其他同类项目的经营状况相比较，分析和研究偏离程度及其原因，系统地总结项目投资的经验教训，为进一步提高项目实际运营效益献计献策。

1. 生产运行准备工作评价

建设项目的生产运行准备工作，是充分发挥投资效益的重要组成部分，后评价时要分析以下内容。

(1) 原设计方案的定员标准和实有职工人数情况，机构设置是否科学合理。

(2) 生产和管理人员工作的熟练程度，培训和考核上岗情况。

(3) 生产性项目的产、供、销渠道和生产资金的准备情况。

(4) 生产运行的外部条件调整和改善措施。

2. 生产管理系统评价

大型水电建设项目应当建立相应的现代化管理系统，后评价时要根据项目性质和特点，分析管理系统的完善程度。

(1) 为保证产品质量和提高经济效益的生产技术和经营管理系统的完善程度。

(2) 交通运输、邮电通信、输电输油输气项目进入局域网后，运行管理系统的完善程度。

(3) 农林水利、环境项目等涉及社会效益、环境效益的综合管理系统的完善程度。

(4) 城市公用事业和教育、科学、文化、卫生、体育项目的服务和维护管理系统的完善程度。

(5) 国防军工项目的安全保证和管理系统的完善程度。

3. 项目使用功能评价

项目建成投产后的使用功能评价包括以下内容。

(1) 生产性项目的达产达标情况。

(2) 非生产性项目的使用效果。

(3) 原材料消耗和能源消耗与国内外同类项目的水平对比。

(4) 对可靠性、耐久性的分析和长期使用效果的预测。

第三节 水利水电建设项目效益后评价

一、水利水电建设项目效益后评价及其主要内容

(一) 水利水电建设项目效益后评价的概念

水利水电建设项目效益后评价是水电建设项目后评价工作的有机组成部分和重要内容。它以水电建设项目投产后实际取得的经济效益和社会效益为基础，重新测算项目计算期内各主要投资效益指标与项目前期决策指标或基准判据参数，在比较的偏差中发现问题，找出原因和改进措施，总结经验教训，为提高水电建设项目的投资效益、管理水平和投资决策服务。

项目效益后评价有别于可行性研究中的效益评估。它不是以预期效益目标为基础的预测分析，而是在对已投产项目所取得的实际效益进行统计分析的基础上所作的一种重新测算分析。

项目效益后评价也不同于企业日常经营活动的盈亏平衡分析。它是对项目整个计算期进行的长期分析，是从项目总的投入和产出角度，考察项目的盈利能力和借款偿还能力。

（二）水利水电建设项目效益后评价的主要内容

水电项目建成投产后，对当时的社会、经济、政治、技术、环境等各个方面，必然产生不同程度的影响。凡是有利的影响，都可视为项目产生的一种效益。水利水电建设项目效益后评价包括以下主要内容。

1. 项目投资和执行情况的后评价

（1）复核项目竣工决算的正确性。将项目实际固定资产总投资额，与项目可行性研究报告中固定资产总投资额估算数和最初批准的概算总投资额进行比较，计算出项目实际建设成本的变化率，分析偏差产生的原因。

（2）评价固定资产实际投资范围、构成比例是否合理，工程概预算是否准确，分析引起超概算的原因。如因价格、汇率、利率、税目、税率和费用标准的变化对总投资的影响，因设计方案变更、设计漏项、自行改变建设规模、提高建设标准、预留投资缺口、损失浪费等对总投资的影响。计算各类因素引起超支占总超支额的比例。

（3）认真总结支概算、无效投资和损失浪费的教训，以及降低费用和节约投资的成功经验。

（4）对建设资金的实际来源渠道、数额、到位时间和对工程进度的满足程度作出说明，同时要分析流动资金实际占用是否合理，总结资金筹措的经验。

（5）利用外资（含港、澳、台及侨资）项目还应评价外资利用方向、范围、规模及内外比例是否合理，前期工作中对国际金融市场变化趋势、利率、汇率和通货膨胀等风险因素预测是否准确，总结不同外贷类型、外贷方式的利弊得失和争取优惠贷款的经验。

2. 项目经营达产和实际效益的后评价

（1）计算项目从投产到后评价时点止，各年的销售额利润率和销售额利税率，结合当年生产负荷情况，考察项目生产效益状况。

（2）分析产品生产成本、销售收入、利润水平与前期决策阶段的预测值相比的变化率大小和产生原因，对涨价因素作出客观处理，对企业管理费和主要产品能源及原材料消耗的超标原因，进行深入分析，并提出改进措施。

（3）对未如期达到生产能力的项目，要分别从产品销售市场、工艺技术及设备、原材料、燃料、动力、资金供应及管理等方面，分析影响和制约生产能力利用率的原因，提出相应对策。

生产能力和实际效益状况是项目立项决策及建设实施效果的综合反映，也是重新测算后评价时点后计算期剩余年份内各项经济数据的基础和依据，是项目效益后评价的关键环节，要求各项实际数据翔实可靠，分析判断真实准确。

3. 项目财务效益后评价

（1）在对项目投产后的产品市场、成本、价格和利税进行统计分析的基础上，以后评价时间为起始点，预测项目计算期内未来时间将要发生的投入和产出，重新测算财务后评价的主要效益指标和变化率，据以考察整个项目的财务盈利能力、清偿能力及外汇效果等财务状况。

（2）编制基本财务报告，将后评价时点前的统计数字和后评价时点后的预测数字添入表中，据此计算项目效益后评价的各项财务评价指标。

（3）通过后评价计算出的各项财务评价指标，与可行性研究报告预测值或行业基准判据参数进行对比分析，着重从项目固定资产投资、流动资金、建设工期、达产年限、达产率、产品销售量、销售价格、产品成本、汇率、利率等方面，分析变化的原因和产生的影响，抓住主要影响因素和深层次诱因，提出进一步改进和提高项目财务效益的主要对策和措施。

（4）通过"财务后评价外汇流量表"与可行性研究时所编制的外汇流量表对比，分析变化原因，对外汇平衡、节汇创汇和外贷偿还的现状、前景及改善措施作出评价。

（5）总结如何提高项目财务分析、经营管理和投资决策水平的规律和经验。

4. 项目国民经济效益后评价

（1）编制国民经济后评价基本报表，计算整个项目的国民经济后评价指标。从国民经济整体角度考察项目的效益，在计算时要采用不同时期的影子价格、影子工资、影子汇率和社会折现率等国家参数，对后评价时点前的各年项目实际发生的和计算期未来时间各年预测的财务费用、效益进行调整。

（2）国民经济后评价确定投入产出物的影子价格时，外贸货物、非外贸货物、特殊投入物的划分原则和影子价格的计算方法，依据国家计委颁发的《建设项目经济评价方法与参数》规定执行。

（3）通过国民经济的评价指标与可行性研究预测的相关指标对比，对项目作出评价。例如将国民经济后评价内部收益率，分别与国家最新发布的社会折现率和可行性研究确定的经济内部收益率进行比较，分析产生的差异及其原因。

（4）从国家整体角度评价项目经济效益决策的正确性，并就改善项目投资环境、优化产业产品结构、指定倾斜政策、合理调整价格、深化体制改革等方面，提出以提高经济效益为重点的政策性建议或具体措施。

5. 项目社会效益后评价

（1）评价项目建成投产后在就业、居民生活条件改善，收入和生活水平提高，文教卫生、体育、商业等公用设施增加和质量提高等方面带来的影响。

（2）评价项目建成后，对本地区经济发展、社会繁荣和城市建设、交通便利等方面产生的实际影响，以及对改善生态平衡、环境保护、促进水矿产资源综合利用、开发自然风光和名胜古迹等旅游事业方面所产生的影响。

（3）评价在产业结构的增量或存量调整和改善生产力布局、资源优化配置等方面产生的作用和影响。

（4）将项目投产后所产生的效果，与可行性研究预期达到的社会效益目标进行对比，分析项目投产后是否产生了负效果或公害，提出具体的解决措施、办法和期限。

6.技术进步和规模效益后评价

（1）对项目采用先进技术的含量以及由于推进科技进步、增加科技投入或智力投资而产生的技术进步效益，用"有无对比"的方法作出评价。

（2）评价项目引进的技术、设备或标准，对行业技术进步、国产化、推广应用和提高国家的科技水平、装备水平所产生的实际影响。

（3）大中型项目尤其是国家重点建设项目，应根据达产后的实际效益状况，对比国内中小型项目或参照国外同等规模项目，评价其是否达到了应有的规模经济效益水平。

（4）通过与可行性研究预期效益的对比，提出成功和不足的经验教训，进一步向技术进步和规模经济要效益。

7.可行性研究深度的后评价

（1）评价项目在前期立项和决策阶段对项目效益预期目标的论证和认定，是否严肃认真地进行了可行性研究工作；对项目内部收益率或其他主要效益指标的确定，是否有高估冒算的情况。

（2）综合计算项目后评价效益指标与前期决策阶段预期效益指标的变化率大小，考核对项目效益进行可行性研究工作的深度。

当综合效益变化率小于±15%时，视为深度合格；

当综合效益变化率大于±35%时，视为深度不合格；

当综合效益变化率不小于±15%、不大于±35%时，视为相当于初步可行性研究水平。

在实际评价工作中，由于计算后评价综合效益的权数不易确定，常用内部收益率的变化率指标，从效益角度对前期工作深度进行评定。

二、水利水电建设项目效益后评价指标体系

1.指标体系

水利水电建设项目效益后评价的主要经济指标如图13-1所示。

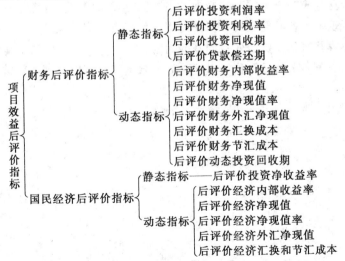

图13-1　水利水电建设项目效益后评价的主要经济指标

　　图中各指标的计算方法与项目可行性研究报告中相应指标的计算方法相同，区别仅在于后评价采用的数值是项目投产后实际发生数或以实际数值为基础的重新测算数。

　　2. 变化率计算方法

　　为了便于定量分析项目效益指标前后的偏差程度，后评价时应设置变化率指标。例如，利用内部收益率的变化率指标，衡量项目后评价内部收益率与预期内部收益率的偏差程度，其计算公式为

$$后评价内部收益率 = \frac{年度承包工程总值 \times 主要材料所占比重}{年度施工日历天数} \times 材料储备天数$$

$$(13-1)$$

　　用同样方式，亦可计算出其他效益指标的变化率。

　　3. 主要判据参数

　　进行水电建设项目效益后评价，不仅需要有科学的方法和完整的指标体系，而且还必须设定一整套考核项目实际效益的评判基准。

　　评价项目效益指标是否实现了预期目标，其标准只能是立项决策阶段所制订的效益预期值。但由于各种原因，如建设期过长，物价指数、市场供求关系、利率、汇率、税目税率等发生的变化很大，原决策效益目标难免失实。因此，在不同时期由国家或行业发布的各项基准判据将在项目效益后评价中占有重要位置。这些判据主要有以下几种。

　　(1) 财务基准收益率是项目后评价财务内部收益率的判据，当后评价财务内部收益率超过财务基准收益率时，认为项目财务盈利能力满足最低要求。

　　(2) 按行业测算的基准投资利润率和基准投资利税率，是项目后评价投资利润率和投资利税率的判据。

　　(3) 不同行业的基准投资回收期是项目后评价投资回收期的判据。

　　(4) 项目借款偿还期一般以项目贷款银行与业主单位签订的贷款合同所规定的偿还期限作为判据。

　　(5) 后评价财务换汇成本的基准判据是中国银行发布的现行外汇汇率。

　　(6) 社会折现率是各类建设项目国民经济评价都应采用的国家统一折现率，也是项目后评价经济内部收益率和投资净效益的基准判据。

　　以上判据参数只是项目后评价可以接受的下限基准，应以更高的效益目标作为努力提高的方向。

附　　　录

附录 1　水利前期工作投资计划管理办法

水规计〔2006〕47号

第一章　总　　则

第一条　为了加强水利基建前期工作投资计划管理，保证工作质量，提高投资效率，制订本办法。

第二条　本办法适用于中央水利基建投资安排的各类水利基建前期工作项目。

第二章　项　目　立　项

第三条　水利基建前期工作项目立项实行《水利前期工作勘测设计（规划）项目任务书》（以下简称《项目任务书》）审批制度。项目立项参照《水利前期工作项目计划管理办法》（水规计〔1994〕544号）执行，凡未经批准《项目任务书》的前期工作项目，一律不列入水利基建前期工作年度投资计划。

第四条　《项目任务书》由项目主管单位依据水利建设发展规划和任务要求负责组织编制，并按基本建设程序报部，项目主管单位是指前期工作项目申报立项单位。《项目任务书》编制的具体要求参照水利部水利水电规划设计总院《关于编制水利前期工作勘测设计任务书有关问题的通知》（水规计字〔1998〕10号）的规定执行。水利基建前期工作项目概算应严格按照国家和水利部颁发的收费标准和定额审报。

第五条　按照基本建设项目分类及分级负责的原则，凡中央安排投资的水利基建项目，《项目任务书》由部委托水利水电规划设计总院组织审查，部负责审核批复。对水利水电规划设计总院负责编制的《项目任务书》，由部组织审批，重大项目的《项目任务书》上报国家发展计划委员会批复。

第三章　投资计划管理

第六条　水利基建前期工作必须由项目主管单位委托具有相应资质的水利水电勘测设计研究单位、科研院所及大专院校（统称项目责任单位）承担。在《项目任务书》基础上，项目主管单位应与项目责任单位签订合同，实行前期工作项目合同管理。项目主管单位要建立项目档案，加强项目管理。

第七条　水利基建前期工作实行项目责任人负责制。项目主管单位和项目责任单位均应明确项目责任人，对项目的资金使用和质量负总责。项目执行中要严格设计和校审签字制度，保证前期工作每一个环节责任到人。

第八条　项目主管单位应逐步实行水利基建前期工作项目招投标制，通过竞争机制增加前期工作科技含量，提高工作水平，降低工作成本。中标的项目责任单位签订合同后，要严格履行合同，严禁转包。

第九条　对重大水利基建前期工作项目，项目主管单位要实行专家咨询制度，并就项目执行过程中的重大问题征求专家意见，提高前期工作科技含量。

第十条　项目主管单位和项目责任单位要加强水利基建前期工作投资计划管理，实行投资专款专用，不得滞留、挪用，不得随意调整。对需调整投资计划的项目，应由项目主管单位报部审批。

第十一条　部有关单位和各流域机构要切实加强对水利基建前期工作项目投资计划执行情况的检查监督，并承担监督责任。项目主管单位对前期工作资金使用、工作进度以及工作质量等情况要定期报部，年终应提出前期工作项目年度报告报部。

第四章　成果审查审批

第十二条　项目责任单位要按照《项目任务书》、合同和各类设计规程规范的规定，向项目主管单位提交完整的前期工作成果，包括项目的设计文件或研究报告及各类详细附件等资料。

第十三条　项目主管单位要按照《项目任务书》及合同的要求，对项目成果组织各方专家进行评审和验收，并按基本建设程序有关规定报部。各流域机构主持完成的水利基建前期工作项目，其成果由水利水电规划设计总院组织审查，各司局及水利水电规划设计总院主持完成的项目，其成果由部组织审查。

第十四条　项目审查单位要对水利基建前期工作项目成果进行严格审查，提出审查意见，并对其审查成果负责，经审查后的前期工作成果按基本建设程序有关规定报批。对于不符合质量要求的设计文件，要提出修改意见，由项目主管单位负责组织修改完善。

第五章　附　则

第十五条　本办法由水利部负责解释。

第十六条　本办法自公布之日起开始执行。

附录2 水利工程建设项目实行项目
法人责任制的若干意见

(1995 年 4 月 21 日水利部水建［1995］129 号通知发布)

实行项目法人责任制是适应发展社会主义市场经济，转换项目建设与经营体制，提高投资效益，实现我国建设管理模式与国际接轨，在项目建设与经营全过程中运用现代企业制度进行管理的一项具有战略意义的重大改革措施。为了在水利工程建设中实行项目法人责任制，现提出以下若干意见：

一、各级水行政主管部门，要把实行项目法人责任制作为水利建设与改革的大事来抓，领导要亲自抓，抓出成效。同时要采取组织措施，建立或明确一个管理机构（如建设管理部门）具体负责这项工作。要组织职工全面系统地学习和研究有关项目法人责任制的理论及有关政策法规。

二、实行项目法人责任制的范围。根据水利行业特点和建设项目不同的社会效益、经济效益和市场需求等情况，将建设项目划分为生产经营性、有偿服务性和社会公益性三类项目。今后新开工的生产经营性项目原则上都要实行项目法人责任制；其他类型的项目应积极创造条件，实行项目法人责任制。

三、项目法人及组成。投资各方在酝酿建设项目的同时，做到先有法人，后有项目。

国有单一投资主体投资建设的项目，应设立国有独资公司；两个及两个以上投资主体合资建设的项目，要组建规范的有限责任公司或股份有限公司。具体办法按《中华人民共和国公司法》、国家体改委颁发的《有限责任公司规范意见》、《股份有限公司规范意见》和国家计委颁发的《关于建设项目实行业主责任制的暂行规定》等有关规定执行，以明晰产权，分清责任，行使权力。

独资公司、有限责任公司、股份有限公司或其他项目建设组织即为项目法人。

四、项目法人的主要管理职责。项目法人对项目的立项、筹资、建设和生产经营、还本付息以及资产的保值增值的全过程负责，并承担投资风险。

1. 负责筹集建设资金，落实所需外部配套条件，做好各项前期工作。

2. 按照国家有关规定，审查或审定工程设计、概算集资计划和用款计划。

3. 负责组织工程设计、监理、设备采购和施工的招标工作，审定招标方案。要对投标单位的资质进行全面审查，综合评选，择优选择中标单位。

4. 审定项目年度投资和建设计划；审定项目财务预算、决算；按合同规定审定归还贷款和其他债务的数额，审定利润分配方案。

5. 按国家有关规定，审定项目（法人）机构编制、劳动用工及职工工资福利方案等，自主决定人事聘任。

6. 建立建设情况报告制度，定期向水利建设主管部门报送项目建设情况。

7. 项目投产前，要组织运行管理班子，培训管理人员，做好各项生产准备工作。

8. 项目按批准的设计文件内容建成后验收和办理竣工决算。

五、项目法人与各方的关系。项目法人与各方的关系是一种新型的适应社会主义市场经济机制运行的关系。实行项目法人责任制后，在项目管理上要形成以项目法人为主体，项目法人向国家和各投资方负责，咨询、设计、监理、施工、物资供应等单位通过招标投标和履行经济合同为项目法人提供建设服务的建设管理新模式。

政府部门要依法对项目进行监督、协调和管理，并为项目建设和生产经营创造良好的外部环境，帮助项目法人协调解决征地拆迁、移民安置和社会治安等问题。

六、实行项目法人责任制的项目，其投资应在主体工程开工前（筹资阶段）落实，并签订投资（合资）协议。协议中除明确（各投资方的）总投资额外，还要明确分年度投资数。工程开工后，各投资方要严格按协议拨付建设资金，以保证工程的顺利建设。

七、与实行项目法人责任制有关的部门和单位要充分认识推行这一改革措施的重要意义。要把国家或主管部门赋予项目法人的职责和自主权不折不扣地交给他们。要按照建立社会主义市场经济体制目标的要求，加快投资体制改革和各项配套改革。

八、项目法人责任制是在改革中诞生的一个新事物，同时也是一项艰巨复杂的系统工程，在推行过程中，既要解放思想，实事求是，大胆试点，又要注意积累经验，不断完善，逐步推进。

附录3 水利工程建设项目管理规定
（试行）

（1995 年 4 月 21 日水利部水建 ［1995］ 128 号通知发布）

第一章 总 则

第一条 为适应建立社会主义市场经济体制的需要，进一步加强水利工程建设的行业管理，使水利工程建设项目管理逐步走上法制化、规范化的道路，保证水利工程建设的工期、质量、安全和投资效益。根据国家有关政策法规，结合水利水电行业特点，制定本规定。

第二条 本管理规定适用于由国家投资、中央和地方合资、企事业单位独资、合资以及其他投资方式兴建的防洪、除涝、灌溉、发电、供水、围垦等大中型（包括新建、续建、改建、加固、修复）工程建设项目，小型水利工程建设项目可以参照执行。

第三条 水利工程建设项目管理实行统一管理、分级管理和目标管理。逐步建立水利部、流域机构和地方水行政主管部门以及建设项目法人分组、分层次管理的管理体系。

第四条 水利工程建设项目管理要严格按建设程序进行，实行全过程的管理、监督、服务。

第五条 水利工程建设要推行项目法人责任制、招标投标制和建设监理制、积极推行项目管理。

第二章 管理体制及职责

第六条 水利部是国务院水行政主管部门，对全国水利工程建设实行宏观管理。水利部建设司是水利部主管水利建设的综合管理部门，在水利工程建设项目管理方面，其主要管理职责是：

1. 贯彻执行国家的方针政策，研究制定水利工程建设的政策法规，并组织实施。

2. 对全国水利工程建设项目进行行业管理。

3. 组织和协调部属重点水利工程的建设。

4. 积极推行水利建设管理体制的改革，培育和完善水利建设市场。

5. 指导或参与省属重点大中型工程、中央参与投资的地方大中型工程建设的项目管理。

第七条 流域机构是水利部的派出机构，对其所在流域行使水行政主管部门的职责。负责本流域水利工程建设的行业管理：

1. 以水利部投资为主的水利工程建设项目，除少数特别重大项目由水利部直接管理外，其余项目均由所在流域机构负责组织建设和管理。逐步实现按流域综合规划、组织建设、生产经营、滚动开发。

2.流域机构按照国家投资政策，通过多渠道筹集资金，逐步建立流域水利建设投资主体，从而实现国家对流域水利建设项目的管理。

第八条　省（自治区、直辖市）水利（水电）厅（局）是本地区的水行政主管部门，负责本地区水利工程建设的行业管理。

1.负责本地区以地方投资为主的大中型水利工程建设项目的组织建设和管理。

2.支持本地区的国家和部属重点水利工程建设，积极为工程创造良好的建设环境。

第九条　水利工程项目法人对建设项目的立项、筹资、建设、生产经营、还本付息以及资产保值增值的全过程负责，并承担投资风险。代表项目法人对建设项目进行管理的建设单位是项目建设的直接组织者和实施者。负责按项目的建设规模、投资总额、建设工期、工程质量，实行项目建设的全过程管理，对国家或投资各方负责。

第三章　建　设　程　序

第十条　水利是国民经济的基础设施和基础产业。水利工程建设要严格按建设程序进行。水利工程建设程序一般分为：项目建议书、可行性研究报告、初步设计、施工准备（包括招标设计）、建设实施、生产准备、竣工验收、后评价等阶段。

第十一条　建设前期根据国家总体规划以及流域综合规划，开展前期工作，包括提出项目建议书、可行性研究报告和初步设计（或扩大初步设计）。

第十二条　建设项目初步设计文件已批准，项目投资来源基本落实。可以进行主体工程招标设计和组织招标工作以及现场施工准备。

第十三条　项目法人或建设单位向主管部门提出主体工程开工申请报告，按审批权限，经批准后、方能正式开工。

主体工程开工，必须具备以下条件：

1.前期工程各阶段文件已按规定批准，施工详图设计可以满足初期主体工程施工需要。

2.建设项目已列入国家年度计划，年度建设资金已落实。

3.主体工程招标已经决标，工程承包合同已经签订，并得到主管部门同意。

4.现场施工准备和征地移民等建设外部条件能够满足主体工程开工需要。

第十四条　项目建设单位要按批准的建设文件，充分发挥管理的主导作用，协调设计、监理、施工以及地方等各方面的关系，实行目标管理。建设单位与设计、监理、工程承包人是合同关系，各方面应严格履行合同。

1.项目建设单位要建立严格的现场协调或调度制度，及时研究解决设计、施工的关键技术问题。从整体效益出发，认真履行合同，积极处理好工程建设各方的关系，为施工创造良好的外部条件。

2.监理单位受项目建设单位委托，按合同规定在现场从事组织、管理、协调、监督工作。同时，监理单位要站在独立公正的立场上，协调建设单位与设计、施工等单位之间的关系。

3.设计单价应按合同及时提供施工详图，并确保设计质量，工程规模，派出设计代表组进驻施工现场解决施工中出现的设计问题。

施工详图经监理单位审核后交施工单位施工。设计单位对不涉及重大设计原则问题的合理意见应当采纳并修改设计。若有分歧意见，由建设单位决定。如涉及初步设计重大变更问题，应由原初步设计批准部门审定。

4. 施工企业要切实加强管理，认真履行签订的承包合同。在施工过程中，要将所编制的施工计划、技术措施及组织管理情况报项目建设单位。

第十五条 工程验收要严格按国家和水利部颁布的验收规程进行。

1. 工程阶段验收：

阶段验收是工程竣工验收的基础和重要内容，凡能独立发挥作用的单项工程均应进行阶段验收，如：截流（包括分期导流）、下闸蓄水、机组启动、通水等是重要的阶段验收。

2. 工程竣工验收：

（1）工程基本竣工时，项目建设单位应按验收规程要求组织监理、设计、施工等单位提出有关报告，并按规定将施工过程中的有关资料、文件、图纸造册归档。

（2）在正式竣工验收之前，应根据工程规模由主管部门或由主管部门委托项目建设单位组织初步验收，对初验查出的问题应在正式验收前解决。

（3）质量监督机构要对工程质量提出评价意见。

（4）根据初验情况和项目建设单位的申请验收报告确定竣工验收有关事宜。

国家重点水利建设项目由国家计委会同水利部主持验收。

部属重点水利建设项目由水利部主持验收。部属其他水利建设项目由流域机构主持验收，水利部进行指导。

中央参与投资的地方重点水利建设项目由省（自治区、直辖市）政府会同水利部或流域机构主持验收。

地方水利建设项目由地方水利主管部门主持验收。其中，大型建设项目验收，水利部或流域机构派员参加；中小建设项目验收，流域机构派员参加。

第四章 实行"三项制度"改革

第十六条 对生产经营性的水利工程建设项目要积极推行项目法人责任制；其他类型的项目应积极创造条件，逐步实行项目法人责任制。

1. 工程建设现场的管理可由项目法人直接负责，也可由项目法人组建或委托一个组织具体负责。负责现场建设管理的机构履行建设单位职能。

2. 组建建设单位由项目主管部门或投资各方负责。

建设单位需具备下列条件：

（1）具有相对独立的组织形式。内部机构设置人员配备能满足工程建设的需要。

（2）经济上独立核算或分级核算。

（3）主要行政和技术、经济负责人是专职人员且相对稳定。

第十七条 凡符合本规定第二条要求的大中型水利建设项目都要实行招标投标制：

1. 水利建设项目施工招标投标工作按国家有关规定或国际采购导则进行，并根据工程的规模、投资方式以及工程特点，决定招标方式。

2. 主体工程施工招标应具备的必要条件：

（1）项目的初步设计已经批准，项目建设已列入计划，投资基本落实。

（2）项目建设单位已经组建，并具备应有的建设管理能力。

（3）招标文件已经编制完成，施工招标申请书已经批准。

（4）施工准备工作已满足主体工程开工的要求。

3. 水利建设项目招标工作，由项目建设单位具体组织实施。招标管理按第二章明确的分级管理原则和管理范围，划分如下：

（1）水利部负责招标工作的行业管理，直接参与或组织少数特别重大建设项目的招标工作，并做好与国家有关部门的协调工作。

（2）其他国家和部属重点建设项目以及中央参与投资的地方水利建设项目的招标工作，由流域机构负责管理。

（3）地方大中型水利建设项目的招标工作，由地方水行政主管部门负责管理。

第十八条　水利工程建设，要全面推行建设监理制。

1. 水利部主管全国水利工程的建设监理工作。

2. 水利工程建设监理单位的选择，应采用招标投标的方式确定。

3. 要加强对建设监理单位的管理，持证上岗，监理单位必须持证营业。

第十九条　水利施工企业要积极推行项目管理。项目管理是施工企业走向市场，深化内部改革，转换经营机制，提高管理水平的一种科学的管理方式。

1. 施工企业要按项目管理的原理和要求组织施工，在组织结构上，实行项目经理负责制；在经营管理上，建立以经济效益为目标的项目独立核算管理体制；在生产要素配置上，实行优化配置，动态管理；在施工管理上，实行目标管理。

2. 项目经理是项目实施过程中的最高组织者和责任者。项目经理必须按国家有关规定，经过专门培训，持证上岗。

第五章　其他管理制度

第二十条　水利建设项目要贯彻"百年大计，质量第一"的方针，建立健全质量管理体系。

1. 水利部水利工程质量监督总站及各级质量监督机构，要认真履行质量监督职责，项目建设各方（建设、监理、设计、施工）必须接受和尊重其监督，支持质量监督机构的工作。

2. 建设单位要建立健全施工质量检查体系，按国家和行业技术标准、设计合同文件，检查和控制工程施工质量。

3. 施工单位在施工中要推行全面质量管理，建立健全施工质量保证体系，严格执行国家行业技术标准和水利部施工质量管理规定、质量评定标准。

4. 发生施工质量事故，必须认真严肃处理。严重质量事故，应由建设单位（或监理单位）组织有关各方联合分析处理，并及时向主管部门报告。

第二十一条　水利工程建设必须贯彻"安全第一，预防为主"的方针。项目主管单位要加强检查、监督；项目建设单位要加强安全宣传和教育工作，督促参加工程建设的各有关单位搞好安全生产。所有的工程合同都要有安全管理条款，所有的工作计划都要有安全生产措施。

第二十二条　要加强水利工程建设的信息交流管理工作。

1. 积极利用和发挥中国水利学会水利建设管理专业委员会等学术团体作用，组织学术活动，开展调查研究，推动管理体制改革和科技进步，加强水利建设队伍联络和管理。

2. 建立水利工程建设情况报告制度。

（1）项目建设单位定期向主管部门报送工程项目的建设情况。其中：重点工程情况应在水利部月生产协调会 5 天前报告工程完成情况，包括完成实物工作量，关键进度、投资到位情况和存在的主要问题，月报和年报按有关统计报表规定及时报送，年报内容应增加建设管理情况总结。

（2）部属大中型水利工程建设情况，由项目建设单位定期向流域机构和水利部直接报告；地方大型水利工程建设情况，项目建设单位在报地方水行政主管部门的同时抄报水利部；各流域机构和水利（水电）厅（局）应将所属水利工程建设概况、工程进度和建设管理经验总结，于每年年终向水利部报告一次。

第六章　附　　则

第二十三条　本规定由水利部负责解释。

第二十四条　本规定自公布之日起试行。

附录 4　水利工程建设监理规定

（2006 年 12 月 18 日水利部令第 28 号公布　自 2007 年 2 月 1 日起施行）

第一章　总　　则

第一条　为规范水利工程建设监理活动，确保工程建设质量，根据《中华人民共和国招标投标法》、《建设工程质量管理条例》、《建设工程安全生产管理条例》等法律法规，结合水利工程建设实际，制定本规定。

第二条　从事水利工程建设监理以及对水利工程建设监理实施监督管理，适用本规定。

本规定所称水利工程是指防洪、排涝、灌溉、水力发电、引（供）水、滩涂治理、水土保持、水资源保护等各类工程（包括新建、扩建、改建、加固、修复、拆除等项目）及其配套和附属工程。

本规定所称水利工程建设监理，是指具有相应资质的水利工程建设监理单位（以下简称监理单位），受项目法人（建设单位，下同）委托，按照监理合同对水利工程建设项目实施中的质量、进度、资金、安全生产、环境保护等进行的管理活动，包括水利工程施工监理、水土保持工程施工监理、机电及金属结构设备制造监理、水利工程建设环境保护监理。

第三条　水利工程建设项目依法实行建设监理。

总投资 200 万元以上且符合下列条件之一的水利工程建设项目，必须实行建设监理：

（一）关系社会公共利益或者公共安全的；

（二）使用国有资金投资或者国家融资的；

（三）使用外国政府或者国际组织贷款、援助资金的。

铁路、公路、城镇建设、矿山、电力、石油天然气、建材等开发建设项目的配套水土保持工程，符合前款规定条件的，应当按照本规定开展水土保持工程施工监理。

其他水利工程建设项目可以参照本规定执行。

第四条　水利部对全国水利工程建设监理实施统一监督管理。

水利部所属流域管理机构（以下简称流域管理机构）和县级以上地方人民政府水行政主管部门对其所管辖的水利工程建设监理实施监督管理。

第二章　监理业务委托与承接

第五条　按照本规定必须实施建设监理的水利工程建设项目，项目法人应当按照水利工程建设项目招标投标管理的规定，确定具有相应资质的监理单位，并报项目主管部门备案。

项目法人和监理单位应当依法签订监理合同。

第六条　项目法人委托监理业务，应当执行国家规定的工程监理收费标准。

项目法人及其工作人员不得索取、收受监理单位的财物或者其他不正当利益。

第七条　监理单位应当按照水利部的规定，取得《水利工程建设监理单位资质等级证书》，并在其资质等级许可的范围内承揽水利工程建设监理业务。

两个以上具有资质的监理单位，可以组成一个联合体承接监理业务。联合体各方应当签订协议，明确各方拟承担的工作和责任，并将协议提交项目法人。联合体的资质等级，按照同一专业内资质等级较低的一方确定。联合体中标的，联合体各方应当共同与项目法人签订监理合同，就中标项目向项目法人承担连带责任。

第八条　监理单位与被监理单位以及建筑材料、建筑构配件和设备供应单位有隶属关系或者其他利害关系的，不得承担该项工程的建设监理业务。

监理单位不得以串通、欺诈、胁迫、贿赂等不正当竞争手段承揽水利工程建设监理业务。

第九条　监理单位不得允许其他单位或者个人以本单位名义承揽水利工程建设监理业务。

监理单位不得转让监理业务。

第三章　监 理 业 务 实 施

第十条　监理单位应当聘用具有相应资格的监理人员从事水利工程建设监理业务。监理人员包括总监理工程师、监理工程师和监理员。监理人员资格应当按照行业自律管理的规定取得。

监理工程师应当由其聘用监理单位（以下简称注册监理单位）报水利部注册备案，并在其注册监理单位从事监理业务；需要临时到其他监理单位从事监理业务的，应当由该监理单位与注册监理单位签订协议，明确监理责任等有关事宜。

监理人员应当保守执（从）业秘密，并不得同时在两个以上水利工程项目从事监理业务，不得与被监理单位以及建筑材料、建筑构配件和设备供应单位发生经济利益关系。

第十一条　监理单位应当按下列程序实施建设监理：

（一）按照监理合同，选派满足监理工作要求的总监理工程师、监理工程师和监理员组建项目监理机构，进驻现场；

（二）编制监理规划，明确项目监理机构的工作范围、内容、目标和依据，确定监理工作制度、程序、方法和措施，并报项目法人备案；

（三）按照工程建设进度计划，分专业编制监理实施细则；

（四）按照监理规划和监理实施细则开展监理工作，编制并提交监理报告；

（五）监理业务完成后，按照监理合同向项目法人提交监理工作报告、移交档案资料。

第十二条　水利工程建设监理实行总监理工程师负责制。

总监理工程师负责全面履行监理合同约定的监理单位职责，发布有关指令，签署监理文件，协调有关各方之间的关系。

监理工程师在总监理工程师授权范围内开展监理工作，具体负责所承担的监理工作，并对总监理工程师负责。

监理员在监理工程师或者总监理工程师授权范围内从事监理辅助工作。

第十三条　监理单位应当将项目监理机构及其人员名单、监理工程师和监理员的授权范围书面通知被监理单位。监理实施期间监理人员有变化的，应当及时通知被监理单位。

监理单位更换总监理工程师和其他主要监理人员的，应当符合监理合同的约定。

第十四条　监理单位应当按照监理合同，组织设计单位等进行现场设计交底，核查并签发施工图。未经总监理工程师签字的施工图不得用于施工。

监理单位不得修改工程设计文件。

第十五条　监理单位应当按照监理规范的要求，采取旁站、巡视、跟踪检测和平行检测等方式实施监理，发现问题应当及时纠正、报告。

监理单位不得与项目法人或者被监理单位串通，弄虚作假、降低工程或者设备质量。

监理人员不得将质量检测或者检验不合格的建设工程、建筑材料、建筑构配件和设备按照合格签字。

未经监理工程师签字，建筑材料、建筑构配件和设备不得在工程上使用或者安装，不得进行下一道工序的施工。

第十六条　监理单位应当协助项目法人编制控制性总进度计划，审查被监理单位编制的施工组织设计和进度计划，并督促被监理单位实施。

第十七条　监理单位应当协助项目法人编制付款计划，审查被监理单位提交的资金流计划，按照合同约定核定工程量，签发付款凭证。

未经总监理工程师签字，项目法人不得支付工程款。

第十八条　监理单位应当审查被监理单位提出的安全技术措施、专项施工方案和环境保护措施是否符合工程建设强制性标准和环境保护要求，并监督实施。

监理单位在实施监理过程中，发现存在安全事故隐患的，应当要求被监理单位整改；情况严重的，应当要求被监理单位暂时停止施工，并及时报告项目法人。被监理单位拒不整改或者不停止施工的，监理单位应当及时向有关水行政主管部门或者流域管理机构报告。

第十九条　项目法人应当向监理单位提供必要的工作条件，支持监理单位独立开展监理业务，不得明示或者暗示监理单位违反法律法规和工程建设强制性标准，不得更改总监理工程师指令。

第二十条　项目法人应当按照监理合同，及时、足额支付监理单位报酬，不得无故削减或者拖延支付。

项目法人可以对监理单位提出并落实的合理化建议给予奖励。奖励标准由项目法人与监理单位协商确定。

第四章　监　督　管　理

第二十一条　县级以上人民政府水行政主管部门和流域管理机构应当加强对水利工程建设监理活动的监督管理，对项目法人和监理单位执行国家法律法规、工程建设强制性标准以及履行监理合同的情况进行监督检查。

项目法人应当依据监理合同对监理活动进行检查。

第二十二条 县级以上人民政府水行政主管部门和流域管理机构在履行监督检查职责时，有关单位和人员应当客观、如实反映情况，提供相关材料。

县级以上人民政府水行政主管部门和流域管理机构实施监督检查时，不得妨碍监理单位和监理人员正常的监理活动，不得索取或者收受被监督检查单位和人员的财物，不得谋取其他不正当利益。

第二十三条 县级以上人民政府水行政主管部门和流域管理机构在监督检查中，发现监理单位和监理人员有违规行为的，应当责令纠正，并依法查处。

第二十四条 任何单位和个人有权对水利工程建设监理活动中的违法违规行为进行检举和控告。有关水行政主管部门和流域管理机构以及有关单位应当及时核实、处理。

第五章 罚 则

第二十五条 项目法人将水利工程建设监理业务委托给不具有相应资质的监理单位，或者必须实行建设监理而未实行的，依照《建设工程质量管理条例》第五十四条、第五十六条处罚。

项目法人对监理单位提出不符合安全生产法律、法规和工程建设强制性标准要求的，依照《建设工程安全生产管理条例》第五十五条处罚。

第二十六条 项目法人及其工作人员收受监理单位贿赂、索取回扣或者其他不正当利益的，予以追缴，并处违法所得 3 倍以下且不超过 3 万元的罚款；构成犯罪的，依法追究有关责任人员的刑事责任。

第二十七条 监理单位有下列行为之一的，依照《建设工程质量管理条例》第六十条、第六十一条、第六十二条、第六十七条、第六十八条处罚：

（一）超越本单位资质等级许可的业务范围承揽监理业务的；

（二）未取得相应资质等级证书承揽监理业务的；

（三）以欺骗手段取得的资质等级证书承揽监理业务的；

（四）允许其他单位或者个人以本单位名义承揽监理业务的；

（五）转让监理业务的；

（六）与项目法人或者被监理单位串通，弄虚作假、降低工程质量的；

（七）将不合格的建设工程、建筑材料、建筑构配件和设备按照合格签字的；

（八）与被监理单位以及建筑材料、建筑构配件和设备供应单位有隶属关系或者其他利害关系承担该项工程建设监理业务的。

第二十八条 监理单位有下列行为之一的，责令改正，给予警告；无违法所得的，处 1 万元以下罚款，有违法所得的，予以追缴，处违法所得 3 倍以下且不超过 3 万元罚款；情节严重的，降低资质等级；构成犯罪的，依法追究有关责任人员的刑事责任：

（一）以串通、欺诈、胁迫、贿赂等不正当竞争手段承揽监理业务的；

（二）利用工作便利与项目法人、被监理单位以及建筑材料、建筑构配件和设备供应单位串通，谋取不正当利益的。

第二十九条 监理单位有下列行为之一的，依照《建设工程安全生产管理条例》第五十七条处罚：

（一）未对施工组织设计中的安全技术措施或者专项施工方案进行审查的；

（二）发现安全事故隐患未及时要求施工单位整改或者暂时停止施工的；

（三）施工单位拒不整改或者不停止施工，未及时向有关水行政主管部门或者流域管理机构报告的；

（四）未依照法律、法规和工程建设强制性标准实施监理的。

第三十条　监理单位有下列行为之一的，责令改正，给予警告；情节严重的，降低资质等级：

（一）聘用无相应监理人员资格的人员从事监理业务的；

（二）隐瞒有关情况、拒绝提供材料或者提供虚假材料的。

第三十一条　监理人员从事水利工程建设监理活动，有下列行为之一的，责令改正，给予警告；其中，监理工程师违规情节严重的，注销注册证书，2年内不予注册；有违法所得的，予以追缴，并处1万元以下罚款；造成损失的，依法承担赔偿责任；构成犯罪的，依法追究刑事责任：

（一）利用执（从）业上的便利，索取或者收受项目法人、被监理单位以及建筑材料、建筑构配件和设备供应单位财物的；

（二）与被监理单位以及建筑材料、建筑构配件和设备供应单位串通，谋取不正当利益的；

（三）非法泄露执（从）业中应当保守的秘密的。

第三十二条　监理人员因过错造成质量事故的，责令停止执（从）业1年，其中，监理工程师因过错造成重大质量事故的，注销注册证书，5年内不予注册，情节特别严重的，终身不予注册。

监理人员未执行法律、法规和工程建设强制性标准的，责令停止执（从）业3个月以上1年以下，其中，监理工程师违规情节严重的，注销注册证书，5年内不予注册，造成重大安全事故的，终身不予注册；构成犯罪的，依法追究刑事责任。

第三十三条　水行政主管部门和流域管理机构的工作人员在工程建设监理活动的监督管理中玩忽职守、滥用职权、徇私舞弊的，依法给予处分；构成犯罪的，依法追究刑事责任。

第三十四条　依法给予监理单位罚款处罚的，对单位直接负责的主管人员和其他直接责任人员处单位罚款数额百分之五以上、百分之十以下的罚款。

监理单位的工作人员因调动工作、退休等原因离开该单位后，被发现在该单位工作期间违反国家有关工程建设质量管理规定，造成重大工程质量事故的，仍应当依法追究法律责任。

第三十五条　降低监理单位资质等级、吊销监理单位资质等级证书的处罚以及注销监理工程师注册证书，由水利部决定；其他行政处罚，由有关水行政主管部门依照法定职权决定。

第六章　附　　则

第三十六条　本规定所称机电及金属结构设备制造监理是指对安装于水利工程的发电

机组、水轮机组及其附属设施，以及闸门、压力钢管、拦污设备、起重设备等机电及金属结构设备生产制造过程中的质量、进度等进行的管理活动。

本规定所称水利工程建设环境保护监理是指对水利工程建设项目实施中产生的废（污）水、垃圾、废渣、废气、粉尘、噪声等采取的控制措施所进行的管理活动。

本规定所称被监理单位是指承担水利工程施工任务的单位，以及从事水利工程的机电及金属结构设备制造的单位。

第三十七条　监理单位分立、合并、改制、转让的，由继承其监理业绩的单位承担相应的监理责任。

第三十八条　有关水利工程建设监理的技术规范，由水利部另行制定。

第三十九条　本规定自 2007 年 2 月 1 日起施行。《水利工程建设监理规定》（水建管［1999］637 号）、《水土保持生态建设工程监理管理暂行办法》（水建管［2003］79 号）同时废止。

《水利工程设备制造监理规定》（水建管［2001］217 号）与本规定不一致的，依照本规定执行。

附录5 水利水电工程项目建议书
编制暂行规定

（1996 年 12 月 18 日水利部水规计 ［1996］ 608 号）

1 总 则

1.0.1 水利水电工程项目建议书是国家基本建设程序中的一个重要阶段。项目建议书被批准后，将作为列入国家中、长期经济发展计划和开展可行性研究工作的依据。为明确水利水电工程项目建议书编制的原则、基本内容和深度要求，特制定本暂行规定。

1.0.2 本规定适用于需报国家计委审批的中央和地方（包括中央参与投资）新建、扩建的大、中型水利水电工程项目建议书的编制。不同类型的工程，应根据任务特点对本规定的条文内容进行取舍。小型水利水电工程项目可适当简化。对影响立项的关键问题和利用外资的水利水电工程项目，项目建议书编制单位可根据需要向项目业主提出补充要求，适当增加工作内容和深度。由国家基建程序规定应由各省（自治区、直辖市）审批的大、中型水利水电工程项目建议书，其编制内容和深度要求，可参照执行。

1.0.3 项目建议书应根据国民经济和社会发展规划与地区经济发展规划的总要求，在经批（审查）的江河流域（区域）综合利用规划或专业规划的基础上提出开发目标和任务，对项目的建设条件进行调查和必要的勘测工作，并在对资金筹措进行分析后，择优选定建设项目和项目的建设规模、地点和建设时间，论证工程项目建设的必要性，初步分析项目建设的可行性和合理性。

1.0.4 水利水电工程项目建议书的编制，应贯彻国家有关基本建设的方针政策和水利行业及相关行业的法规，并应符合有关技术标准。

1.0.5 水利水电工程项目建议书由项目业主或主管部门委托具有相应资格的水利水电勘测设计部门编制；项目业主应承担所需编制费用，并提供必要的外部条件。

1.0.6 项目建议书应按本暂行规定第 2～第 12 章的要求进行编制，并将"建设的必要性和任务"列为第 1 章，依次编排。

2 项目建设的必要性和任务

2.1 项目建设的依据

2.1.1 概述项目所在地区的行政区划和自然、地理、资源情况，社会经济现状以及地区国民经济与社会发展规划对水利水电建设的要求。

2.1.2 概述项目所在地区水利水电建设现状及其近、远期发展规划对项目建设的要求。

2.1.3 说明项目所依据的流域（区域）综合利用规划和各项专业规划。

2.1.4 概述规划阶段方案、比选结果和规划成果审批意见。

2.2　项目建设的必要性

2.2.1　阐明项目在地区国民经济和社会发展规划及区域规划中的地位与作用，论证项目建设的必要性：

(1) 防洪治涝。应阐明本地区历史上发生的重大洪涝灾害情况及对地区经济和社会造成的危害和影响，地区防洪治涝工程设施现状及地区经济和社会发展对提高防洪治涝能力的要求。

(2) 河道整治。应阐明本地区河道（河口）演变情况及地区经济发展和人类活动对河道的影响，河道整治工程设施现状，河道、河口水网区现有主要问题，根据地区国民经济发展需求和河流水沙特性，分析治理河道、河口的条件与要求。

(3) 灌溉。应阐明供、受水区水资源平衡状况，受水地区农业生产现状，发生的主要旱灾和渍、碱害情况及特点，对农牧业生产的影响，灌溉用水、节水、排水工程设施现状，农业节水目标及中长期供水需求预测，港区地下水状况，并分析地区农牧业发展对灌溉及排水的要求。

(4) 城镇和工业供水。应阐明供、受水区水资源供需平衡及水质状况，受水地区工业和城镇用水、节水和供水设施现状。根据地区的社会经济发展中、长期供水需求预测和节水目标，分析受水地区对供水工程的要求。

(5) 跨流域调水。应按城市供水、灌溉、水力发电、通航等一项或多项任务，逐项阐明兴建工程的要求。

(6) 水力发电。应阐明本地区动力资源情况。根据电力工业现状、地区电力系统发展规划和供电需求情况，分析地区经济和社会发展对水电项目的需求。

(7) 垦殖。应阐明本地区滩涂淤变情况及对人类活动的影响，土地利用和垦殖现状。分析泥涂淤变趋势，根据地区经济发展和垦殖总体规划，分析研究地区对垦殖的要求。

(8) 综合利用水利工程有通航过木要求时，应阐明本地区已有航运和漂木设施的能力及工程现状，根据地区经济发展对客货运量和漂木量增长的预测，分析研究发展通航过木工程的条件和要求。

2.2.2　根据地区国民经济发展规划和建设项目任务要达到的目标，在流域（区域）综合利用规划和专业规划的基础上，进行必要的补充调查研究工作，对所在地区功能基本相同的项目方案进行综合分析比较，阐明各项方案的优缺点，论述推荐本项目的理由。

2.3　项目建设的任务

2.3.1　阐述本项目的建设任务，对于多目标开发利用的项目，要按照国家政策和总体效益优化原则，分析研究各部门对本项目综合利用方面的要求，结合工程条件，考虑本项目在流域和地区规划中的作用，提出项目的开发目标和任务的主次顺序。

2.3.2　对分期开发的项目分别拟定近期和远期的开发目标与任务。

2.4　附图

(1) 建设项目地理位置示意图（比例尺：1∶500000～1∶2000000）。

(2) 工程项目所在河流（河段）开发现状及规划示意图（比例尺：1∶10000或1∶1000000）。

3　工程水文与地质

3.1　水文

3.1.1　简述工程所在流域（或区域）自然地理、水系及现有水利工程概况。

3.1.2　简述工程地点的气候特性和主要气象要素的统计特征值。

3.1.3　简述工程地点及其附近河段的水文站网和基本资料情况。

3.1.4　径流：

（1）简述工程区域内的地表、地下径流的来源、范围和补给方式。

（2）提出天然年、月径流系列代表性初步分析，必要时进行系列的插补、延长。

（3）初步确定径流统计特征值，简述本流域径流的时空分布特征。

（4）对灌溉和供水工程应简述地下水补给量、可开采量、水质状况及其分布情况。

（5）对供水和水电工程应提出枯水径流初步分析计算成果。

3.1.5　洪水：

（1）简述工程区域的暴雨和洪水的成因、特性及其时空分布情况。

（2）简述对工程设计有影响的历史特大暴雨和洪水的范围、量级及重现期。

（3）简述洪峰、洪量的还原及插补延长方法，系统的统计原则和代表性分析，并进行频率分析。

（4）简述工程设计洪水的推求方法。对下游有防洪要求的工程应进行地区洪水组成分析，初步确定设计洪水成果。

（5）简述施工设计洪水系列的统计原则，初步确定施工设计洪水成果。

（6）无实测洪水资料时，可用暴雨资料推求设计洪水流量，提出初步成果。

（7）平原排水工程，可用实测流量资料或暴雨资料推求设计排涝流量。

3.1.6　对多泥沙河流需简述工程地点泥沙的主要来源，统计（或估算）多年平均输沙量和特征值。

3.1.7　提出工程设计代表断面的水位流量关系。

3.1.8　其他水文要素：

（1）简述工程地点河流的水质状况及其特征。

（2）有冰凌危害的河段，应简述本河段冰凌特性。

（3）有潮汐影响的河段，应初步确定潮汐水位统计特征值、潮汐流向、流量及影响时间。

（4）对裸露水面较大的输、蓄水工程，应考虑水体蒸发影响，初步统计（或估算）工程地点的水面蒸发值。

3.1.9　对跨流域调水工程，应按调出区（水源区）和调入区（受水区）分别简述与本工程有关的水文气象概况。

3.2　地质

3.2.1　简述工程已完成的地质勘察工作项目与工作量。

3.2.2　简述工程区域地形地貌、地层岩性、地质构造、构造稳定性，并初步确定工程场区地震基本烈度。

3.2.3 简述水库区地形地貌、地层岩性、地质构造、岩溶发育特征、物理地质现象和水文地质等基本地质环境，初步分析库区可能存在的渗漏、库岸稳定、浸没、固体径流来源、诱发地震等工程地质问题。说明水库工程区内有无重要矿产及古文化遗址。

3.2.4 简述闸坝工程枢纽地区地形地貌、地层岩性、地质构造、物理地质现象、岩溶规律、水文地质和岩土工程特性等。

初步分析可能存在并影响岩基承载能力、抗滑稳定、渗透稳定、渗透流量以及边坡稳定等主要地质问题，应着重说明岩体风化卸荷、软岩、软弱结构面、大断层等工程地质特性。

初步分析可能存在并影响土基承载能力与稳定性、渗透稳定、振动液化、胀缩性、湿陷性、冻胀性等的主要工程地质问题，应着重说明软土、膨胀土、湿陷性黄土、粉细砂土等工程地质特性。

3.2.5 简述输（排）水和引水发电工程线路地形地貌、地层岩性、地质构造、物理地质现象和水文地质等情况，初步分析可能存在并影响输（排）水和引水发电工程（包括明渠、隧洞和其他地下洞室）的成洞条件和边坡稳定性等主要工程地质问题。

3.2.6 简述堤防河道整治（滩涂围垦）工程沿线地形地貌、地层岩性、水文地质情况和岩土工程特性，初步分析可能存在的堤基稳定性、砂层液化及堤内浸没等工程地质问题。

3.2.7 简述灌（排）工程区地形地貌、地层岩性以及水文地质情况，初步分析和预测工程区可能存在的土地盐渍化、黄土湿陷等主要工程地质问题。

3.2.8 简述天然建筑材料的产地、储量、质量和开采条件。

3.2.9 对各工程比较方案的工程地质环境及主要工程地质问题，提出初步评价意见。

3.3 其他外部条件

3.3.1 分析项目所在地区和附近有关地区的生态、社会、人文环境等外部条件及其对本项目的相互影响。

3.3.2 分析其他行业对本项目的要求，收集有关报告和技术文件。

3.3.3 说明有关部门和地区对项目建设的意见、协作关系以及有关协议。

3.3.4 说明本工程项目所在省（自治区、直辖市）的水利基本建设在建规模简要情况。

3.3.5 说明在本地区水利发展五年计划和中、长期规划中，该工程项目所处的开发次序。

3.3.6 说明有关其他部门、地区影响该工程立项的因素。

3.3.7 说明有关部门对水价、电价确定的意见。

3.4 附图

(1) 水系图。

(2) 区域地质图或略图（比例尺：1∶50000～1∶200000）。

(3) 工程地质图或略图（比例尺：1∶10000～1∶50000）。

(4) 主要建筑物工程地质平面图和地质剖面图或略图（比例尺：1∶2000～1∶10000）。

（5）天然建筑材料产地分布范围图（比例尺：1∶10000～1∶50000）。

4　建　设　规　模

4.1　通则

4.1.1　对规划阶段拟定的工程规模进行复核。

4.1.2　在确定单项任务的工程规模时，应分析对其他综合利用任务的影响。必要时，应为以后的综合利用开发留有余地。

4.1.3　对多泥沙河流应分析泥沙特点及对工程的影响，初拟工程运行方式。有冰凌问题的工程，应分析冰凌特性和特殊冰情对工程的影响，初拟相应的措施。

4.1.4　说明有关分期建设的要求及其原因。

4.1.5　通过初步技术经济分析，初选工程规模指标。

4.2　防洪工程

4.2.1　分析防洪保护对象近、远期防洪要求，初步确定不同时期的防洪标准，初选防洪工程总体方案以及工程项目规模。

4.2.2　河道与堤防工程：

（1）初步确定各河段安全泄量和控制断面设计水位。

（2）研究洪水特性及排涝要求，初选河道治导线路、堤距、行洪断面型式，以及重要的河控节点。

（3）对感潮河段，应考虑潮位对行洪的影响。

4.2.3　水库工程：

（1）根据防洪工程总体方案，初拟水库工程的防洪运用方式和泄量。

（2）初选水库防洪库容、防洪高水位、总库存和汛期限制水位。

4.2.4　行、蓄、滞洪区：

（1）初拟行、蓄、滞洪区的控制运用原则，初选分洪口门位置、分洪水位和流量以及隔堤布置。

（2）初步确定行、蓄、滞洪区的范围，初选行、蓄、滞洪区设计水位与相应库容，提出行、蓄、滞洪区生产、安全建设安排的总体设想。

4.3　治涝工程

4.3.1　初步确定治涝区范围、治涝标准和治涝措施，初选治涝工程总体布置方案。大型涝区应初拟治涝分区。

4.3.2　初选治涝骨干沟道（渠道）的排水流量和水位。

4.3.3　分析洪水期向外河排水时受外河水位及潮位顶托的影响，初拟相应的措施。

4.3.4　采用抽排方式时初选泵站装机容量，设计流量及扬程。

4.4　河道整治工程

4.4.1　初步确定河道的治理河段。

4.4.2　初步确定治理河段的治理标准，对河道洪水流量进行断面复核，初选治理河段的设计水（潮）位、设计流量和设计河宽。

4.4.3　研究河流、潮流水文特性和河床、河口演变规律及河势发展趋势，结合考虑岸线利用问题,初选治导线和河道整治工程总体布置方案,初选重要河控节点的位置。

4.4.4 初拟治理工程分期实施方案。

4.5 灌溉工程

4.5.1 分析灌溉水源可供水量,初步确定灌区范围和总灌溉面积,初拟灌区开发方式、设计水平年和灌溉保证率。

4.5.2 初拟灌区作物种植结构、灌溉制度,分析灌溉定额,初步确定灌溉需水量和年内分配过程。

4.5.3 初选灌区灌溉系统整体级别和工程总体布置方案。

4.5.4 初选骨干渠道的渠道设计水位和设计引水流量。

4.5.5 初选引水枢纽及泵站等水源工程的设计引水流量、扬程及装机容量。

4.5.6 以水库为水源工程时,初选水库正常蓄水位、最低引水水位、灌溉调节库容和总库容,初拟引水方式。

4.5.7 分析灌区排水条件和排水方式,对有排渍、改良盐碱要求的灌区,初拟排渍、改碱标准及排水工程措施和规模。

4.6 城镇和工业供水工程

4.6.1 初步确定工程供水范围设计水平年和供水保证率。

4.6.2 分析水源可供水量和水质状况,初选供水工程总体布置方案,初步确定引水工程设计引水流量、年引水总量。

4.6.3 以水库为水源工程时,初选水库的正常蓄水位、最低引水水位、调节库存和总库容,初拟引水方式。

4.6.4 初选主要输水、扬水、交叉建筑物的规模。

4.7 跨流域调水工程

4.7.1 初步确定工程总目标和主要任务以及分期实施顺序。

4.7.2 分析水源条件,初步确定适宜的调水量、相应的水源工程以及补偿工程措施和规模。

4.7.3 初步确定调水量在地区和部门间的分配,输水工程、调蓄工程布置及规模。

4.8 水力发电工程

4.8.1 分析供电范围和电站在电力系统中的任务量,初拟设计水平年和设计保证率。

4.8.2 初选水库正常蓄水位、死水位、调节库容和总库容,初拟其他特征水位。

4.9 垦殖工程

4.9.1 初步确定垦殖区范围和垦殖面积,初拟开发利用方式。

4.9.2 分析可利用的供水水源条件、水量及其保证程度。

4.9.3 初步确定防洪、防潮设计标准,初选工程总体布置方案,初拟垦殖区灌溉、排水体系。

4.9.4 初选挡水堤、围堤、涵闸等工程位置和规模。

4.10 综合利用工程

4.10.1 综合利用水库按各综合利用任务的主次顺序、分析不同任务对水库水位、库容的要求,初拟水库运用方式,初选水库的正常枯水位、防洪高水位和总库存,初拟其他特征水位。

4.10.2　对具有综合利用和综合治理任务的其他枢纽工程，应按各项任务的主次顺序，协调各建筑物之间的关系，初拟整个枢纽工程的运用方式，初选各建筑物的设计流量和水位。

4.10.3　有通航、过木要求的综合利用水利枢纽，应根据设计水平年通航、漂木发展需求及过坝（闸）运量，初选通航、过木建筑物规模。

4.11　附图

（1）工程项目总体布置图（比例尺：1∶1000～1∶200000）。

（2）有分期建设要求的分期建设布置图（比例尺：1∶1000～1∶200000）。

（3）供电范围电力系统地理接线图（现状及远景）（比例尺：1∶1000～1∶200000）。

5　主 要 建 筑 物 布 置

5.1　工程等别和标准

根据初选的建设规模及有关规定，初步确定工程等级及主要建筑物级别、相应的设计洪水标准和地震设防烈度。

5.2　工程选址（选线）、造型及布置

5.2.1　根据规划阶段初拟的工程场址（坝址、闸址、厂址、洞线、河线、堤线、渠线等）的建筑条件、工程布置要求、施工和投资等因素以及必要的补充勘探工作，初选工程场址。

5.2.2　初选主要建筑物基本形式，对工程量较大或关键性建筑物作方案比较、初拟次要建筑物的基本型式。

5.2.3　根据初选（或初拟）的建筑物型式，经综合比较，提出工程总布置初步方案。

5.3　主要建筑物

简述主要建筑物初定的基本布置、结构形式、控制高程、主要尺寸及结构、水力学核算成果，初选地基处理措施。对技术难度大的特殊建筑物宜作重点分析研究。

5.4　机电和金属结构

5.4.1　根据动能参数和装机规模，初拟水轮发电机组或水泵电动机组的单机容量、机组台数和机型。

5.4.2　初拟输配电工程的规模，初步提出接入电力系统的供电或送电方向、进出线电压、回路数和输配电距离，初拟电气主接线。

5.4.3　初拟金属结构及启闭设备的规模、形式及布置。

5.5　工程量

5.5.1　分项列出工程各建筑物及地基处理的工程量。

5.5.2　分项列出机电设备和金属结构的工程量。

5.6　附图

（1）工程总平面布置图（比例尺：1∶1000～1∶2000）。

（2）主要建筑物平、剖面图（比例尺：1∶500～1∶1000）。

（3）大型长距离调水总干渠纵断面图（横向比例尺1∶5000～1∶10000；纵向比例

尺：1∶500～1∶1000)。

6　工　程　施　工

6.1　施工条件

6.1.1　简述工程区水文气象、对外交通、通信及施工场地条件。

6.1.2　初步提出施工期通航、过木、供水及排水等要求。

6.1.3　简述主要外购建筑材料来源及水、电、燃料等供应条件。

6.1.4　简述天然砂砾料、石料、土料等来源、开采和运输方式。

6.2　施工导流

初拟施工期导流标准及流量、导流度汛方式、导流建筑物形式和布置，估算相应的工程量。

6.3　主体工程施工

初拟主体工程的主要施工方法及主要施工设备。

6.4　施工总布置

6.4.1　初拟对外交通运输方案、场内主要交通干线布置。

6.4.2　初拟施工总布置方案。

6.5　施工总进度

6.5.1　简述施工进度安排原则，初拟施工总进度控制性工期。

6.5.2　简述分期实施意见。

6.5.3　估算需要的主要建筑材料数量和劳动力等。

6.6　附表

(1) 主要工程量汇总表。

(2) 施工总进度表。

7　淹没、占地处理

7.1　淹没、占地处理范围及主要实物指标

7.1.1　通过查勘和对地形图、工程布置图的分析，初定水库淹没(包括塌岸、浸没等)、工程占地处理范围。

7.1.2　简述受淹没和工程影响的农村部分实物指标，包括人口、房屋、耕地、果园、林地、牧草地等。

7.1.3　简述受淹没和工程影响的城镇、集镇的规模(人口、内地)、受淹没影响程度，并说明迁建规模及实物。

7.1.4　简述受淹没和工程影响的铁路、公路、工矿企电力、通信等专项设施及矿藏、文物古迹的等级、受淹没影响程度。其等级、规模可向各行业部门调查。

7.2　移民安置、专项迁建

7.2.1　以县、乡为单位，在初步分析环境容量的基础征求有关地方政府意见，初拟移民安置去向及生产恢复措施。

7.2.2　征求地方政府意见和进行查勘选点，初选城镇、集镇的迁建方案。

7.2.3　说明地方政府和有关部门对于重大专项迁建设施的意见，提出初步处理方案。

7.2.4　说明省（自治区、直辖市）对淹没和补偿标准的初步意见。

7.3　补偿投资初估

以主要实物指标为基础，结合安置去向，参照有关法规文件、类似工程补偿标准及专业项目单位工程造价扩大指标，初估补偿投资费用。

8　环　境　影　响

8.0.1　说明项目所在地区的环境质量、环境功能等环境特征。

8.0.2　根据工程影响区的环境状况，结合工程开发的规模、运用方式、移民安置、施工组织方式等特性，简要分析工程建设对环境的有利与不利影响。有流域（或区域）水资源保护规划或环境保护规划的，应说明工程开发是否与这些规划的目标相协调。从环境保护角度分析是否存在工程开发的重大制约因素。

8.0.3　对环境的主要不利影响，应初步提出减免的对策和措施。

9　工　程　管　理

9.0.1　初步提出项目建设管理机构的设置与隶属关系以及资产权属关系。

9.0.2　初步提出维持项目正常运用所需管理维护费用及其负担原则、来源和应采取的措施。

9.0.3　根据工程管理有关规定，初步匡算工程管理占地规模。

9.0.4　根据项目主管部门（业主）及有关部门意见，初步提出工程管理运用原则及要求。

10　投资估算及资金筹措

10.1　投资估算

10.1.1　简述投资估算的编制原则、依据及采用的价格水平年。初拟主要基础单价及主要工程单价。

10.1.2　提出投资主要指标，包括主要单项工程投资、工程静态总投资及动态总投资。估算分年度投资。

10.1.3　对主体建筑工程、导流工程应进行单价分析，按工程量估算投资。其他建筑工程、临时工程投资，可按类比法估算。交通、房屋、设备及安装工程投资，可采用扩大指标估算。其他费用可根据不同工程类别、不同工程规模逐项分别估算或综合估算。

10.1.4　引进外资的投资估算，要结合利用外资特点考虑单价变化和可能发生的其他费用进行投资估算。

10.2　资金筹措设想

10.2.1　提出项目投资主体的组成以及对投资承诺的初步意见和资金来源的设想。

10.2.2　利用国内外贷款的项目，应初拟资本金和贷款额度及来源，贷款年利率以及借款偿还措施。对利用外资的项目，还应说明外资用途及汇率。

10.3　附表

(1) 工程投资总估算表。

(2) 分年度投资表。

(3) 主要材料价格汇总表。

11　经 济 评 价

11.1　经济评价依据

说明经济评价的基本依据。

11.2　国民经济初步评价

11.2.1　说明采用的价格水平、主要参数及评价准则。

11.2.2　费用估算：

(1) 说明项目的固定资产投资和资金流量。简述流动资金及年运行费的计算方法及成果。

(2) 简述综合利用工程费用，分摊原则、方法及成果。

11.2.3　效益估算：

(1) 概述项目的主要效益，对不能量化的效益进行初步分析。

(2) 说明经济效益的估算方法及成果。

(3) 对综合利用工程的效益进行初步分摊。

11.2.4　国民经济评价：

(1) 提出项目经济初步评价指标。必要时，提出综合利用工程各动能经济评价指标。

(2) 对项目国民经济合理性进行初步评价及敏感性分析。

11.3　财务初步评价

11.3.1　说明财务评价的价格水平准则。

11.3.2　财务费用估算：

(1) 说明项目总投资、资金来源和条件。

(2) 说明各项财务支出。

(3) 说明构成项目成本的各项费用。

11.3.3　财务收入估算：

(1) 初估项目收入。

(2) 简述项目利润分配原则。

11.3.4　财务评价：

(1) 提出财务初步评价指标。

(2) 简述还贷资金来源，预测满足贷款偿还条件的产品价格。

(3) 对项目的财务可行性进行初步评价。

11.4　综合评价

综述项目的社会效益、经济效益和财务效益以及国民经济和财务初步评价结果，提出项目综合评价结论。

11.5　附表

(1) 国民经济效益效用流量表。

（2）财务评价成果表。

12　结 论 与 建 议

12.0.1 综述工程项目隶属关系、建设的必要性、任务、规模、建设条件、工程总布置、淹没占地处理、环境影响、建设工期、投资估算和经济评价等主要成果。

12.0.2 简述项目建设的主要问题。

12.0.3 简述地方政府以及各部门、有关方面的意见和要求。

12.0.4 提出综合评价结论。

12.0.5 提出今后工作的建议。

参 考 文 献

[1] （美）杰弗里 K. 宾图（JEFFREY K. PINTO）. 项目管理（英文版·第2版）[M]. 北京：机械工业出版社，2012.

[2] 王火利，章润娣. 水利水电工程建设项目管理 [M]. 北京：中国水利水电出版社，2005.

[3] 徐猛勇，刘先春. 建筑工程项目管理 [M]. 北京：中国水利水电出版社，2011.

[4] 徐伟，吴加云，邹建文. 土木工程项目管理 [M]. 上海：同济大学出版社，2010.

[5] 杨培岭. 现代水利水电工程项目管理理论与实务 [M]. 北京：中国水利水电出版社，2004.

[6] 吕茫茫. 施工项目管理 [M]. 上海：同济大学出版社，2005.

[7] 徐莉，赖一飞，程鸿群. 项目管理 [M]. 武汉：武汉大学出版社，2003.

[8] 肖洪等. 工程项目管理与建设法规 [M]. 长沙：湖南大学出版社，1998.

[9] 杨建基. 国际工程项目管理 [M]. 北京：中国水利水电出版社，1999.

[10] 李远富. 土木工程经济与项目管理 [M]. 北京：中国铁道出版社，2001.

[11] 王文新，董建军，王刚，陈彦生. 水利水电工程招标投标运作指南 [M]. 北京：中国水利水电出版社，2004.

[12] 赵冬，张伏林. 水利工程招标与投标 [M]. 郑州：黄河水利出版社，2000.

[13] 陈全会，谭兴华，王修贵. 水利水电工程定额与造价 [M]. 北京：中国水利水电出版社，2003.

[14] 方国华，朱成立，等. 新编水利水电工程概预算 [M]. 郑州：黄河水利出版社，2003.6.

[15] 姬宝霖，徐学东. 水利水电工程概预算 [M]. 北京：中国水利水电出版社，2005.

[16] 宋维佳，王立国，王红岩. 可行性研究与项目评估 [M]. 大连：东北财经大学出版社，2010.

[17] 陈美章，吴恒安. 水利建设项目后评价理论与方法 [M]. 北京：中国水利水电出版社，2004.

[18] 张宇. 项目评估实务 [M]. 北京：中国金融出版社，2004.

[19] 刘洋，张慧. 工程招投标与合同管理 [M]. 西安：西北工业大学出版社，2011.

[20] 李启明. 土木工程合同管理实务 [M]. 南京：东南大学出版社，2009.

[21] 梁鸿，郭世文. 建设工程监理 [M]. 北京：中国水利水电出版社，2012.

[22] 韩永林，吴伟军，罗伟洪. 水利水电工程监理作业手册 [M]. 北京：中国水利水电出版社，2010.

[23] 范世平. 水利工程建设监理理论与实用技术 [M]. 北京：中国水利水电出版社，2008.

[24] 方朝阳. 水利工程施工监理 [M]. 武汉：武汉大学出版社，2007.

[25] 张三力. 项目后评价 [M]. 北京：清华大学出版社，1998.7.

[26] 王立国，王红岩，宋维佳. 工程项目可行性研究 [M]. 北京：人民邮电出版社，2002.

[27] 吴恒安. 财务评价、国民经济评价、社会评价、后评价理论与方法 [M]. 北京：中国水利水电出版社，1998.